KB091193

베테랑 **관리사무소장**이 들려주는
생생한 현장의 목소리!

 **과 함께하는**

관리사무소 실무
완전정복

소기재·장광홍 감수

행복남 **조길익** 지음

BM (주)도서출판 **성안당**

"'친구' 같은 주택관리 매뉴얼"

—서울주택도시공사 차장 **정지영**

《행복남과 함께하는 관리사무소 실무 완전정복》은 공동주택 관리 분야에 첫발을 내딛는 입문자들에게 막연함과 막막함을 한 방에 해결해 줄 수 있는 '교과서' 같은 좋은 책이라 생각됩니다.

공동주택 관리에 필요한 자격증은 어떤 종류가 있으며, 자격 선임과 실무 적용을 위해서는 어느 자격증을 취득해야 하는지 등을 구체적으로 잘 설명해 주고 있습니다.

주변에 전기·소방·기계 등 전문 분야 서적은 많지만, 주로 원론적인 내용 위주이고 실무자가 접하기에는 다소 동떨어진 내용이 많으나, 이 책은 공동주택 실무에서 필요한 내용을 좀 더 자세하고 쉽게 설명하고 있을 뿐만 아니라, 구체적인 시스템 작동법 및 점검 방법까지 명기되어 있어 초보자들이 순서대로 따라 해 보기에도 좋을 것 같습니다.

또, 이 책은 주택관리에 관한 내용이 광범위하게 나열되어 있어 직접 실무를 경험하지 않았더라도 간접적인 실무 체험이 가능하게 되어 있습니다. 특히 공동주택 업무에 관심이 있거나 향후 진로를 정하려 하는 분들께도 많은 도움이 될 수 있도록 체계적으로 안내하고 있어 개인적으로 가장 마음에 듭니다.

서울주택도시공사에서도 입주 초기에 〈주택관리 업무 매뉴얼〉이란 책을 배포하여 관리자가 공동주택 관리에 활용하도록 하고 있지만, 분량이 많고 초보자가 이해하기 어려운 내용이 있다 보니 읽어 볼 엄두도 못 내는 경우가 많은데, 이 책은 그런 부분을 더욱 쉽게 이해할 수 있도록 쓰여 있어 인상 깊었습니다.

따라서 공동주택 관리에 처음 입문하는 초보자는 물론 현직에 근무하고 있는 실무자 모두에게 도움이 될 만한 '친구 같은 책'이라 여겨집니다.

"좋은 길잡이 같은 책"

—대한주택관리사협회 서울시회 제9대 회장 **하원선**

먼저, 조길익 소장님의 《행복남과 함께하는 관리사무소 실무 완전정복》 출판을 진심으로 축하합니다.

서남모 모임에서 몇 차례 뵙기도 했고, 지난번 국회의사당 앞 1인 릴레이 시위 때는 이른 아침 따끈한 음료를 들고 오셔서 여러 소장님과 시린 마음을 나누기도 했었지요. 따뜻한 마음 감사합니다.

우리 소장님들의 근무환경이 그리 넉넉하지는 않죠. 다 그런 것은 아니지만, 입주자대표회의나 관리위원회의 당치않은 간섭도 없지는 않으니까요. 그런데다 관리사무소 직원들의 잦은 이직은 단지 업무를 총괄하는 관리사무소장으로서 여간 곤혹스러운 일이 아닐 겁니다.

그런데다 직원들의 근무 경력이 많고 적음을 떠나서 갓 입사한 직원들은 새로운 단지에 적응하느라 애를 먹곤 합니다. 왜냐하면 단지에 관한 경력(history)이나 기술(know-how)은 몽땅 퇴사한 직원의 머릿속에 들어 있기 때문이지요. 인수인계 없이 입사하는 예도 다반사인데다, 인수인계는 한다지만 형식적으로 이루어지다 보니 현실적으로 크게 도움이 되지 않는 것 같습니다.

그런 면에서 이 책은 더욱 값져 보입니다. 관리사무소의 업무를 통틀어 설명하고 있으니까요. 말썽 많은 관리비의 전기요금이나 수도요금, 관리사무소 직원의 세밀한 언행에 대한 부분까지도 포함하고 있어 마음에 와닿습니다.

거기다가 어렵고 힘들다는 입주 단지에 대한 업무도 빠짐없이 짚어주고 있어 관리사무소 업계에 입문하실 분들이나, 이미 업무를 하고 계시는 분들께 큰 도움이 될 것 같습니다. 모쪼록 이 책이 관리사무소 종사자들에게 좋은 길잡이가 되어주길 희망합니다. 고맙습니다.

"고객의 행복을 더하는 지혜의 책"

—자이S&D(주) 상무이사 **신창민**

먼저《행복남과 함께하는 관리사무소 실무 완전정복》의 출간을 진심으로 축하합니다.

저도 관리사무소 업무를 총괄하는 직책을 맡고 오래지 않은 사람으로서 매일매일 현장에서 발생하는 다양한 일들을 처리하시는 우리 소장님들께 어떤 길잡이가 있었으면 좋겠다고 생각하던 중에, 구의자이르네 조길익 소장님께서 바쁘신 업무에도 불구하고 이런 귀한 책을 출간하신다는 소식에 무척 반갑습니다.

관리사무소의 역할이 거주하시는 분들의 편의를 증진하여 행복을 도모한다는 점에서 '행복남'이라는 닉네임도 딱 들어맞는다는 생각이 듭니다.

유대인의 지혜를 담았다는《탈무드》에는 '모르는 것은 죄가 아니지만, 알고 행하지 않는 것은 죄이다. 하지만 가장 큰 죄는 알고도 다른 이에게 가르쳐주지 않는 것이다.'라고 전한다는 이야기를 들은 적이 있습니다. 그래서 조길익 소장님의《행복남과 함께하는 관리사무소 실무 완전정복》출간이 더욱 고맙게 느껴지는 것 같습니다.

특히, 고객에게 행복을 드리는 응대법이라든지, 매일 직원분들의 손길이 스치고 땀이 배는 전기·소방·기계 설비들에 대한 관리법과 사례별 설명도 현장에서 고민하시는 분들께 많은 도움이 될 것으로 기대됩니다.

아무쪼록 이 책이 현장의 리스크를 줄일 수 있는 대안이 되고, 고객의 행복을 증진하는 데 좋은 길잡이로 자리매김하기를 바랍니다.

감사합니다.

"우리 관리사무소의 참고서"

―(사)한국집합건물관리사협회 제2대 회장 **원동일**

관리사무소에 근무하다 보면 직원들의 잦은 이직으로 인해 직원들에게 우리 단지의 특성과 곳곳의 시설물에 대해 교육을 해야 할 때가 많다. 사람이란 것이 같은 말이나 행동을 반복하기를 매우 꺼리는 동물이라 그럴 때마다 짜증이 나곤 했었는데 이 책을 보고 무릎을 '탁' 쳤다.

특히 '검침하고 부과하기'(제1장)는 시설 기사나 시설팀장이 꼭 알아야 하는 업무임에도 여전히 쉽지 않은 업무이다. 전기를 시작으로 매달 수도·온수·난방에 대한 사용량을 검침하고 거기에 대한 적절한 아니 정확한 요금을 매겨야 하는데도, 엑셀과 며칠씩 씨름하다 보면 관리비 부과 마감일이 다가오고 있는 것도 모르는 경우가 한두 번이 아니니 말이다.

'씨름'만 한다고 해결된다면야 얼마든지 하라고 놔두겠지만, 관리비 고지서 배포 후 들이닥칠 민원인의 성난 얼굴을 떠올리면 잠이 오지 않을 때도 있다. 본인의 사용량보다 많이 부과된 경우가 대부분인데, 어떨 때는 '폭탄' 수준으로 엄청나게 많이 부과되어 해결책 찾기에 머리를 싸매야 할 때도 있다.

이런 현실에서 《행복남과 함께하는 관리사무소 실무 완전정복》은 우리 관리사무소에서 해야 할 일들을 모두 담고 있어, 관리사무소 직원이라면 꼭 봐야 할 필독서가 될 것 같다. 당장 나부터 사서 읽어야겠다.

어려운 전기 시설에 대해서도 수변전실에서부터 시작하여 말단 부하에 이르기까지 전력의 흐름을 물 흐르듯 알기 쉽게 설명하고 있어 큰 도움이 되겠다. 자주 접하지 않으면 잊기 십상인데, 이 책이 있어 그런 걱정을 덜 수 있을 것 같다. 곁에 두고 언제든지 필요할 때마다 보기에 딱 좋은 책이다.

저자인 조길익 이사는 우리 협회에서 대외협력본부장을 맡아 왕성한 활동을 하고 계시기에 항상 고마운 마음을 갖고 있었는데, 이렇게 훌륭한 책을 출간하여 회장으로서 여간 기쁘지 않을 수 없다.

협회 임직원은 물론 회원 여러분과 함께 이 기쁨을 나누고 싶으며, 관리사무소에 근무하는 모든 분들의 참고서가 되길 희망한다.

"현장 직원들과 함께할 책"

—KFnS(주) 대표이사 **오만수**

우리 업계의 공통된 근무환경이라면 관리사무소 직원의 잦은 이직을 들 수 있겠다. 그로 인한 피해는 온전히 건물주 또는 건물의 구분소유자나 임차인인 입점자들에 돌아가는데도 뾰족한 수가 없으니 여간 안타깝지 않다.

직원이 바뀔 때마다 선임자와 후임자가 인수인계를 한다고 하지만, 그게 그리 말처럼 쉬운 게 아니다. 선임자에게 인수인계를 잘 받았다고 해도 새로 들어온 후임자가 낯선 환경(직원·단지·본사·임대인 또는 관리단)에 적응하고 익숙해지려면 꽤 많은 시간이 필요하기 때문이다. 새로 일할 곳은 한마디로 낯설고 물선 타향이나 다름없을 것이다.

건축물 곳곳과 여러 가지 시설물들의 이력을 남에게서 귀동냥한다고 내 것이 되는 것이 아니라, 직접 만져보고 다뤄보고 체득해봐야만 조금씩 내 것이 된다는 사실은 명제에 가깝기 때문이다.

이에 《행복남과 함께하는 관리사무소 실무 완전정복》이라는 책은 조길익 소장이 지난 수년간 관리사무소에 근무하면서 직접 경험한 내용으로 채워졌기에 관리사무소 직원이라면 꼭 한번 봐야 할 책이라고 주저 없이 말하고 싶다.

그뿐만 아니라, 관리사무소에 첫발을 내딛고자 주택관리사(보) 시험에 합격한 예비 소장님이나, 관리사무소로 이직을 꿈꾸는 분들께도 큰 도움이 될 것으로 생각한다. 왜냐하면 이 책은 관리사무소 업무에 대해 전혀 모르는 초보자들도 쉽게 접근할 수 있도록 쓰여졌기 때문이다.

더불어 현재 관리사무소에 근무하시는 분들께도 추천하고 싶다. 아직 맛보지 못했던 내용이 있어 신선하기까지 했으니 말이다. 예를 들어 '민원을 잠재우는 말과 몸짓'(제2장)이라는 단원 하나만 봐도 배울 게 많은 책이다. 거기다 각 장 말미의 '행복남의 행복 충전소'에서는 그동안 《한국아파트신문》 등에 실렸던 조길익 소장의 맛깔스러운 글이 수록되어 있어 읽는 재미도 더하고 있다.

내가 찾던 책이 나왔다. 현장에 있는 직원들과 함께할 책이다. 모쪼록 관리사무소 직원들에게 큰 도움이 되길 바라며, 이렇게 좋은 책을 집필하신 조길익 소장에게도 찬사를 보낸다.

"먼저 읽고 실천하는 자가 승자!"

—《한국아파트신문》 기자 **김남주**

이 책은 '행복남의 행복 충전소'에 실린 글만 읽어도 얼추 본전은 뽑는 셈이다.

본인이 가지고 있는 재능을 아낌없이 나눠주는 모습은 우리 모두의 본보기가 되고도 남음이 있지 않을까? '슬기로운 기부 생활, 누군가의 멘토가 된다는 것'(제2장)에서는 봉사라는 단어를 그만이 가지고 있는 인간미 넘치는 색채로 아름답게 피워낸 감동적인 이야기다.

또, 자신의 부족함이 무엇인지 안다는 것은, 거울에 비친 내 모습을 본다는 의미이다. 그렇게 해마다 이루어야 할 목표를 정하고, 연초에 세웠던 계획들이 잘 익어가는지 거슬러보며 '당신의 10대 뉴스는?'(제1장)으로 한 해를 마무리하는 그는 진정 고수임이 틀림없다.

거기다 '만다라트'(제7장)라는 기법을 통해 팔방미인으로 가는 길을 제시하며, 따라 오라 손짓하니 나도 흉내라도 내봐야겠다.'

암튼 관리사무소의 업무는 차치하고라도 관리사무소 직원 한분 한분에게 울림을 주는 '행복남의 행복 충전소'야말로 이 책의 백미이다.

대박 조짐이 보인다. 먼저 읽고 앞서 실천하는 자가 승자이다.

| 머리말 |

260여 세대의 아파트와 오피스텔 그리고 60여 개 상가로 이뤄진 집합건물에 부임한 적이 있다. 과장이 없는 관계로 소장인 내가 검침 및 부과 작업을 해야 했는데, 그동안 해보지 않은 일이어서 여간 당황스러운 게 아니었다.

사실 상가처럼 하면 되는 줄 알았다. 부임 초기라 이것저것 파악하느라 정신없어 검침에는 별 신경을 못 쓰고 있었다. 상가야 다른 데서도 해보았으니 걱정 없었기 때문이다.

하루는 "아직 검침 자료가 안 올라왔네요. 검침 자료 올리시고, 오늘 오후 4시까지 한전에 송부하셔야 합니다!"라며 관련 업체 담당자로부터 느닷없는 전화 한 통을 받았다.

그런데 이건 상가와 완전 딴판이었다. 메인 계량기를 검침해서 한전에 보내야 했고, 세대별 사용량도 XpERP(아파트 인사·회계 실무) 프로그램에 올린 다음 한전으로 정해진 날까지 전송해야 했다. 까맣게 모르고 있던 난 당황할 수밖에 없었고, 부랴부랴 아는 사람 몇 명에게 물어봤지만, 속 시원하게 딱 떨어지는 정답은 들을 수 없었다.

"그거 별거 없어요, 그냥 하면 되는데…"라든지, "예전에 하던 거라 잘 모르겠는데, 간단하지 않아요?"라며 말끝을 흐리는 분도 있었고, "검침해서 XpERP에 올리고, 전체 사용량에서 세대 사용량을 빼면 공용전기료가 나오니 면적으로 부과하면 돼요."라며 원론적인 얘기만 늘어놓는 분도 있었다.

비교적 큰 단지서만 근무해서 전기과장이나 시설팀장이 검침 및 부과 작업을 처리했던 데다, 아파트는 처음이다 보니 더욱 어려웠다.

발명품은 누군가의 필요로 인해 만들어진다.

거창하게 발명까지야 들먹일 필요는 없지만, 지금까지 세상에 없던 책을 만들고 싶었다. 그래서 이런 내용을 담은 책이 있었으면 하고 생각했다.

✓ 관리사무소의 전반적인 업무를 체계적으로 다룬 책

✓ 시설물의 유지보수를 실질적인 업무를 통해 서술한 책

✓ 관리비 부과에서 중요한 전기, 수도 등 검침과 부과 작업에 관한 책

✓ 관리사무소에서 유용하게 사용될 자격증 소개

✓ 각종 법정 선임에 대한 기준과 자료

✓ 시설물의 비상시 응급 대처법

✓ 부임하기 꺼리는 입주 단지의 업무

✓ 관리사무소에서 자주 사용되는 프로그램

그리고 그 책은 관리사무소에서 일하는 분들께 꼭 필요한 지침서로 활용되길 바랐다. 관리사무소에서 일하는 소장, 과장, 경리 분들께 작으나마 보탬이 되었으면 하는 바람이다.

우선 이 책은 해마다 주택관리사 시험에 당당하게 합격하여 부푼 가슴을 안고 관리사무소 진입을 기다리는 예비 소장님들께 좋은 길잡이가 되어 줄 것이다.

더불어 현재 시설직뿐만 아니라 관리사무소에 근무하고 계시는 관리사무소 가족들도 한 권쯤 책꽂이에 꽂아놓고 보신다면 든든한 버팀목이 될 것이다.

첫술에 배부를 수는 없다.

앞으로 법이나 제도가 바뀔 때마다 계속 내용을 보완할 예정이다. 더불어 모자란 부분은 좀 더 채워 더 많은 독자들의 사랑을 받도록 노력할 생각이다.

사실 우리 관리사무소의 일이란 것이 좁게 보면 좁지만, 넓게 보면 한없이 넓은 일이다.

일차적으로 입주민의 민원을 받아 해당 부서에 이관해주는 경리 부서가 있고,

건축물의 시설물들을 안전하게 사용할 수 있도록 유지보수하는 시설팀,

건물 출입자들의 통제 및 보안을 책임지는 보안 파트와,

쾌적한 생활환경을 위해 불철주야 애쓰시는 미화팀으로 나눌 수 있다.

여기에 이 모든 업무를 아우르고 관장하는 관리사무소장이 있는 것이다.

이렇게 많은 일을 하는 곳이 우리 관리사무소인데, 어느 것 하나 쉬운 게 없다.

2014년 8월 지식산업센터에서 첫발을 내디뎠으니 벌써 관리사무소장으로 일한 지가 올해로 9년 차가 되었다.

짧다면 짧다고 할 수 있겠지만, 나에겐 결코 짧지 않은 시간이었다.

더군다나 큰 탈 없이 여기까지 온 것은, 여러 소장님의 응원은 물론 나와 함께 일했던 관리사무소 가족 여러분들의 지지와 성원이 있었기에 가능한 일이다.

이 자리를 빌려 모든 분께 감사드린다.

끝으로 이 책이 세상에 나오기까지 물심양면으로 애써주신 ㈜성안당 이종춘 회장님과 좋은 책 만들기에 여념이 없으신 최옥현 전무이사님 그리고 ㈜성안당 관계자 여러분께 깊은 감사를 표한다.

또, 기술적 자문을 아끼지 않으신 자이S&D㈜ 신창민 상무이사님과 서울주택도시공사 정지영 차장님, KFnS㈜ 오만수 대표이사님, ㈜윤익계전 안용준 대표이사님, 그리고 각 분야의 최고 전문가분들께도 감사의 말씀을 드린다.

모쪼록 독자 여러분들의 행복을 기원하며, 업무에 작으나마 도움이 되길 바란다.

2022년 봄,

수종사 삼정헌(三鼎軒)에서

행복남 조길익.

| 차례 |

I

제1장   검침하고 부과하기   20

제2장   입주 단지 A to Z   128

II

제5장   기계 설비 유지·관리   346

III

제6장   자격증 따고 선임하기   382

제7장

K-apt & 장기수선 계획

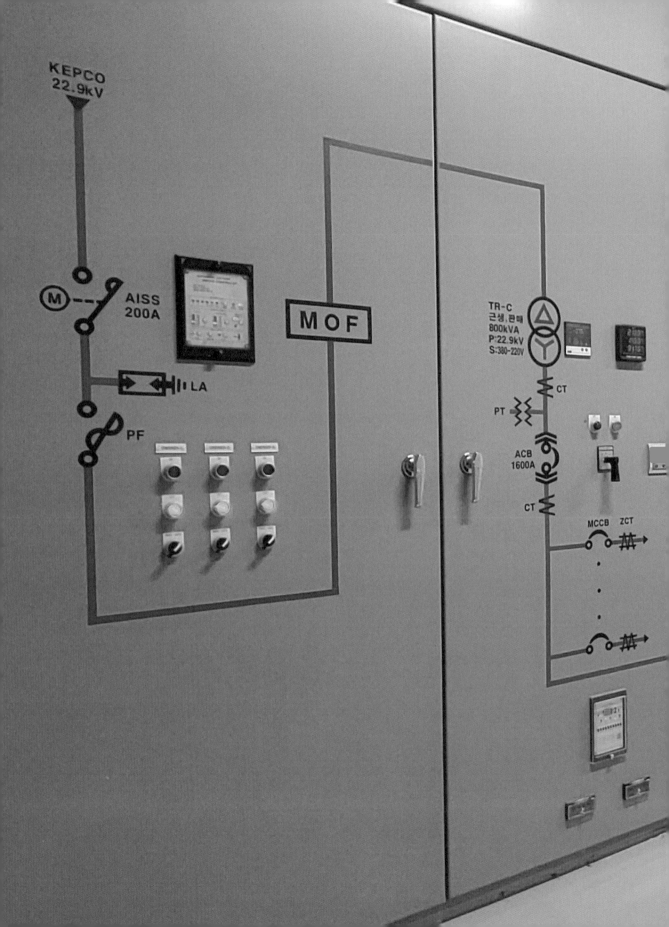

I

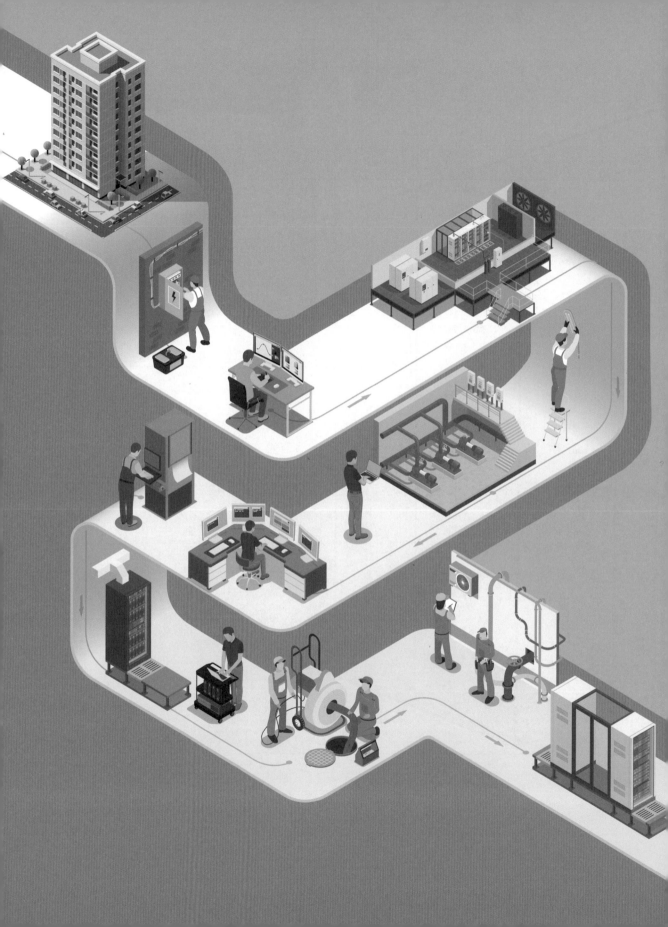

검침하고 부과하기

제1장

검침하고 부과하기

관리사무소의 업무 중에서 신경이 많이 쓰이는 작업 중 하나가 검침일 것이다. 검침은 전기 검침에서부터 수도, 가스, 난방, 온수 등 각 세대에서 일정 기간(1개월 또는 2개월로 정기적인 검침) 또는 특정 기간(이사 또는 매매할 경우로 불특정 기간에 대한 검침) 사용한 양을 계량한 값으로 여간 신경이 쓰이는 게 아니다. 왜냐하면, 입주자의 돈과 직결되는 것이라 자칫하면 엄청난 민원에 맞닥뜨릴 것이기에 한 치의 소홀함도 있어서는 안 된다.

잘못된 부과로 인한 피해가 미미하다면 가볍게 넘어가는 이도 더러 있지만, 입주자가 사용한 양보다 상당히 많게 부과된 경우라면 상황은 달라진다. 잘못을 저지른 사람이 책임져야 하는 경우, 그 차액만큼 부담해야 하는 일도 있을 테고, 심하면 직장을 잃는 경우도 생길 수 있으니 조심에 조심을 거듭해야 한다.

다음에 설명하겠지만, 검침 값의 맨 앞자리 숫자 1을 7로 오인한다든지, 2를 3으로, 3을 8로, 5를 6으로, 7을 9로 잘못 인식했을 때는 사용 금액 또한 크게 달라지니 조심해야 한다. 또, 비어있는 집인데도 불구하고 부과되는 경우가 종종 생기는데 이럴 때도 특히 주의해야 한다.

사실 전기요금이나 수도요금, 또는 난방요금 이나 온수요금 등은 징수 대행으로서 우리 관리사무소에서 사용 금액을 매기는 것이 아니다. 잘 알다시피 전기요금은 한국전력공사 해당 지사에서 전기요금 청구서를 발행하고, 수도요금은 서울의 경우 서울특별시 각 수도사업소에서 그리고 난방과 온수 요금은 한국지역난방공사나 서울에너지공사에서 사용한 양에 대한 사용 금액을 청구서나 고지서를 통해 알려주는 것이다.

따라서 해당 관계기관에서 직접 징수해야 할 사용 금액을 그 기관을 대신하여 우리 관리사무소에서 받아주는 것으로 '징수 대행'이라고 하는데, 문제는 그 일이 절대로 만만치 않다는 데 있다.

관리하는 단지의 세대가 많든 적든 간에 검침하는 사람은 신경을 쓴다지만, 검침의 오류는 곳곳에 도사리고 있어 언제든지 입주민의 민원이라는 시한폭탄을 안고 있는 것이나 다름없다. 그래서 검침이야말로 제대로 해야 하는 작업이며, 두 번 세 번 검토해야 하는 일임이 틀림없다.

GIGO(garbage-in garbage-out)라고 하지 않던가! '불완전한 프로그램을 입력하면 불완전한 답이 나올 수밖에 없다'는 원리로, 쓸데없는 것이 입력되면 출력되는 것도 쓸데없는 것뿐이라는 뜻이다.

〰〰〰〰

최근에 짓는 아파트나 건축물들은 원격검침이라는 문명의 이기를 통해 책상 앞에 앉아 손쉽게 검침을 하지만, 오래된 아파트나 건축물들은 일일이 계량기가 부착된 세대 앞에 찾아가 침침한 눈을 비벼가며 숫자를 읽어야 하니 그 또한 고역이 아닐 수 없다.(시설관리자들의 나이가 점점 고령화 추세에 있다는 뜻이기도 하다.) 이렇게 해서 일단 검침이 완료되면 엑셀(Microsoft Excel)이라는 스프레드시트(spread sheet) 프로그램에 입력하여 지난달 검침 값과 이번 달 검침 값을 가지고 여러 가지 가공 과정을 거쳐 우리가 원하는 각종 데이터를 재생산하게 된다.

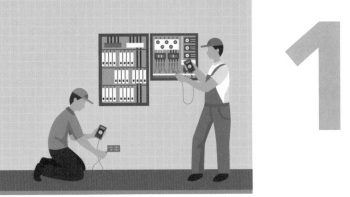

1

전기요금 매기기

1 전기요금 매기기

아파트 세대에서 사용한 전기요금을 매기려면 전기요금이 어떤 요금 체계를 가졌는지를 알아야 한다. 즉, 한국전력공사에서 정한 규정에 따라 전기요금을 계산한 뒤 전기요금 청구서를 보내게 되니 말이다. 청구서를 처음 받아본 분들이라면 다 느꼈겠지만, A3(A4 두 장 분량) 앞뒷면에 빼곡히 채운 글씨들로 현기증이 날 정도이다. 하지만 이것도 꼼꼼히 따져보고 몇 달 보면 한눈에 훤히 들어오게 된다.

그러면 전기요금 매기기에 앞서 전기요금에 대해 알아보기로 하자.

1 전기요금 알아보기

우선, 전기요금을 담당하는 공공기관은 한국전력공사(KEPCO)이니 그곳의 사이버 지점(https://cyber.kepco.co.kr)으로 들어가 보자. 다 알고 계시겠지만, 이제는 정보통신의 발달로 인해 거의 모든 업무가 현장 사무실이 아닌 인터넷에서 다 해결할 수 있는 시스템을 갖추고 있다. 따라서 한전의 사이버 지점을 즐겨찾기에 등록해 두고 필요할 때마다 업무에 활용하면 유용할 것이다.

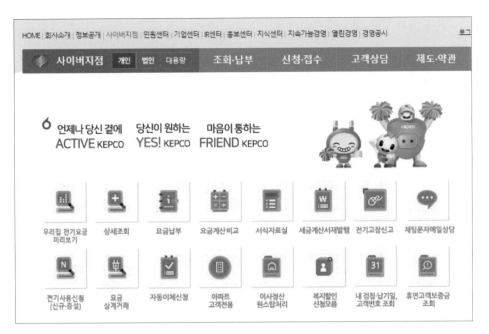

[사이버 지점-메인화면]

여기에서 [아파트 고객 전용 서비스] 메뉴를 선택해서 전기요금에 대한 여러 가지 정보를 알아보자.

[아파트 고객 전용 서비스] 메뉴를 선택하면 그림과 같은 알림창이 뜨는데, 거기서 '고압 아파트 정보 조회' 메뉴 버튼을 클릭하자.

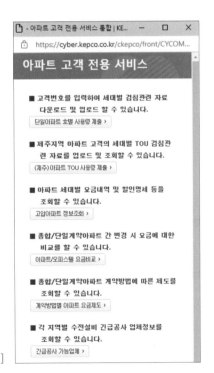

[아파트 고객 전용 서비스 알림창]

그러면 다음과 같은 내용이 한눈에 펼쳐지게 된다.

[아파트(고압) 조회]

여기서 왼쪽 메뉴에서 [전기요금표]-[한글 전기요금표]-[전기요금 구조]를 차례로 선택하여 현재 적용되고 있는 전기요금 구조를 확인한다. '전기요금=기본 요금+전력량 요금+기후환경 요금±연료비 조정 요금'이라는 공식이 성립하게 되는데, 여기서 기본 요금과 전력량 요금은 계약 종별 요금에 따라 정해지게 된다.

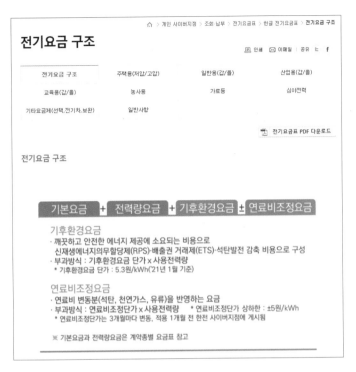

[전기요금 구조]

또, 위 메뉴에서 [주택용(저압/고압)] 메뉴를 선택하여 우리가 주로 적용하게 될 주택용 전력(고압)에 대한 요금 체계를 확인한다. 눈에 띄는 점은 누진제가 적용되고 있다는 것인데, 다시 말해 구간마다 단가가 다르게 적용되다 보니 1구간에 비해 3구간은 1구간보다 무려 3배 가까이 비싼 것을 알 수 있다.

예를 들어 하계가 아닌 기타 계절에 1,500kWh의 전기를 사용했다고 치자. 단순하게 전력량 요금만 계산해 보면, 먼저 1구간에서 200kWh×73.3원=14,660원이고, 2구간에서는 200kWh×142.3원=28,460원, 3구간에서는 600kWh×210.6원=126,360원, 수퍼 유저 요금으로 500kWh×569.6원=284,800원이니, 구간별로 계산된 요금을 모두 더해보면 454,280원에 이른다. 결과적으로 전기를 많이 사용하면 할수록 큰 비용을 부담하라는 뜻이다.

---

1) kWh(kilowatt-hour): 1kW는 1,000W를 나타내며 단위 시간당 전환되는 에너지의 양을 측정할 때 사용되는 단위다. 따라서 전력에 사용한 시간을 곱해주면 사용한 에너지의 양을 구할 수 있다.

주택용 전력(고압)

■ 고압으로 공급받는 가정용 고객에게 적용

■ 하계 (7.1 ~ 8.31) 적용일자 : 2021년 1월 1일

	구간	기본요금(원/호)	전력량 요금(원/kWh)
1	300kWh 이하 사용	730	73.3
2	301~450kWh	1,260	142.3
3	450kWh 초과	6,060	210.6

※ 슈퍼유저요금 : 하계(7~8월) 1,000kWh초과 전력량요금은 569.6원/kWh 적용

■ 기타계절 (1.1 ~ 6.30, 9.1 ~ 12.31) 적용일자 : 2021년 1월 1일

	구간	기본요금(원/호)	전력량 요금(원/kWh)
1	200kWh 이하 사용	730	73.3
2	201~400kWh	1,260	142.3
3	400kWh 초과	6,060	210.6

※ 슈퍼유저요금 : 동계(12~2월) 1,000kWh초과 전력량요금은 569.6원/kWh 적용

[주택용 전력(고압)]

아래 그림은 선택 요금 제도, 전압 구분, 계절별·시간대별 구분에 대해 자세한 내용을 보여주고 있는데, 다음에 다룰 전기요금 청구서를 공부하는 데 도움이 될 것이다.

선택요금제도

구분	내용
선택(I)	기본요금이 낮고 전력량요금이 높으므로 전기사용시간(설비가동률)이 월200시간 이하인 고객에게 유리
선택(II)	전기사용시간(설비가동률)이 월200시간 초과 500시간 이하인 고객에게 유리
선택(III)	기본요금이 높고 전력량요금이 낮으므로 전기사용시간(설비가동률)이 월 500시간 초과인 고객에게 유리

전압구분

구분	적용범위
저압	표준전압 220V, 380V 고객
고압A	표준전압 3,300V 이상 66,000V 이하 고객
고압B	표준전압 154,000V 고객
고압C	표준전압 345,000V 이상 고객

계절별 시간대별 구분

※ 1.일반용전력(갑)II, 산업용전력(갑)II, 일반용전력(을), 산업용전력(을), 교육용전력(을)

구분	여름철 (6월~8월)	봄·가을철 (3월~5월, 9월~10월)	겨울철 (11월~2월)
경부하	23:00~09:00	23:00~09:00	23:00~09:00
중간부하	09:00~10:00 12:00~13:00 17:00~23:00	09:00~10:00 12:00~13:00 17:00~23:00	09:00~10:00 12:00~17:00 20:00~22:00
최대부하	10:00~12:00 13:00~17:00	10:00~12:00 13:00~17:00	10:00~12:00 17:00~20:00 22:00~23:00

※ 다만, 1. 공휴일의 최대수요전력 및 사용전력량은 경부하시간대에 계량하고, 공휴일이 아닌 토요일 최대부하시간대의 사용전력량은 중간부하시간대에 계량합니다.
2. 요금적용전력은 중간부하시간대와 최대부하시간대의 최대수요전력 중 큰 것을 대상으로 하여 제68조(요금적용전력의 결정)에 따라 산정합니다.
3. 제1호의 공휴일이라 함은 "관공서의 공휴일에 관한 규정"에 정한 공휴일을 말합니다. 이 경우 정부에서 수시로 지정하는 임시공휴일은 제외합니다.

[선택 요금 제도/전압 구분/계절별 · 시간대별 구분]

아래 그림은 용도별 차등 요금제에 대해 자세하게 설명하고 있는데 이 또한 전기요금청구서를 공부하는 데 도움이 될 것이다.

용도별 차등요금제란?

▪ 우리나라의 전기요금체계는 전기를 사용하는 용도에 따라 6가지 계약종별로 구분하여 해당되는 요금을 적용하고 있습니다.
 • 계약종별 : 주택용, 일반용, 산업용, 교육용, 농사용, 가로등
▪ 시행 취지
 • 전기공급비용 반영 (용도별 전기사용패턴에 따라 공급원가 차이 발생)
 • 저소득층 농어민 보호, 에너지 절약, 산업경쟁력 제고 등 국가의 각종 정책요인을 반영

▪ 용도별 전기요금체계

계약종별	전기사용용도
주택용	• 주거용 고객 • 계약전력 3kW이하의 고객 • 독신자합숙소(기숙사 포함)나 집단주거용 사회복지시설 • 주거용 오피스텔 고객
교육용	• 유아교육법, 초·중등교육법, 고등교육법에 따른 학교 • 도서관법에 따른 도서관 • 박물관 및 미술관진흥법에 따른 박물관미술관
산업용	• 한국표준산업분류상 광업, 제조업 고객
농사용	• 양곡생산을 위한 양수, 배수펌프 및 수문조작 • 농사용 육모 또는 건조 재배 • 농작물재배, 축산, 양잠, 수산물양식업 고객
가로등	• 일반공중의 편익을 위한 도로 교량 공원 등의 조명용 전등 • 교통신호등, 도로표시등, 해공로표시등 및 기타 이에 준하는 전등
일반용	• 상기 요금종별 이외의 고객

[용도별 차등 요금]

그리고 아래 사용량별 전기요금표가 엑셀 파일로 제공되는데, 내려받아서 실행해보면 실제로 아파트 세대에서 사용한 전기량이 1kWh일 때는 기본요금이 73원, 전력량요금이 73원 등이 합쳐져 전기요금 계가 805원이고 부가세 등이 계산되어 900원이 청구된다는 것을 알 수 있다. 이렇게 하여 사용량 1kWh부터 1,000kWh까지의 전기요금 테이블을 확인할 수 있으며, 7월부터 8월까지 두 달 동안은 여름철(하계) 요금으로 달리 부과되니 유의하여야 한다.

	A	B	C	D	E	F	G	H	I	J
1	주택용(고압) 사용량별 요금표 (2021.7.1.)									
2										
3	[기타계절(7~8월 제외)]					*기후환경요금단가는 매년, 연료비조정단가는 매분기 변동됨				
4	사용량(kWh)	기본요금	전력량요금	기후환경요금 (2021.1.1~)	연료비조정요금 (2021.7월~9월분 기준)	필수사용량보장공제	전기요금계	부가세	기반기금	청구금액
5	1	730	73	5	- 3		805	81	20	900
6	2	730	146	10	- 6		880	88	30	990
7	3	730	219	15	- 9		955	96	30	1,080
8	4	730	293	21	- 12	32	1,000	100	30	1,130
9	5	730	366	26	- 15	107	1,000	100	30	1,130
10	6	730	439	31	- 18	182	1,000	100	30	1,130
11	7	730	513	37	- 21	259	1,000	100	30	1,130
12	8	730	586	42	- 24	334	1,000	100	30	1,130
13	9	730	659	47	- 27	409	1,000	100	30	1,130
14	10	730	733	53	- 30	486	1,000	100	30	1,130
15	11	730	806	58	- 33	561	1,000	100	30	1,130
16	12	730	879	63	- 36	636	1,000	100	30	1,130
17	13	730	952	68	- 39	711	1,000	100	30	1,130
18	14	730	1,026	74	- 42	788	1,000	100	30	1,130
19	15	730	1,099	79	- 45	863	1,000	100	30	1,130
20	16	730	1,172	84	- 48	938	1,000	100	30	1,130
21	17	730	1,246	90	- 51	1,015	1,000	100	30	1,130
22	18	730	1,319	95	- 54	1,090	1,000	100	30	1,130
23	19	730	1,392	100	- 57	1,165	1,000	100	30	1,130
24	20	730	1,466	106	- 60	1,242	1,000	100	30	1,130
25	21	730	1,539	111	- 63	1,317	1,000	100	30	1,130
26	22	730	1,612	116	- 66	1,392	1,000	100	30	1,130
27	23	730	1,685	121	- 69	1,467	1,000	100	30	1,130
28	24	730	1,759	127	- 72	1,500	1,044	104	30	1,170
29	25	730	1,832	132	- 75	1,500	1,119	112	40	1,270

[사용량별 요금–기타 계절]

사용량(kWh)	기본요금	전력량요금	기후환경요금 (2021.1.1~)	연료비조정요금 (2021.7월~9월분 기준)	필수사용량보장공제	전기요금계	부가세	기반기금	청구금액
[하계(7~8월)]					*기후환경요금단가는 매년, 연료비조정단가는 매분기 변동됨				
1	730	73	5	- 3		805	81	20	900
2	730	146	10	- 6		880	88	30	990
3	730	219	15	- 9		955	96	30	1,080
4	730	293	21	- 12	32	1,000	100	30	1,130
5	730	366	26	- 15	107	1,000	100	30	1,130
6	730	439	31	- 18	182	1,000	100	30	1,130
7	730	513	37	- 21	259	1,000	100	30	1,130
8	730	586	42	- 24	334	1,000	100	30	1,130
9	730	659	47	- 27	409	1,000	100	30	1,130
10	730	733	53	- 30	486	1,000	100	30	1,130
11	730	806	58	- 33	561	1,000	100	30	1,130
12	730	879	63	- 36	636	1,000	100	30	1,130
13	730	952	68	- 39	711	1,000	100	30	1,130
14	730	1,026	74	- 42	788	1,000	100	30	1,130
15	730	1,099	79	- 45	863	1,000	100	30	1,130
16	730	1,172	84	- 48	938	1,000	100	30	1,130
17	730	1,246	90	- 51	1,015	1,000	100	30	1,130
18	730	1,319	95	- 54	1,090	1,000	100	30	1,130
19	730	1,392	100	- 57	1,165	1,000	100	30	1,130
20	730	1,466	106	- 60	1,242	1,000	100	30	1,130
21	730	1,539	111	- 63	1,317	1,000	100	30	1,130
22	730	1,612	116	- 66	1,392	1,000	100	30	1,130
23	730	1,685	121	- 69	1,467	1,000	100	30	1,130
24	730	1,759	127	- 72	1,500	1,044	104	30	1,170
25	730	1,832	132	- 75	1,500	1,119	112	40	1,270

[사용량별 요금–하계]

이번에는 계량기 보는 법을 알아보자. 대상 고객은 고압으로 공급되는 고객 중 전자식 전력량계가 설치된 고객이다. LCD 표시창 외에도 천천히 읽어보자.

[계량기 보는 법 ①]

아래 그림은 계량기 창의 구성을 나타낸 것을 확인할 수 있는데, 우리가 검침 시 맞닥뜨려야 할 대목이니 잘 살펴두자.

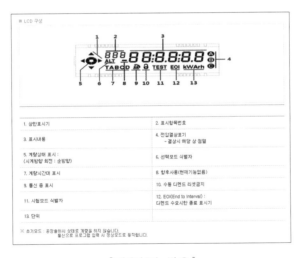

[계량기 보는 법 ②]

아래 그림은 계량기를 타입별로 지침을 확인하는 법을 설명하고 있는데, 오래전에 사용되었던 기계식 계량기부터 현재 많이 사용되고 있는 전자식 계량기까지 다양한 형태의 계량기를 보여주고 있다. 수변전실에 설치된 메인 계량기를 검침할 때 다양한 형태의 계량기를 볼 수 있는데, 본인이 근무하는 단지는 어디에 어떤 형태의 계량기가 사용되었는지 알아보자.

[계량기 지침 확인 방법]

지금부터는 청구서 보는 법에 대해 알아보자

　왼쪽 메뉴에서 [청구서·계량기 보는 법]–[청구서 보는 법]을 차례로 선택하여 현재 발행되고 있는 전기요금 청구서에 대해 알아보자.

　홈페이지에서는 아래 그림에서 항목마다 붙어있는 '+' 버튼을 클릭하면 해당 항목에 대한 부연 설명을 말풍선으로 볼 수 있게 되어 있으니 참고하기를 바란다. 특히 우리가 신경 써서 봐야 할 항목으로는, 청구 내역에서는 당월 요금계, 미납 요금의 유무, TV 수신료와 청구 금액이다. 고객 사항에서는 계약 종별, 정기 검침일, 계량기 배수, 계약전력, 미납 내역을 확인하여야 하고, 더불어 납기일과 사용 기간, 사용량을 꼭 확인하여 오류가 없는지를 파악하고 납기일이 지나지 않게 전기요금을 내도록 한다.

[청구서 보는 방법]

이번에는 왼쪽 메뉴에서 [요금 계산·비교]를 선택하면 요금 계산기 알림창이 뜨는데 여기서 특정 사용량에 대한 전기요금을 계산하여 볼 수 있다.

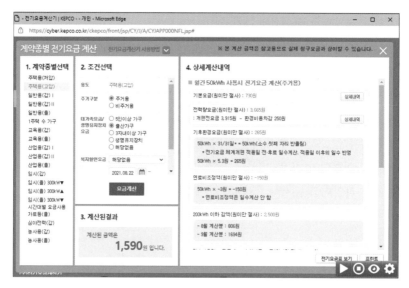

[전기요금 계산기]

여기서 [전기요금 계산기 바로가기]를 클릭하면 다시 [계약종별 전기요금 계산]이라는 알림창이 뜨는데 여기서 '계약종별'을 선택하고 여러 가지 조건을 선택한 후 '요금 계산' 버튼을 클릭하면 계산된 전기요금을 볼 수 있다. 물론 상세 계산 내역도 볼 수 있다.

이번에는 사이버 지점 주메뉴에서 [조회·납부]-[요금 조회]-[상세 조회]를 선택하여 한전에서 부과한 전기요금에 대해 알아보자.

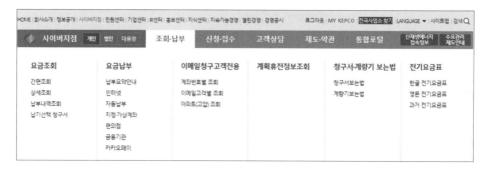

[조회 · 납부 메뉴]

아래 그림처럼 등록한 고객 번호들이 순서대로 표시되는데 개략적인 내용이 보인다.

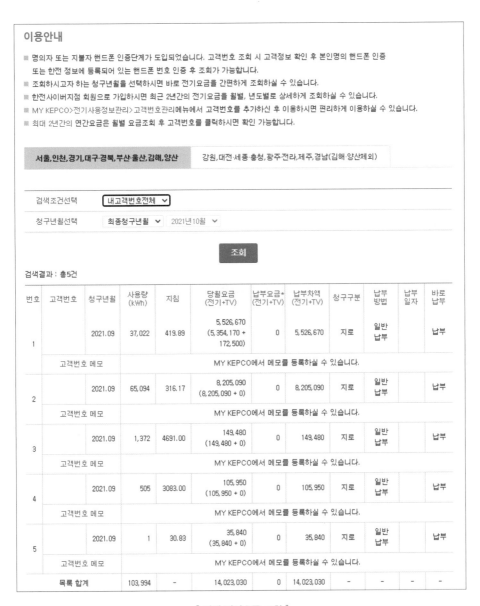

이용안내

■ 명의자 또는 지불자 핸드폰 인증단계가 도입되었습니다. 고객번호 조회 시 고객정보 확인 후 본인명의 핸드폰 인증
  또는 한전 정보에 등록되어 있는 핸드폰 번호 인증 후 조회가 가능합니다.
■ 조회하시고자 하는 청구년월을 선택하시면 바로 전기요금을 간편하게 조회하실 수 있습니다.
■ 한전사이버지점 회원으로 가입하시면 최근 2년간의 전기요금을 월별, 년도별로 상세하게 조회하실 수 있습니다.
■ MY KEPCO>전기사용정보관리>고객번호관리메뉴에서 고객번호를 추가하신 후 이용하시면 편리하게 이용하실 수 있습니다.
■ 최대 2년간의 연간요금은 월별 요금조회 후 고객번호를 클릭하시면 확인 가능합니다.

서울,인천,경기,대구·경북,부산·울산,김해·양산	강원,대전·세종·충청,광주·전라,제주,경남(김해·양산제외)

검색조건선택　[내고객번호전체 ▾]

청구년월선택　[최종청구년월 ▾]　[2021년10월 ▾]

[조회]

검색결과 : 총5건

번호	고객번호	청구년월	사용량 (kWh)	지침	당월요금 (전기+TV)	납부요금* (전기+TV)	납부차액 (전기+TV)	청구구분	납부 방법	납부 일자	바로 납부
1		2021.09	37,022	419.89	5,526,670 (5,354,170 + 172,500)	0	5,526,670	지로	일반 납부		납부
	고객번호 메모	MY KEPCO에서 메모를 등록하실 수 있습니다.									
2		2021.09	65,094	316.17	8,205,090 (8,205,090 + 0)	0	8,205,090	지로	일반 납부		납부
	고객번호 메모	MY KEPCO에서 메모를 등록하실 수 있습니다.									
3		2021.09	1,372	4691.00	149,480 (149,480 + 0)	0	149,480	지로	일반 납부		납부
	고객번호 메모	MY KEPCO에서 메모를 등록하실 수 있습니다.									
4		2021.09	505	3083.00	105,950 (105,950 + 0)	0	105,950	지로	일반 납부		납부
	고객번호 메모	MY KEPCO에서 메모를 등록하실 수 있습니다.									
5		2021.09	1	30.83	35,840 (35,840 + 0)	0	35,840	지로	일반 납부		납부
	고객번호 메모	MY KEPCO에서 메모를 등록하실 수 있습니다.									
	목록 합계		103,994	-	14,023,030	0	14,023,030	-	-	-	-

[전체 전기요금 조회]

좀 더 자세한 내용을 보고 싶다면 원하는 고객 번호를 클릭하면 된다. 이 기능은 한
전에서 아직 전기요금 청구서가 우편 또는 인편에 의해 도착하지 않았다면 아주 유용
하다.

고객사항

고객번호		정기검침일		매월 22 일	계기번호	
계기배수	480	역률		90	계약종별/전력	주택용전력 / 550kW
가구수/TV대수	85 / 69	주거구분			납기일	2021.10.15

전기요금

기본 요금	541,642
전력량요금	4,306,229
- 개편전요금	4,491,339
- 환경비용차감	-185,110
기후환경요금	196,178
연료비조정액	-111,066
복지할인	-196,403
필수사용공제	-26,782
역률 요금	0
전기요금계	4,709,798
부가가치세	470,985
전력기금	173,770
원단위절사	-383
당월요금 계	5,354,170
TV 수신료	172,500
청구 요금	5,526,670

사용량 정보

당월지침	419.89
전월지침	339.90
사용량	37,022 kWh

사용량 비교

당월	37,022 kWh
전월	49,888 kWh
전년동월	0 kWh

미납내역

고객전용 지정계좌

우리은행
신한은행
국민은행
농 협
하나은행

[전기요금 조회]

먼저 28쪽 **그림 [아파트(고압) 조회]**에서 '종합 세대별 요금 내역'이라는 엑셀 파일을 내려받아 보면 세대별로 전기요금이 상세하게 나와있음을 알 수 있다. 그런데 내려받기 위해서는 고객 정보를 확인하는 [고객 정보 확인]이라는 알림창이 뜨는데, 거기서 검색 조건과 법인 번호를 입력하여 가입된 계량기 번호에 해당하는 자료를 볼 수 있다.

[종합 세대별 요금 내역 알림창]

이 기능 또한 한전에서 아직 전기요금 청구서가 우편 또는 인편에 의해 도착하지 않았다면 아주 유용하다. 전기요금 청구서가 나오기 전에 그동안 검침하고 XpERP에 올려 계산한 요금을 비교 검토해볼 수 있기 때문이다. 그럴 뿐만 아니라 관리비 부과 작업을 하는 데 있어서 세대 사용분과 공동 전기료분 등의 작업을 하는 데도 아주 유용하니 꼭 사용해보길 권한다.

[종합아파트 세대별 요금내역]

고객번호 : 0157239831		기준월 : 2021년09월																		
동	호	위치동호명	가구수	계약종별	요금적용전력	사용량	기본요금	전력량요금	기후환경요금	연료비조정액	필수사용공제	할인구분	감액요금	단수	전기요금	부가세	전력기금	당월소계	TV수신료	청구금액
0	1	공용분	1	221	43	10099	308310	818975	53524	-30297	0		0	3	1E+06	115051	42560	1308120	0	1308120
1	301	1동 301호	1	100	3	546	7300	90059	2893	-1638	0		0	5	98614	9861	3640	112110	2500	114610
1	302	1동 302호	1	100	3	318	1600	36215	1685	-954	0		0	1	38546	3855	1420	43820	2500	46320
1	303	1동 303호	1	100	3	340	1600	40238	1802	-1020	0		0	2	42620	4262	1570	48450	2500	50950
1	304	1동 304호	1	100	3	301	1600	33105	1595	-903	0		0	7	35397	3540	1300	40230	2500	42730
1	305	1동 305호	1	100	3	21	910	1854	111	-63	-1812		0	0	1000	100	30	1130	0	1130
1	306	1동 306호	1	100	3	294	1377	32014	1558	-882	0	E	-10219	3	23848	2385	880	27110	2500	29610
1	307	1동 307호	1	100	3	291	1377	31560	1542	-873	0		0	3	33606	3361	1240	38200	0	38200
1	308	1동 308호	1	100	3	228	1377	21929	1208	-684	0	E	-3131	9	20699	2070	760	23520	2500	26020
1	309	1동 309호	1	100	3	582	7300	99981	3084	-1746	0		0	1	108619	10862	4010	123490	2500	125990

[종합 세대별 요금 내역 ①]

아래 그림은 세대 전기요금 맨 아랫부분에 나와 있는 내용으로 TV 수신료 미청구 호수 등과 출산 가구 등 할인 구분에 대한 기호를 알려주어 어떻게 계산되었는지를 상세하게 안내하고 있다.

공용분 요금적용전력 :	43	
(전체 요금적용전력 X 공용분 사용량 / 전체 사용량)		
TV수신료 미청구 호수	16	호
- 50 KWH미만사용	6	호
- 기타 미청구	10	호
장애인 할인 호수	0	호
2가구 이상 세대	0	호
할인구분 : 2 - 장애인할인 3 - 국가유공자할인 4 - 기초생계의료 5 - 독립유공자할인 6 - 대가족요금		
7 - 사회복지 8 - 의료기기 A - 다자녀할인 B - 대가족(다자녀) 9 - 차상위할인 C - 차상위주거교육 D - 기초주거교육, E - 출산가구		

[종합 세대별 요금 내역 ②]

'대가족/복지 할인 접수 내역' 파일에서는 언제 접수했고 언제 해지했는지에 대한 정보를 알 수 있다.

동	호	접수종류	접수구분	세대원수	요금적용일
0001	0308	출산가구	해지	3	20210903
0001	0509	출산가구	신규	4	20210827
0001	0804	출산가구	신규	3	20210906
0001	0904	출산가구	신규	2	20210826
0001	1202	출산가구	해지	4	20210905

[대가족/복지할인 접수내역]
고객번호 :   기준월 : 2021년09월

[대가족/복지 할인 접수 내역]

2 메인 계량기 검침하기

전기요금을 매기려면 먼저 얼마나 사용했는지를 알아야 한다. 그러려면 수변전실에 설치된 메인 계량기 즉, 한국전력공사에서 보내주는 전기를 우리 아파트나 건축물에서 사용할 수 있도록 건축물 입구(사실은 입구가 아니라, 지하층에 설치된 수변전실을 말함.)에 계량기를 달아 일정 기간의 전기 사용량을 측정하게 된다.

메인 계량기라 불리는 이것은 복잡하기 짝이 없는데, 어떤 것은 1번부터 시작해 22번까지 나온다. 각 번호는 2~3초 간격으로 계속하여 표시되는데 번호별로 표시되는 값이 어떤 의미인지는 보통 계량기 밑에 표로 작성하여 붙여놓는다. 계량기를 자세히 보면 표준 고압 전자식과 G-Type, 저압 전자식, Advanced E-Type 등이 표시되어 있는데 제조사의 모델명으로 찾을 수도 있다.

아래 그림 [메인 계량기 표시 항목 조견표]는 예시로서 아파트는 주로 아파트 메인 계량기와 산업용으로 분류되는 정화조, 그리고 가로등 사용량 이렇게 세 가지의 계량기가 설치되어 있다. 메인 계량기 검침은 매월 특정한 날 특정한 시간에 하는 것이 좋다. 왜냐하면, 그만큼 일정 기간 사용량을 정확하게 검침할 수 있기 때문이다.

> 💡 **TIP**
>
> 계량기가 보이는 창에 휴대전화를 대고 동영상을 촬영한 후 재생시켜가며 검침 값을 적는다. 이때 휴대전화기가 움직이지 않도록 하되, 꼭 1번부터 시작할 필요는 없다. 계량기마다 검침에 필요한 번호 값이 다르므로 원하는 값만 검침한다.

메인 계량기 표시항목 조견표

번호	3종(3XX,5XX,7XX)	번호	2종(9XX)	번호	1종(1XX)	번호	1종(4XX)
01	현재날짜	01	현재날짜	01	현재날짜	01	현재날짜
02	현재시간	02	현재시간	02	현재시간	02	현재시간
03	수동복귀횟수	03	수동복귀횟수	03	수동복귀횟수	03	수동복귀횟수
04	현재누적 유효전력량(주간,중간)-kwh	04	현재누적 유효전력량(주간)-kwh	04	현재누적 유효전력량-kwh	04	현재누적 유효전력량(주간,중간)-kwh
05	현재누적 유효전력량(저녁,최대)-kwh	05	현재누적 유효전력량(심야)-kwh	05	현재누적 무효전력량-kVARh	05	현재누적 유효전력량(심야)-kwh
06	현재누적 유효전력량(심야,경부하)-kwh	06	현재누적 무효전력량(주간)-kVARh	06	전월누적 유효전력량-kwh	06	현재누적 무효전력량(주간,저녁)-kVARh
07	현재누적 무효전력량(주간,중간)-kVARh	07	전월누적 유효전력량(주간)-kwh	07	전월누적 무효전력량-kVARh	07	전전월누적 최대전력(주간,저녁)-kw
08	현재누적 무효전력량(저녁,최대)-kVARh	08	전월누적 유효전력량(심야)-kwh	08	전월누적 최대전력-kw	08	전월누적 유효전력량(심야)-kwh
09	전월누적 유효전력량(주간,중간)-kwh	09	전월누적 무효전력량(주간)-kVARh	09	전전월누적 무효전력량(주간)-kVARh	09	전전월누적 무효전력량(주간)-kVARh
10	전월누적 유효전력량(저녁,최대)-kwh	10	전월누적 최대전력(주간)-kw	10	바로전 15분간(현재) 최대전력-kw	10	전월누적 최대전력(주간,저녁)-kw
11	전월누적 유효전력량(심야,경부하)-kwh	11	전전월누적 최대전력(주간)-kw	11	당월 최대전력-kw	11	전월누적 최대전력(심야)-kw
12	전월누적 무효전력량(주간,중간)-kVARh	12	당월 평균 역률	12	바로전 15분간(현재) 역률	12	전전월누적 최대전력(주간,저녁)-kw
13	전월누적 무효전력량(저녁,최대)-kVARh	13	프로그램 종류	13	당월 평균 역률	13	전전월누적 최대전력(심야)-kw
14	전월누적 최대전력(중간)-kw			14	전월 평균 역률	14	전월 평균 역률
15	전월누적 최대전력(저녁,최대)-kw			15	프로그램 종류	15	프로그램 종류
16	전전월누적 최대전력(주간,중간)-kw					16	바로전 15분간(현재) 최대전력-kw
17	전전월누적 최대전력(저녁,최대)-kw					17	당월 최대전력(주간,저녁)-kw
18	바로전 15분간(현재) 최대전력-kw					18	당월 최대전력(심야)-kw
19	당월 최대전력(주간,중간)-kw					19	바로전 15분간(현재) 역률
20	당월 최대전력(저녁,최대)-kw					20	당월 평균 역률
21	바로전 15분간(현재) 역률						
22	프로그램 종류						

[메인 계량기 표시 항목 조견표]

【검침 시 유의사항】

1. 매월 정기검침은 반드시 검침 확정일 ○○시 ○○분 이후에 검침하여야 한다.

(예를 들어, 말일 검침은 매월 1일 이후에 검침)

2. 검침 시마다 [메인 계량기 표시 항목 조견표] 1, 2번 항목의 현재 날짜 및 시각을 확인한다.

3. 검침 시에 에러가 표시될 때는 계기 부서로 중계 처리한다.

전기계량기 검침값(2021.09.22)

번호	아파트 메인	아파트 정화조	아파트 가로등	상가 메인	상가 정화조
고객번호					
1					
2					
3					
4		1,865	10.9		1,179
5		1,023	1.9		843
6	419.84	1,803	18.03		1,061
7	3.65	696	0.3		546
8	1,414	522	0.3		410
9				114.3	
10		24.73	0.3	70.64	22.12
11		24.77	0.3	131.23	27.86
12				22.6	
13				12.79	
14				1.133	
15				1.141	

[계량기별 번호별 필수 검침 값]

아래 그림은 현장에서 사용되고 있는 계량기이다. 근무하는 단지의 수변전실에 설치된 계량기들과 비교해보도록 하자.

[표준 고압 계량기]

[산업용 계량기]

[가로등 계량기]

3 세대 검침하기

이제 전기 메인 계량기의 검침이 끝났으니 각 세대의 전기 사용량을 검침해 보자. 앞에서도 언급했듯이 원격검침 기기와 원격검침 프로그램을 이용한 원격검침을 할 수도 있고, 계량기가 있는 곳을 찾아가 일일이 눈으로 보고 손으로 적는 수 검침을 하는 일도 있다. 수 검침이야 몸이 좀 고생스럽겠지만 특별한 어려움은 없기에 본 교재에서는 원격검침 하는 방법을 알아보도록 한다. 현재 단지에서 사용되고 있는 원격검침 프로그램은 여러 종류가 있으나, 그 사용법 등은 비슷하고 매뉴얼 또한 특별히 어렵지 않으므로 쉽게 할 수 있을 것으로 생각한다.

여기서는 ㈜태스콘의 EMS-3000을 기준으로 살펴보기로 한다. 먼저 EMS-3000을 실행하여 원격으로 검침이 이상 없이 잘 되고 있는지를 살핀다.

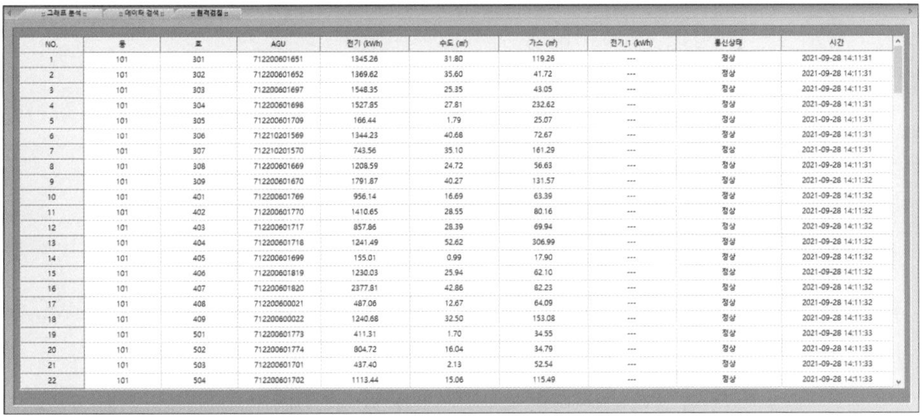

NO.	동	호	AGU	전기 (kWh)	수도 (㎥)	가스 (㎥)	전기_1 (kWh)	통신상태	시간
1	101	301	712200601651	1345.26	31.80	119.26	---	정상	2021-09-28 14:11:31
2	101	302	712200601652	1369.62	35.60	41.72	---	정상	2021-09-28 14:11:31
3	101	303	712200601697	1548.35	25.35	43.05	---	정상	2021-09-28 14:11:31
4	101	304	712200601698	1527.85	27.81	232.62	---	정상	2021-09-28 14:11:31
5	101	305	712200601709	166.44	1.79	25.07	---	정상	2021-09-28 14:11:31
6	101	306	712210201569	1344.23	40.66	72.67	---	정상	2021-09-28 14:11:31
7	101	307	712210201570	743.56	35.10	161.29	---	정상	2021-09-28 14:11:31
8	101	308	712200601669	1208.59	24.72	56.63	---	정상	2021-09-28 14:11:32
9	101	309	712200601670	1791.87	40.27	131.57	---	정상	2021-09-28 14:11:32
10	101	401	712200601769	956.14	16.69	63.39	---	정상	2021-09-28 14:11:32
11	101	402	712200601770	1410.65	28.55	80.16	---	정상	2021-09-28 14:11:32
12	101	403	712200601717	857.86	28.39	69.94	---	정상	2021-09-28 14:11:32
13	101	404	712200601716	1241.49	52.62	306.99	---	정상	2021-09-28 14:11:32
14	101	405	712200601699	155.01	0.99	17.90	---	정상	2021-09-28 14:11:32
15	101	406	712200601819	1230.03	25.94	62.10	---	정상	2021-09-28 14:11:32
16	101	407	712200601820	2377.81	42.86	82.23	---	정상	2021-09-28 14:11:32
17	101	408	712200600021	487.06	12.67	64.09	---	정상	2021-09-28 14:11:32
18	101	409	712200600022	1240.68	32.50	153.08	---	정상	2021-09-28 14:11:33
19	101	501	712200601773	411.31	1.70	34.55	---	정상	2021-09-28 14:11:33
20	101	502	712200601774	804.72	16.04	34.79	---	정상	2021-09-28 14:11:33
21	101	503	712200601701	437.40	2.13	52.54	---	정상	2021-09-28 14:11:33
22	101	504	712200601702	1113.44	15.06	115.49	---	정상	2021-09-28 14:11:33

[원격검침 통신 상태]

위 그림을 보면 동, 호수가 표시되면서 전기, 수도, 가스의 세대별 계량기의 검침 값을 표기하고 있으며, 현재의 통신 상태가 정상임을 보여주고 있다. 아울러 검침 날짜와 시각이 표기된 것을 확인할 수 있다.

EMS-3000은 원격검침 시스템 중 가장 **빠른 속도**(19,200 bps[2])로 검침을 수행하기 때문에 1,000세대의 모든 검침 정보가 5분마다 업데이트될 정도의 속도이다.

[주메뉴 바 ①]

이렇게 검침이 잘 되고 있다면 우리가 원하는 데이터를 언제든지 수집할 수 있는데 그 메뉴는 위 그림에 나와 있다.

[검색 유형 선택]

네 가지 검색 유형 중 한 가지를 선택한다. 크게 개체별과 그룹별로 구분되는데, 개체별은 특정 세대를 의미하며, 그룹별은 동 또는 단지 전체 등 집단의 의미이다.

[개체별–시간대별]

특정 세대의 하루 24시간의 검침 정보를 검색하며, 가장 세부적인 정보를 확인할 수 있다.

[개체별–기간별]

특정 세대의 선택된 기간의 검침 정보를 검색한다. 선택된 기간 날짜들의 최종값들이 검색되어 그 기간의 사용량 증감을 확인할 수 있으며, 특정 세대의 사용량 변화 및 에너지 사용에 대한 특성을 분석하는 자료로 활용할 수 있다.

[그룹별–날짜별]

선택된 그룹(동 또는 단지 전체)에 대하여 특정 날짜의 데이터를 검색하며, 예를 들어 전 세대의 특정일 최종값을 모두 확인하는 데 사용된다.

---

2) bps(bit per second): 1초 동안에 몇 개의 비트를 전송할 수 있는가를 나타내는 단위. 이것은 컴퓨터 통신에서 사용되는 용어로 데이터 전송의 빠르기를 평가하는 단위로 사용된다. 보통 전화선을 사용한 데이터 전송은 14,400~36,600 bps 정도이다.

[그룹별–기간별]

선택된 그룹(동 또는 단지 전체)에 대하여 특정 기간의 데이터를 검색한다. 원격검침을 사용하는 데 있어서 가장 활용도가 높은 검색으로서, 요금 고지를 위한 내역을 출력할 때 사용할 수 있다. 해당 기간의 시작과 끝 검침 값과 그 사용량이 출력된다.

[검색 유형 및 검색 조건 선택]

[검색 유형 선택] 영역에는 네 가지 유형이 있는데, 가장 많이 사용하는 유형은 [그룹별–기간별]로 '아파트 동별', '기간별'로 검색하는 기능을 제공한다. 따라서 이 기능을 활용하면 세대에서 일정 기간 사용한 각종 데이터를 검색할 수 있다.

주소		수도 [㎡]		
동	호	2022030100	2022033124	사용량
101	301	114	128	14
101	302	74	82	8
101	303	57	63	6
101	304	62	66	4
101	305	1	1	0
101	306	96	107	11
101	307	149	172	23
101	308	57	64	7
101	309	118	134	16
101	401	68	77	9
101	402	93	107	14
101	403	150	176	26
101	404	186	214	28
101	405	1	1	0
101	406	68	77	9
101	407	128	146	18
101	408	68	80	12

[그룹별–기간별 검색]

또, [개체별–기간별] 유형은 특정한 세대의 일정 기간 사용한 양을 검색하는 기능으로 관리비 고지서를 받아본 세대에서 '이번 달에 왜 이렇게 전기료가 많이 나왔는지 알고 싶다'며 민원을 제기할 때 요긴하게 사용된다.

단, 네 개의 체크박스는 중복 선택할 수 없으며, 오로지 한 개만 선택할 수 있다.

날짜/시간	전기 [kWh]		정보
	지침	사용량	
2022년03월01일 00시	2904		정상
2022년03월01일 24시	2911	7	정상
2022년03월02일 24시	2922	11	정상
2022년03월03일 24시	2933	11	정상
2022년03월04일 24시	2946	13	정상
2022년03월05일 24시	2955	9	정상
2022년03월06일 24시	2965	10	정상
2022년03월07일 24시	2975	10	정상
2022년03월08일 24시	2987	12	정상
2022년03월09일 24시	2994	7	정상
2022년03월10일 24시	3004	10	정상
2022년03월11일 24시	3014	10	정상
2022년03월12일 24시	3023	9	정상
2022년03월13일 24시	3032	9	정상
2022년03월14일 24시	3044	12	정상
2022년03월15일 24시	3054	10	정상
2022년03월16일 24시	3063	9	정상

[개체별 - 기간별 검색]

[검색 데이터 선택] 영역은 검색하고자 하는 데이터 유형을 체크하면 되는데, 예를 들어 전기나 수도, 가스 검침일이 각각 다르므로 한 가지씩 체크하여 검색하면 좋다. 하지만 이사를 하거나 매매를 할 때는 특정 기간의 전기, 수도, 가스 등 원하는 유형을 모두 선택한 후 검색하면 한 번에 해결할 수 있어 유용하다.

[검색 데이터 선택]

[검색 날짜 선택]

선택된 검색 유형에 따라 선택할 수 있는 날짜 항목이 활성화된다. [그룹별-기간별] 검색에서는 시작 날짜 시각과 최종 날짜 시각도 설정할 수 있어 더욱 세밀한 검색을 할 수 있다.

[주메뉴 바 ②]

[검색 조건 선택] 영역에는 '날짜 선택하기'와 '소수점 선택'이 있는데, '날짜 선택하기'를 클릭하면 '검색 날짜 선택하기'와 같은 알림창이 표시되는데 여기에서 원하는 시작 시점과 종료 시점을 선택하면 되고, 소수점은 XpERP에 올릴 자료 양식에 맞게 정해 주면 된다.

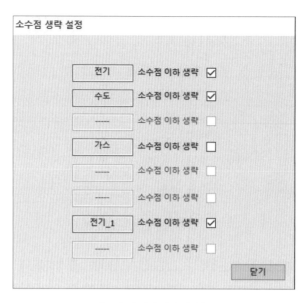

[소수점 이하 생략 설정]

이 옵션을 선택 후 검색하면 소수점 이하가 생략된 결괏값들이 표시되며, 검색 버튼을 누르기 전에 이 옵션을 먼저 선택하여야 결괏값에 적용된다. 소수점 이하 생략은 반올림이 아니라, 소수점 이하를 무조건 생략하는 원칙이 적용된다. 그리고 이렇게 설정한 내용은 [선택된 검색 정보] 영역에 표시된다. 내용이 정확히 맞는지를 확인한 후 바로 옆에 있는 [도구] 영역의 검색 버튼을 클릭하여 원하는 자료를 추출할 수 있다.

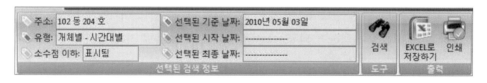

[주메뉴 바 ③]

[선택된 검색 정보]
주소, 검색 유형, 소수점 이하 생략 여부, 선택된 날짜 등 선택된 검색 옵션들이 모두 표시되어 현재의 검색 설정을 한눈에 알아볼 수 있다.

[도구]
검색 버튼은 말 그대로 검색을 시작하는 메뉴 버튼이다.

[출력]

현재 화면의 검색 데이터를 화면 그대로 엑셀 파일로 저장 또는 프린터로 인쇄한다.

이렇게 추출된 데이터를 확인하여 [출력] 영역의 '엑셀로 저장하기'를 선택하여 엑셀 파일로 저장하거나 인쇄 버튼을 눌러 연결된 프린터로 인쇄하면 된다. 보통의 경우 XpERP에 올려야 하므로 파일로 저장하여 사용한다.

그래프 분석은 검색된 데이터를 도식화하여 표현해 주는 그래프 기능이며, 검침한 데이터들을 활용하여 검침 값 또는 사용량에 대한 그래프를 시각적으로 표현할 수 있다. 각 세대 단위로 지원되며, 3가지 유형의 그래프가 가능하다. 덤으로 세대별 월간 사용량을 그래프로 제공하고 있는데 에너지 사용량 추이를 한눈에 볼 수 있어 이따금 사용되기도 한다.

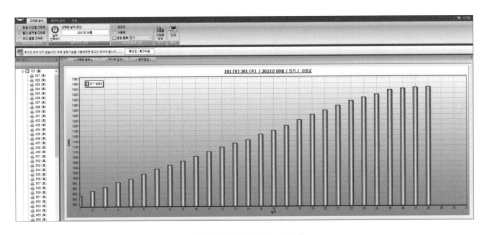

[특정 세대 사용량 그래프]

[그래프 유형 메뉴 및 기능]

전기 검침 작업이 성공적으로 끝나면 XpERP에 올려야 하는데 프로그램에 맞는 양식으로 가공하는 절차를 거쳐야 한다. 아래 그림은 원시 데이터와 가공된 편집 데이터를 비교할 수 있도록 보여주고 있다.

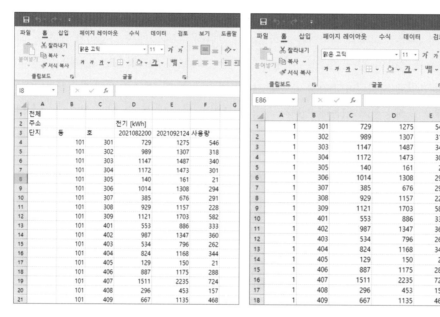

[아파트 원시 데이터]   [아파트 편집 데이터]

편집 데이터에서 볼 수 있듯이 3개의 행과 1개의 열이 삭제되었고, '101' 등을 '1'과 같은 형식으로 수정한 상태이다.

이제 실제로 XpERP에 올려보기로 하자.

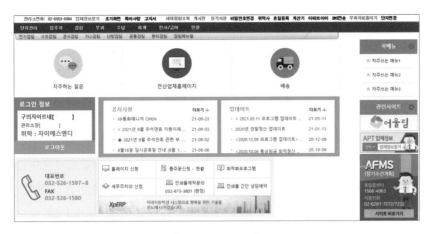

[XpERP 초기화면]

위 그림은 XpERP의 초기화면으로 검침이라는 주메뉴의 부메뉴들이 표시된 걸 볼 수 있다. 부메뉴들을 살펴보면 전기 검침과 앞으로 다룰 수도 검침, 온수 검침, 가스 검침, 난방 검침 등이 모두 보인다.

 TIP

XpERP에서 전기료를 계산하기 위해서는 미리 [단지 관리]라는 주메뉴에서 [환경 설정]이라는 부메뉴를 통해 단지에 맞게 초기 세팅을 해줘야 한다.

또, [조견표]라는 부메뉴에서도 전기료 등 현재 요금 계산 체계에 맞도록 세팅해야 하는데, 이런 업무는 XpERP 관리 용역을 체결한 업체에서 처리해주므로 걱정할 필요가 없다.

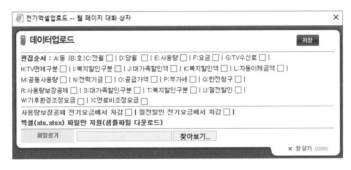

[데이터 업로드 알림창]

위 그림 [데이터 업로드 알림창]에서 편집 순서를 유심히 봐야 하는데, 엑셀의 A열은 동을, B열은 호를 나타내며, C, D, E열은 각각 전월, 당월, 사용량을 나타낸다. 자료를 올리기 위해 만들어 놓았던 편집 데이터와 일치하는 대목이다. 확인이 끝나면 알림창 아랫부분 '파일 찾기'의 '찾아보기' 버튼을 클릭하여 편집해 놓은 파일을 찾아 선택해주면 된다. 그리고 반드시 오른쪽 위의 '저장' 버튼을 클릭하여 시스템에 저장하여야 한다.

이런 작업을 마치면 [XpERP에 업로드한 상태]가 그림처럼 화면에 표시된다. 그러나 사실은 그 이전에 왼쪽의 [전기 검침]이라는 하위 메뉴를 선택하여야만 진행할 수 있는데, 여기서 '데이터 업로드'라는 버튼을 클릭했을 때 51쪽 그림 [데이터 업로드 알림창]이 뜨게 된다.

[XpERP에 업로드한 상태]

데이터가 잘 올라갔다면 오른쪽 위에 있는 '저장' 버튼을 눌러 지금까지 작업한 내용을 반드시 저장해야 한다. 이렇게 저장을 마쳤으면 전산에 저장된 데이터를 한전에 송신해야 하는데, XpERP 주메뉴 [검침]–[전기 검침]–[한전 검침 송신 작업]을 선택하여 '한전자료 전송'이라는 버튼을 클릭하면 된다. 이 작업은 검침이 있고 나서 며칠 후에 이뤄지니 반드시 XpERP 알림창의 공지 사항을 확인하여 때를 놓치지 않도록 주의해야 한다.

아래 그림을 보면, 고객 번호와 전송 횟수가 표시되며, 언제 보냈고, 누가 보냈으며, 사용량은 얼마인지가 표시된다.

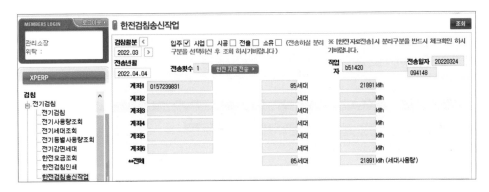

[한전 송신 작업]

5   세대 전기요금 계산하기

이제 검침도 했고, 전산에 등록도 하였으니 전기요금만 계산하면 된다.

'요금 계산'이라는 버튼을 클릭하면 아래 그림처럼 요금을 계산하는 알림창이 뜨는데, 특별히 다른 것은 만질 것 없이 맨 아래 계산 방식에서 콤보 상자를 선택하여 '요금 재계산' 또는 '사용량 및 요금 재계산'을 선택하여 전기요금을 계산해주면 된다.

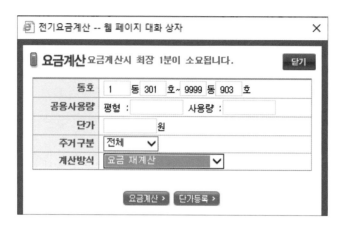

[요금 계산 알림창]

아래 그림은 전기요금을 계산한 상태를 보여주고 있다.

[XpERP에서 계산한 전기 요금]

이게 끝이 아니다. 한전에서는 우리가 검침하여 전송한 데이터를 가지고 요금을 계산하여 전기요금 청구서와 함께 세대별로 계산된 세부 내역을 올려주는데, 이것은 한국전력공사 사이버 지점에서 확인하면 된다.

마지막으로 XpERP에서 계산된 전기요금과 한전의 전기요금이 같은지를 확인하여야 하며, TV 수신료나 출산 가구 등의 항목별 세부 사항은 월별마다 다를 수 있으니 반드시 검토 작업이 이뤄져야 한다. XpERP에서 계산한 아파트의 세대별 전기요금과 한전에서 보내온 세대별 전기요금(39쪽 **그림 [종합 세대별 요금 내역 ①]**)이 정확히 맞아떨어진 것을 볼 수 있을 것이다. 검침에서부터 요금 계산까지 어느 과정 하나 실수 없이 신경을 써서 했다는 것을 증명하는 순간이기도 하다.

지금까지 아파트에 입주하여 사는 세대에 대한 전기요금 부과 작업까지 알아보았다. 일반적인 빌딩이나 상가 건물에 비해 다소 복잡한 면이 없지 않지만, 이 작업을 마치게 되면 다른 작업은 다소 쉽게 할 수 있을 것으로 생각한다.

한전에서 넘어온 자료, 즉 세대별 전기요금과 내가 작업한 XpERP상의 전기요금이 똑같다면 여러분은 매우 잘한 경우로 칭찬받아 마땅하다. 이제 남은 것은 세대에서 사용한 전기요금을 한전에서 날아온 전기요금 청구서에서 빼면 단지에서 사용한 공동 전기요금이 될 테니 계산하면 된다. 다만, 승강기마다 사용한 전력량에 따라 승강기 전기요금을 계산하는 때도 있으니 함께 계산해주면 된다. 당연히 공동 전기요금을 공동전기 사용량으로 나누면 1kW당 단가가 산출되는데 그에 따라 계산하는 것이다. 여기에는 계량기가 따로 분리된 정화조 전기요금과 가로등 전기요금을 합산하여 공동 전기요금으로 계산하면 된다.

6 아파트가 아닌 단지의 전기요금 계산하기

아파트가 다른 일반 건물의 단지에 비해 다소 복잡하다고 했는데, 그것은 메인 계량기의 검침 값과 아파트 세대별 검침 값을 일정 기간 내에 반드시 한전으로 보내야 하기 때문이다. 그러고 나면 한전에서는 전기요금을 계산하여 전기요금 청구서를 우편으로 보냄과 함께 아파트 세대별 전기요금이 상세하게 나와 있는 자료를 한전 사이버 지점에 등록하여 열람할 수 있는데, 이 자료와 내가 계산한 자료가 정확히 맞아떨어져야 한다는 것이다.

이제 아파트가 아닌, 그러니까 지식산업센터나, 상가, 업무 빌딩 등의 건물 단지에서는 한전으로 자료를 보낼 필요도 없으며, 세대별 자료도 없다. 그렇다고 대충 계산하면 된다는 것은 아니다. 다만, 절차 등이 덜 까다롭다는 뜻이다.

그럼, 시작해 보자. 아파트와 마찬가지로 상가의 메인 계량기를 검침한다. 계량기의 유형은 앞서 설명해 드렸으니 아파트에서의 내용을 참고하시면 쉽게 해결될 것이다.(42쪽 그림 [계량기별 번호별 필수 검침 값] 참고)

그런 다음 원격검침 프로그램에 가서 기간을 설정하여 세대별 전기 사용량을 검침한다.

주소		전기 [kWh]			전기_1 [kWh]		
동	호	2021052200	2021062124	사용량	2021052200	2021062124	사용량
상가	101	0	0	0	0	0	0
상가	102	4927	4927	0			
상가	103	0	0	0	0	0	0
상가	104	1924	1924	0			
상가	105	0	0	0	0	0	0
상가	106	0	0	0			
상가	107	0	0	0	0	0	0
상가	108	0	0	0			
상가	109	0	0	0			
상가	110	337	378	41			
상가	111	0	0	0	0	0	0
상가	112	1	1	0			
상가	113	0	0	0	0	0	0
상가	114	39	39	0			
상가	115	0	0	0	0	0	0
상가	116	432	434	2			
상가	117	0	0	0	0	0	0
상가	118	2	2	0			

[그룹별-기간별 검색(상가)]

그러면 아래 그림과 같은 엑셀 파일로 저장된다. 참고로, 여기에서는 원격검침에 대한 시공이 잘못되어 보기도 복잡할뿐더러, XpERP에 올릴 자료를 만드는 데도 손이 많이 간다. 말씀드리자면, 짝수 세대는 정상적으로 검침이 이뤄지고 있는데, 나중에 홀수 세대를 정상적으로 검침할 수 있도록 프로그램을 수정하였기 때문이다.

이어서 원시 데이터를 가지고 XpERP에 올릴 수 있게 형식을 맞추어 가공한다.

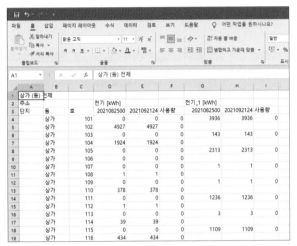

[상가 원시 데이터]　　　　　　[상가 편집 데이터]

이어 XpERP 프로그램을 실행하여 해당 파일을 올린다.

[XpERP에 업로드한 상태(상가)]

데이터가 정확히 올라갔는지 확인한 후, 이상이 없으면 요금을 계산한다.

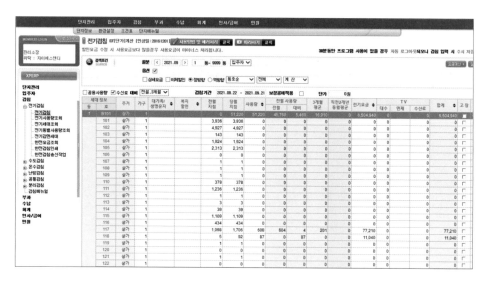

[XpERP에서 계산한 전기 요금(상가)]

아파트에서와 마찬가지로 공동 전기요금을 계산하여 단가를 적용해주면 상가에서의 전기요금 계산이 모두 끝나게 된다.

다만, 우리 단지에서는 에어컨을 세대 계량기에 연결하지 않고, 따로 계량하도록 시공되어 있어서 추가적인 작업이 필요하다. 이럴 경우, 정상적으로 전기요금 계산에 적용되기 위해서는 XpERP 용역회사에 요청하여 세대 전기요금과 세대 에어컨 전기요금이 합산되어 관리비에 부과되도록 환경설정을 바꾸어야 한다.

아래 그림은 원격검침에 대한 이해를 돕기 위해 원격검침이 어떻게 이뤄지고 있는지 나타낸 흐름도이다.

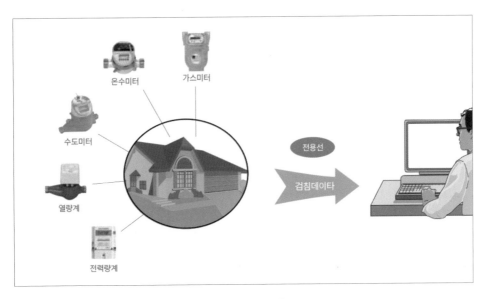

[원격검침 흐름도]

　그리고 아래는 우리가 현장에서 볼 수 있는 원격검침 시스템 제품들이니 참고하기
바란다.

[원격검침 시스템 제품]

여기서는 상가에서 사용하고 있는 에어컨 전기 사용량을 세대의 전기 사용량과는 완전히 별개의 것으로 다루고 있다. 따라서 원격검침 프로그램을 이용하여 검색하면 되는데, 아래 그림이 그 결과이다.

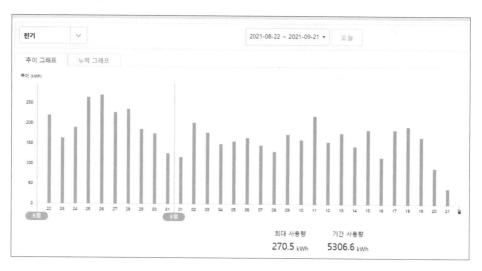

[에어컨 전기 사용량 그래프]

장치명	종류	기간 사용량	8월 22일	8월 23일	8월 24일	8월 25일	8월 26일	8월 27일	8월 28일	8월 29일	8월 30일	8월 31일	9월 1일
합계		5306.6	219.7	163.2	189.7	264.5	270.5	227	235.5	185.7	175.2	126	116.8
1층 수유실	실내기	91.2	0	4.4	5.7	5.2	4.7	4.7	1.7	0	4.2	4.9	3.7
2층 수유실	실내기	153	0.1	6.9	5.4	11.6	5	6.8	7.3	0	4.9	5.2	6.3
102호	실내기	3.9	0.1	0.2	0.1	0.1	0.2	0.1	0.1	0.1	0.2	0.1	0.1
103호	실내기	3.9	0.1	0.2	0.1	0.1	0.1	0.1	0.1	0.1	0.1	0.1	0.2
104호	실내기	3.9	0.1	0.1	0.2	0.1	0.1	0.1	0.2	0.1	0.1	0.2	0.1
105호	실내기	3.3	0.1	0.1	0.1	0.1	0.1	0.1	0.1	0.1	0.1	0.1	0.1
106호	실내기	3	0.1	0.1	0.1	0.1	0.1	0.1	0.1	0.1	0.1	0.1	0.1
107호	실내기	3	0.1	0.1	0.1	0.1	0.1	0.1	0.1	0.1	0.1	0.1	0.1

[에어컨 전기 사용량 데이터]

이제 검색된 데이터를 엑셀 프로그램으로 저장한다. 그리고 XpERP에 올릴 수 있도록 포맷에 맞춰 가공한다.

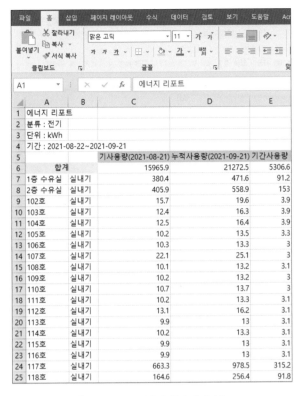

	A	B	C	D	E
1	에너지 리포트				
2	분류 : 전기				
3	단위 : kWh				
4	기간 : 2021-08-22~2021-09-21				
5			기사용량(2021-08-21)	누적사용량(2021-09-21)	기간사용량
6	합계		15965.9	21272.5	5306.6
7	1층 수유실	실내기	380.4	471.6	91.2
8	2층 수유실	실내기	405.9	558.9	153
9	102호	실내기	15.7	19.6	3.9
10	103호	실내기	12.4	16.3	3.9
11	104호	실내기	12.5	16.4	3.9
12	105호	실내기	10.2	13.5	3.3
13	106호	실내기	10.3	13.3	3
14	107호	실내기	22.1	25.1	3
15	108호	실내기	10.1	13.2	3.1
16	109호	실내기	10.2	13.2	3
17	110호	실내기	10.7	13.7	3
18	111호	실내기	10.2	13.3	3.1
19	112호	실내기	13.1	16.2	3.1
20	113호	실내기	9.9	13	3.1
21	114호	실내기	10.2	13.3	3.1
22	115호	실내기	9.9	13	3.1
23	116호	실내기	9.9	13	3.1
24	117호	실내기	663.3	978.5	315.2
25	118호	실내기	164.6	256.4	91.8

[에어컨 전기 사용량 원시 데이터]

	A	B	C	D	E
1	1	B101	-	3,015	3,015
2	1	101	-	-	-
3	1	102	16	20	4
4	1	103	12	16	4
5	1	104	13	16	3
6	1	105	10	14	4
7	1	106	10	13	3
8	1	107	22	25	3
9	1	108	10	13	3
10	1	109	10	13	3
11	1	110	11	14	3
12	1	111	10	13	3
13	1	112	13	16	3
14	1	113	10	13	3
15	1	114	10	13	3
16	1	115	10	13	3
17	1	116	10	13	3
18	1	117	663	979	316
19	1	118	165	256	91

[에어컨 전기 사용량 편집 데이터]

이곳 단지는 개별난방이어서 [난방]이라는 메뉴를 사용하지 않기 때문에 사용하지 않는 난방 검침을 활용하기로 한다. 그리고 그곳에 가공된 정보를 올린다.

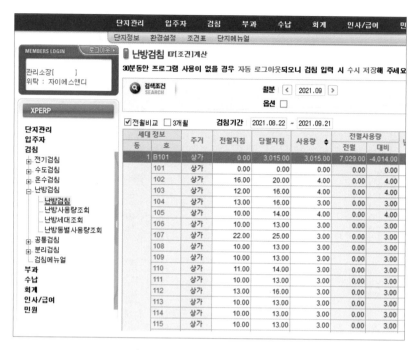

[XpERP에 업로드한 상태(에어컨)]

그런 다음 단가를 적용하여 요금을 계산하면 된다.

[XpERP에서 계산한 요금(에어컨)]

이렇게 하여 상가 등 아파트가 아닌 건물의 전기요금을 계산해 보았다. 그리 어렵지 않게 따라 할 수 있을 것으로 기대한다.

7 수 검침하기

앞서 원격검침을 통해 세대의 전기 사용량을 알아보았다. 참으로 편리한 기기가 아닐 수 없다. 이제 원격검침 기기나 원격검침 프로그램이 설치되지 않은 곳에서는 하는 수 없이 발로 뛰는 수(手) 검침을 해야 한다.

세대 분전반이나 EPS[3]실에 있는 배전반의 계량기를 직접 보고 검침 값을 확인해야 한다. 원격검침이야 시간이 지나도 과거의 자료들을 언제든지 볼 수 있으니 검침에 시간적 제한을 받지 않지만, 수 검침은 검침하는 순간의 값만을 확인할 수 있으므로 때를 잘 맞춰야 한다.

아래 그림의 계량기는 지하층 전체를 사용하고 있는 마트의 경우로 일반적인 계량기와는 또 다르니 알아보자.

이 계량기도 마찬가지로 이번 달 검침 값에서 지난달 검침 값을 빼주면 한 달간 전기 사용량이 나올 것이다. 가령 2021년 9월 22일 검침 값이 100이었고, 현재 2021년 10월 22일 검침 값이 200이라고 가정하면 그 차이인 100이라는 숫자가 나올 것이다. 그렇다고 떡하니 100kWh를 사용했

[30배율 계량기 및 분전반]

다며 관리비에 전기요금을 부과하면 큰 오산이다. 왜냐하면 이 계량기에는 계기용 변류기[4]라는 녀석이 달려있기 때문이다.

분전반에 설치된 계기용 변류기를 크게 확대해서 보면, 3상4선식(3P4W[5])으로 150A라는 커다란 글씨를 볼 수 있을 것이다. 이 말인즉슨 150A의 대전류가 들어오지

---

3) EPS(Electric Pipe Shaft): 전기케이블 통로이다. 각 층의 여러 세대에 공급되는 많은 전기선을 한데 모아놓은 곳으로 배전반이 들어서 있다.

4) 계기용 변류기(CT, Current Transformer): 어떤 전류 값을 이에 비례하는 전류 값으로 변성하는 계기용 변성기를 말한다. 전선로에 직렬 또는 관통으로 취부하여 대전류를 소전류(5A)로 강하시키는 기기를 말한다.

5) 3P4W(three−phase four−wire system): 4개의 도선으로 3상 기기에 전기를 공급하는 방법이다. 도선 가운데 1개는 중성점에, 다른 3개는 각각 3개의 상에 접속한다.

만, 계량은 150:5인 30분의 1 수준으로 검침한다는 의미이다. 따라서 이달 사용량 100은 그 30배인 3,000kWh를 의미하게 된다.

마찬가지로 나란히 설치되어 있는 분전반에도 이 같은 계기용 변류기와 함께 계량기가 설치되어 있는데, 이는 더 큰 전기 사용량을 보인다. 400:5 의 비율이니 계량값에 80을 곱해줘야 이 계량기를 통해 사용한 전기 사용량을 구할 수 있는 것이다.

[80배율 계량기 및 분전반]

가령 2021년 9월 22일 검침 값이 100이었고, 현재 2021년 10월 22일 검침 값이 200이라고 가정하면 그 차이인 100이라는 숫자가 나올 것이다. 따라서 이달 사용량 100은 그 80배인 8,000kWh를 의미하게 된다.

[변류기]

Memo

2

수도요금 매기기

2 수도요금 매기기

아파트 세대에서 사용한 수도요금을 매기려면 수도요금이 어떤 요금 체계를 가졌는지를 알아야 한다. 예를 들어, 서울의 경우 서울특별시 상수도사업본부에서 정한 규정에 따라 수도요금을 계산한 뒤 수도요금 청구서를 보내게 되니 말이다.

청구서를 처음 받아본 분들이라면 다 느꼈겠지만, 앞서 배운 전기요금 청구서와는 다르게 훨씬 간단하다는 것을 느꼈을 것이다. 그러면 수도요금 매기기에 앞서 수도요금에 대해 알아보기로 하자.

1 수도요금 알아보기

우선, 수도요금을 담당하는 공공기관은 서울의 경우 서울특별시 상수도사업본부이니 그곳의 아리수 사이버 고객센터 홈페이지로 들어가 보자. 다 알고 계시겠지만, 이제는 정보통신의 발달로 인해 거의 모든 업무가 현장 사무실이 아닌 인터넷에서 해결할 수 있는 시스템을 갖추고 있다. 따라서 아리수 사이버 고객센터 사이버 지점을 즐겨찾기에 등록해 두고 필요할 때마다 업무에 활용하면 유용하게 쓰일 것이다.

아래 그림은 서울특별시 상수도사업본부 아리수 사이버 고객센터 홈페이지로 수도요금에 대한 다양한 정보를 제공하고 아울러 각종 민원을 처리해 준다.

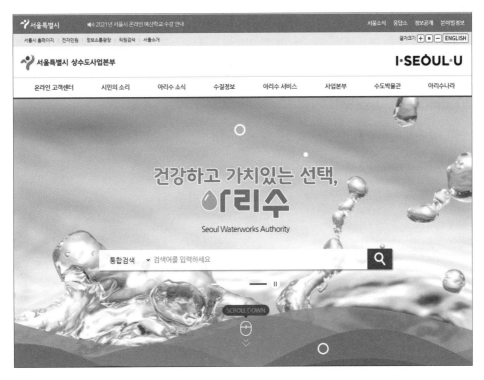

[서울시 상수도사업본부 홈페이지]

홈페이지 상단의 주메뉴 [온라인 고객센터]를 선택하면 아래와 같은 사이버 고객센터 하위 메뉴들이 표시된다.

[사이버 고객센터]

여기서 첫 번째 왼쪽에 있는 '요금 조회 바로가기' 버튼을 눌러 수도요금을 조회해 보자. 이때 내가 근무하는 단지의 관할 지역이 나뉘어 있고 연락처가 나와 있으니 메모해 두자.

수도사업소	관할지역	연락처
북부사업소	강북구,도봉구,노원구	02-3146-3200
서부사업소	은평구,서대문구,마포구	02-3146-3500
강서사업소	강서구,양천구,구로구	02-3146-3800
중부사업소	성북구,종로구,중구,용산구	02-3146-2000
남부사업소	영등포구,동작구,관악구,금천구	02-3146-4400
동부사업소	중랑구,동대문구,성동구,광진구	02-3146-2600
강남사업소	서초구,강남구	02-3146-4700
강동사업소	송파구,강동구	02-3146-5000

[관할 지역 연락처]

아래 그림은 요금 조회를 위한 것으로 납기 연월과 고객 번호, 수용가 명을 입력한 후 '조회' 버튼을 누르면 고지서가 표시된다.

[수도요금 조회]

다음 그림은 수도요금에 대한 모든 사항이 포함되어 있어 수도요금 고지서로 활용될 수 있다. 다시 말해 관리비 부과를 위해 검침은 다 해놓았지만, 아직 요금을 알 수 없어 부과하지 못하고 있는 경우 유용하게 써먹을 수 있다는 것이다. 관리비 부과는 빨리해야겠는데 아직 수도요금 고지서를 받지 못한 상태라면 더욱 요긴하겠다.

[조회된 수도요금]

아래 내용은 주요 감면 혜택에 대한 것으로 단지에 기초생활수급자 등이 산다면 알아두어야 할 것이다.

주요 감면혜택

기초생활수급자 (복지개별요금) 감면	· 국민기초생활보장법에 따른 수급자에 대하여 감면됩니다. · 월 사용량의 10m³를 감면 · 관할 주민센터 또는 수도사업소에 방문, 전화하여 신청하시기 바랍니다. 　- 국민기초생활수급자 증명 필요 ※ 장애인에 대한 감면은 없으며, 장애인이용 및 수용시설은 사용량의 20%를 감면하고 있습니다.
누수요금 감면	· 수도관의 노후 등으로 인해 옥내에서 누수가 발생하였을 때 감면받을 수 있습니다. 　(수돗물을 사용하지 않아도 계량기 별침이 회전하면 누수입니다.) · 누수량의 50%에 대하여 상수도요금을 감면합니다. · 청구서를 받은 날로부터 90일 이내에 증빙자료(공사사진 또는 누수수리영수증)를 첨부하여 관할 수도사업소에 감면신청하시기 바랍니다. ※ 양변기에서 발생한 옥내누수는 상수도요금과 물이용부담금은 감면대상이 아니며, 　하수도요금만 감면하고 있습니다. (2020년 1월 1일부터)
전자고지 자동납부 감면	· 전자고지를 신청한 수도사용자 등에 대해 감면됩니다. · 상수도 요금의 1%(최소200원 ~ 최대 1,000원) 감면 · 120다산콜센터, 사업소 또는 인터넷(사이버고객센터 온라인 민원신청)에서 신청하시기 바랍니다.
자가검침 감면	· 수도사업소에서 검침하는 가정용 수전에 대하여 직접 수도계량기를 검침하여 지침을 인터넷, ARS(1588-5121), 휴대폰(모바일 앱)을 통해 직접 입력할 수 있습니다. · 검침월(1회) 600원 감면 · 120다산콜센터, 사업소 또는 인터넷(사이버고객센터 온라인 민원신청)에서 신청하시기 바랍니다.
세대분할 (가정용주택, 주거 점포 겸용, 고시원, 기숙사, 사회복지시설 등)	· 한 개의 수도계량기로 여러 세대가 사용하는 경우에 세대분할을 신청하시면 누진율이 완화됩니다. 　- 가정용과 다른 용도와 함께 사용하는 경우에는 1세대당 월 15m³은 가정용 사용 요금을 적용 　- 기숙사, 사회복지수용시설은 사용량을 방수로 나눈 평균량에 따라 산정, 다른 용도와 함께 사용하는 경우에는 방수 당 월 5m³를 가정용사용 요금 적용 　- 고시원은 사용량을 방(호 수)로 나눈 평균량에 따라 산정, 다른 용도와 함께 사용하는 경우에는 세대 당 월 15m³은 가정용 사용 요금을 적용 · 세대분할은 관할 주민센터 방문, 전화(120, 수도사업소) 또는 인터넷(사이버고객센터)으로 신청하시기 바랍니다.

[주요 감면 제도]

또, 왼쪽에 있는 [요금 조회] 메뉴에서 '요금 계산'을 눌러 가정용 요금을 시뮬레이션 해 볼 수 있다. 물론 공공용, 일반용, 욕탕용도 요금을 계산해 볼 수 있으니 활용해 보기 바란다.

가정용 요금계산

홈 > 요금조회 > 요금계산 > 가정용 요금계산

• 상수도요금은 2021년 7월 1일부터 인상된 요율표로 적용됩니다.(요율표보기)

• 하수도요금은 2019년 1월 1일부터 인상된 요율표로 적용됩니다.(요율표보기)

가정용요금 시뮬레이션

• 인상전 요율로 계산할 경우 우측의 '인상전요율계산'을 선택하고 아래의 계산버튼을 눌러주세요. ☐ 인상전요율계산

• 1개월마다 검침 및 납부하는 수전의 경우 '1개월기준계산'으로, 2개월마다 검침 및 납부하는 수전의 경우 '2개월기준계산'으로 계산하세요.

• 본 요금 계산 결과는 2021년 7월 1일부터 인상된 요율표로 적용되었으며 2021년 7월 1일 이전에 수도사용분이 있는 집의 경우에는 수도요금 청구서상의 요금과 차이가 있을 수 있습니다.
  (7월납기요금계산은 검침일 1~8일까지의 일수계산이 포함되므로 요금시뮬레이션 계산시 요금에 차이가 있습니다.)

| 세대수 | 85 세대 | 계량기구경 | 50mm ∨ | 사용량 | 2284 ㎥ |

☐ 복지개별요금 감면 가구수 [0]   ☐ 자가검침 감면

☐ 독립유공자 감면 가구수 [0]   ☐ 전자고지 감면

☐ 다자녀 하수도 감면 가구수 [0]

[1 개월기준계산] [2 개월기준계산]

[인쇄]

[가정용 요금 계산]

내가 근무하는 단지가 아파트라면 가정용 요금 계산을 선택하여 시뮬레이션해 보자. 세대수와 계량기 구경 그리고 사용량을 입력하여 1개월 기준인지 2개월 기준인지를 선택하여 버튼을 클릭하면 계산되는데, 앞서 조회했던 수도요금 고지서와 정확하게 일치함을 알 수 있다.

요금계산결과 (2개월)

상수도(기본요금)	상수도	하수도	물이용부담금	합계
50,000 원	888,420 원	911,200 원	387,260 원	
복지개별요금 감면	**다자녀 하수도 감면**	**자가검침 감면**	**전자고지 감면**	2,236,880 원
0 원	0 원	0 원	0 원	

산정내역

월평균사용량	· 2284㎥ ÷ 2개월 ÷ 85세대 = 13.4㎥ (소숫점 둘째자리 이하 절사)
상수도요금(①+②)	· ① 기본요금 : 25,000원 × 2개월 = 50,000원 · ② 사용요금 : (13.4㎥ × 390원) × 85세대 × 2개월 = 888,420원
하수도요금	· (13.4㎥ × 400원) × 85세대 × 2개월 = 911,200원
물이용부담금	· 13.4㎥ × 170원 × 85세대 × 2개월 = 387,260원
요금총계 (사용요금·감면금)	· 938,420 + 911,200 + 387,260 = 2,236,880원

※ 본 요금 계산 결과는 정산금(요금감면, 과오납동)이 반영되지 않은 금액으로 정산금이 있는 수용가는 고지서상 고지금액과 차이가 있습니다.

※본 요금 계산 결과는 2021년 7월 1일부터 인상된 요금표로 적용되었으며 2021년 7월 1일 이전에 수도사용분이 있는 집의 경우에는 수도요금 청구서상의 요금과 차이가 있을 수 있습니다.

[요금 계산 결과]

아래 그림은 상수도, 하수도, 물 이용 부담금에 대한 사용 요금 요율표를 보여주고 있으며, 구경별 기본 요금도 알 수 있다.

사용요금 요율표 (1개월 기준)

구분	사용구분(㎥)	㎥당 단가(원)	구분	사용구분(㎥)	㎥당 단가(원)
상수도	1㎥당	390	하수도	0 ~ 30 이하	400
				30 초과 ~ 50 이하	930
				50 초과	1,420
물이용부담금	1㎥당	170		유출지하수 1㎥당 400원	

구경별 기본요금 (1개월 기준)

구경(mm)	요금(원)	구경(mm)	요금(원)	구경(mm)	요금(원)	구경(mm)	요금(원)
15	1,080	40	16,000	100	89,000	250	375,000
20	3,000	50	25,000	125	143,000	300	465,000
25	5,200	65	38,900	150	195,000	350	565,000
32	9,400	75	52,300	200	277,000	400	615,000

[사용 요금 요율표]

또, 요금을 이루는 세부 항목에 대하여 어떻게 계산되는지를 자세히 보여주고 있어, 혹시 모를 민원에 대비해두자.

계산방법

• 용량(㎥) ÷ 개월수 ÷ 세대수 = 세대당 월평균사용량(㎥) (소숫점 둘째자리 이하 절사)

1) 상수도요금 ①+② : 원(원단위 절사)	① 사용요금 = 1세대 1개월요금 × 세대수 × 개월수 　• 1세대 1개월요금 = 세대당 월평균사용량 × 요율 ② 기본요금 = 계량기 구경별 정액요금 × 개월수
2) 하수도요금 : 원(원단위 절사)	• 하수도요금 = 1세대 1개월요금 × 세대수 × 개월수 • 1세대 1개월요금 = 세대당 월평균사용량 × 요율
3) 물이용부담금 : 원(원단위 절사)	• 물이용부담금 = 1세대 1개월요금 × 세대수 × 개월수 • 1세대 1개월요금 = 세대당 월평균사용량 × 요율(170원)
요금총계	1) 상수도요금 + 2) 하수도요금 + 3) 물이용부담금 = 원

※ 상수도 및 하수도 요율 적용은 사용 구분별로 해당 구간의 요율을 적용함.
예시) 세대당 월평균 60 ㎥인 경우에 가정용 상수도요금 적용예시 → 60㎥ × 390원

[사용 요금 계산 방법]

아래 그림에서는 2개월 사용량이 273톤이고, 세대수가 4세대, 구경이 20mm인 경우 수도요금 계산 방법에 대한 예시를 보여주고 있다.

계산방법 예시 (2개월 사용량이 273, 세대수가 4세대, 구경이 20mm인 경우)

• 세대당 월평균사용량 : 273㎥ ÷ 2개월 ÷ 4세대 = 34.1㎥(소숫점 둘째자리 이하 절사)

1) 상수도요금 ①+② : 112,392원	① 사용요금 : 13,299원 × 4세대 × 2개월 = 106,392원(원단위절사) 　• 1세대 1개월요금 : 34.1㎥ × 390원 = 13,299원 ② 기본요금 : 3,000원 × 2개월 = 6,000원 (3,000원 : 20mm 구경별기본요금)
2) 하수도 요금 : 126,500원	• 하수도요금 : 15,813원 × 4세대 × 2개월 = 126,500원(원단위절사) • 1세대 1개월요금 : 30㎥ × 400원 + 4.1㎥ × 930원 = 15,813원
3) 물이용부담금 : 46,370원	• 물이용부담금 : 5,797원 × 4세대 × 2개월 = 46,370원(원단위절사) • 1세대 1개월요금 : 34.1㎥ × 170원 = 5,797원
요금총계 1) + 2) + 3) : 285,262원	112,392원 + 126,500원 + 46,370원 = 285,262원

[사용 요금 계산 방법 예시]

2 메인 계량기 검침하기

이번에는 정수장에서 공급된 수돗물이 우리 단지에 들어와 사용할 수 있게 되는데, 수도의 메인 계량기는 보통 건물 입구에 설치되어 있다.

계량기 뚜껑을 열어보면 그 안에 계량기가 설치되어 있는데, 겨울철에도 얼지 않도록 보온재로 감싼 것을 볼 수 있다. 또, 수도계량기를 자세히 살펴보면, '서울 D20-1000**'이라는 계량기 번호가 있고, 얼마나 사용했는지를 나타내는 눈금이 있는데, 4,045톤으로 일의 자리까지 다 읽으면 된다. 그리고 하단에 50mm라는 구경이 표시되어 있다. 덧붙이자면, 수도는 전기처럼 검침 값을 수도사업소에 알릴 필요가 없다.

[수도 메인 계량기]

이런 내용은 수도요금 고지서에서도 확인할 수 있으니, 검침한 수도계량기와 고지서의 정보들이 정확하게 맞는지 확인해야 한다.

3 세대별 사용량 검침하기

이제 수도 메인 계량기의 검침이 끝났으니 각 세대의 수도 사용량을 검침해 보자. 앞에서도 언급했듯이 원격검침 기기와 원격검침 프로그램을 이용한 원격검침을 할 수도 있고, 계량기가 있는 곳을 찾아가 일일이 눈으로 보고 손으로 적는 수 검침을 하는 일도 있다.

아파트와 상가가 함께 있는 주상복합건물의 경우 보통 아파트는 원격검침으로, 상가는 수 검침으로 한다. 수도 검침 또한 전기 검침과 마찬가지로 하면 되니 큰 어려움은 없다. 따라서 원격검침 시스템인 EMS-3000에 대한 사용법은 전기 검침을 참고하기 바란다.

오른쪽 그림은 2021년 8월 1일 0시부터 2021년 8월 31일 24시까지 세대별 사용량을 검침한 데이터이다.

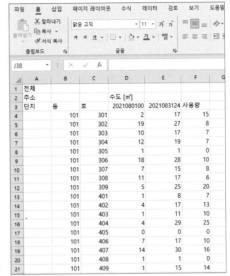

[아파트 수도 검침 자료(8월)]

4 전산 프로그램(XpERP)에 올리기

수도 검침 작업이 성공적으로 끝나면 XpERP에 올려야 하는데 프로그램에 맞는 양식으로 가공하는 절차를 거쳐야 한다.

아래 그림은 가공된 데이터를 보여주고 있다. 참고로 파일(시트)의 오른쪽에도 데이터가 있는데 이 데이터는 입주하기 전 사용량으로서 시행사에서 부담하게 된다. 이와 관련된 이야기는 분리 부과에서 자세히 설명하기로 한다.

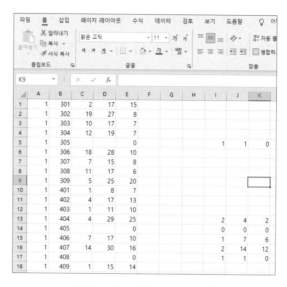

[아파트 수도 검침 편집 자료(8월)]

아래 그림을 살펴보면 아파트 수도 검침 편집 자료가 XpERP에 정확하게 올라갔음을 알 수 있다.

[XpERP에 업로드한 상태(8월)]

아래 그림은 8월 사용량에 대한 세대별 수도요금을 계산한 것이다. 수도요금은 전기요금과는 달리 수도사업소에서 한 달에 한 번 검침하는 것이 아니라, 두 달에 한 번씩 검침하고 있다. 이렇게 하면 수도요금이 부과되는 달과 그렇지 않은 달의 관리비의 차이가 크게 날 수 있으니, 한 달씩 부과하는 방법도 고려해볼 만하다. 다만, 고지서가 없는 상태로 부과하는 것이라 정확한 수도요금이 아닌 추정값이니 유의해야 한다.

[XpERP에서 계산한 요금(8월)]

47쪽 그림 [검색 날짜 선택]에서 9월 1부터 말일까지 한 달간 사용량을 검색한다.

아래 그림은 위에서 정한 검색 조건에 따라 조회된 내용이다. 그림 위에 표시된 내용이 검색 조건([그룹별―기간별] 등)을 말해주고 있다.

[아파트 수도 검침 데이터(9월)]

조회된 데이터는 XpERP에 올리기 위해 내려받기하여야 한다. 그 내용을 살펴보면 아래 그림과 같다.

[아파트 수도 검침 자료(9월)]

이제 XpERP에 올리기 위해 형식에 맞게 가공해야 한다. 오른쪽 그림은 왼쪽 열부터 동, 호수, 전월 검침 값, 당월 검침 값 그리고 사용량을 나타내고 있다. 원시 데이터의 3개의 행과 1개의 열이 삭제되었고, 101을 1로 수정한 상태이다.

데이터 업로드 알림창에서 편집 순서를 유심히 봐야 하는데, 엑셀의 A 열은 동을, B 열은 호수를 나타내며, C, D, E 열은 각각 전월, 당월, 사용량을 나타낸다. 확인이 끝나면 알림창 아랫부분 '파일 찾기'의 '찾아보기' 버튼을 클릭하여 편집해 놓은 파일을 찾아 선택해 주면 된다. 그리고 반드시 오른쪽 위의 '저장' 버튼을 클릭하여 시스템에 저장하여야 한다.

[아파트 수도 검침 편집 자료(9월)]

이런 작업을 마치면 [XpERP에 업로드한 상태]가 다음 그림처럼 화면에 표시된다. 그러나 사실은 그 이전에 왼쪽의 [수도 검침]이라는 하위 메뉴를 선택하여야만 진행할 수 있는데, 여기서 '데이터 업로드'라는 버튼을 클릭했을 때 위 알림창이 뜨게 된다. 데이터가 잘 올라갔다면 오른쪽 위에 있는 '저장' 버튼을 눌러 지금까지 작업한 내용을 반드시 저장해야 한다.

[XpERP에 업로드한 상태(9월)]

여기서 잠깐, 앞서 설명해 드렸다시피 수도요금은 보통 두 달에 한 번 고지서가 발급된다. 물론 수도사업소에서 두 달에 한 번 검침해주기 때문이다. 그러니 수도요금을 계산할 때는 신경을 한 번 더 써야 한다.

아래 그림은 8월 1일부터 9월 30일까지 사용량이다. 지난 8월에 부과한 것과 이달 9월에 부과할 사용량을 잘 맞춰줘야 한다. 그래야 오류가 없다.

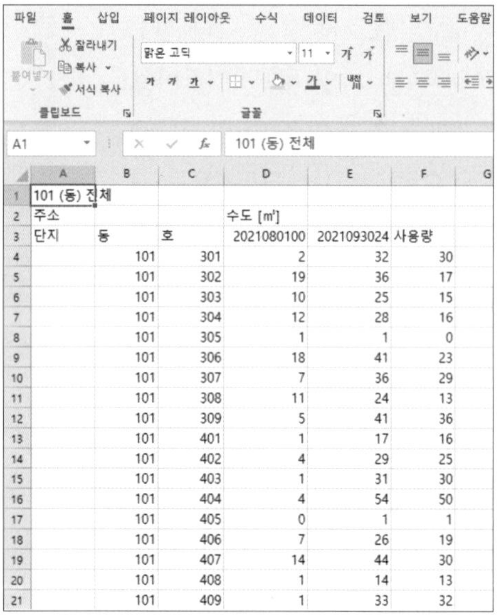

	A	B	C	D	E	F
1	101 (동) 전체					
2	주소			수도 [m³]		
3	단지	동	호	2021080100	2021093024	사용량
4		101	301	2	32	30
5		101	302	19	36	17
6		101	303	10	25	15
7		101	304	12	28	16
8		101	305	1	1	0
9		101	306	18	41	23
10		101	307	7	36	29
11		101	308	11	24	13
12		101	309	5	41	36
13		101	401	1	17	16
14		101	402	4	29	25
15		101	403	1	31	30
16		101	404	4	54	50
17		101	405	0	1	1
18		101	406	7	26	19
19		101	407	14	44	30
20		101	408	1	14	13
21		101	409	1	33	32

[아파트 수도 검침 자료(8~9월)]

5 세대 수도요금 계산하기

이제 검침도 했고, 전산에 등록도 하였으니 수도요금만 계산하면 된다.
위 그림에서 '요금 계산'이라는 버튼을 클릭하면 요금을 계산하는 알림창이 뜨는데, 특별히 다른 것은 만질 것 없이 맨 아래 계산 방식에서 콤보 상자를 선택하여 원하는 방식을 적용해주면 된다.

아래 그림은 수도요금을 계산한 상태를 보여주고 있다.

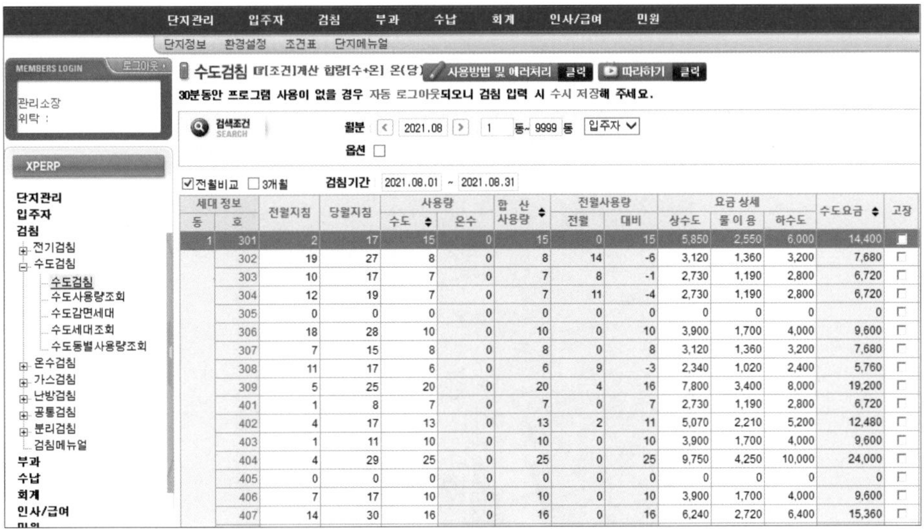

세대 정보		전월지침	당월지침	사용량		합 산 사용량	전월사용량		요금 상세			수도요금	고장
동	호			수도	온수		전월	대비	상수도	물이용	하수도		
1	301	2	17	15	0	15	0	15	5,850	2,550	6,000	14,400	■
	302	19	27	8	0	8	14	-6	3,120	1,360	3,200	7,680	□
	303	10	17	7	0	7	8	-1	2,730	1,190	2,800	6,720	□
	304	12	19	7	0	7	11	-4	2,730	1,190	2,800	6,720	□
	305	0	0	0	0	0	0	0	0	0	0	0	□
	306	18	28	10	0	10	0	10	3,900	1,700	4,000	9,600	□
	307	7	15	8	0	8	0	8	3,120	1,360	3,200	7,680	□
	308	11	17	6	0	6	9	-3	2,340	1,020	2,400	5,760	□
	309	5	25	20	0	20	4	16	7,800	3,400	8,000	19,200	□
	401	1	8	7	0	7	0	7	2,730	1,190	2,800	6,720	□
	402	4	17	13	0	13	2	11	5,070	2,210	5,200	12,480	□
	403	1	11	10	0	10	0	10	3,900	1,700	4,000	9,600	□
	404	4	29	25	0	25	0	25	9,750	4,250	10,000	24,000	□
	405	0	0	0	0	0	0	0	0	0	0	0	□
	406	7	17	10	0	10	0	10	3,900	1,700	4,000	9,600	□
	407	14	30	16	0	16	0	16	6,240	2,720	6,400	15,360	□

[아파트 수도요금 계산]

지금까지 아파트에 입주하여 사는 세대에 대한 수도요금 부과 작업까지 알아보았다. 이제 남은 것은 세대에서 사용한 수도요금을 수도사업소에서 보내온 수도요금 청구서의 총액에서 빼면 단지에서 사용한 공동 수도요금이 될 테니 이것을 계산하면 된다. 당연히 공동 수도요금을 공동 수도 사용량으로 나누면 1톤당 단가가 산출되는데 그에 따라 계산하는 것이다.

6 수 검침하기

앞서 원격검침을 통해 세대의 수도 사용량을 알아보았다. 참으로 편리한 기기가 아닐 수 없다. 이제 원격검침 기기나 원격검침 프로그램이 설치되지 않은 곳에서는 하는 수 없이 발로 뛰는 수 검침을 해야 한다.

세대 내 설치된 수도 계량기의 숫자를 일의 자리까지 읽으면 된다. 원격검침이야 시간이 지나도 과거의 자료들을 언제든지 볼 수 있으니 검침에 시간적 제한을 받지 않지만, 수 검침은 검침하는 순간의 값만을 확인할 수 있으므로 때를 잘 맞춰야 한다.

아래 그림의 계량기는 특정 세대의 계량기인데 검침하는 데 어려움이 없을 것으로 생각한다.

[세대 수도 계량기]

Memo

온수·난방
요금 매기기

3 온수·난방 요금 매기기

공동주택의 세대에 온수 또는 난방 공급은 공급되는 유형에 따라 세 가지로 구분할 수 있다.

첫째는 세대 내에 설치된 보일러를 통해 공급되는 개별난방이 있고, 둘째는 아파트 단지의 보일러실에서 공급하는 중앙난방이 있다. 마지막으로 신도시 등 일정 지역 아파트에 온수와 난방을 공급하는 지역난방 방식이 있다.

개별난방이야 세대에서 사용한 만큼 가스요금이나 수도요금이 더 나올 테니 관리사무소에서는 전혀 신경을 쓸 필요가 없다. 중앙난방은 요즘 거의 찾아보기 힘든 난방방식이니 생략하기로 한다. 여기서는 지역난방에 해당하는 온수와 난방 이야기다. 세대에서 사용한 온수·난방요금 을 매기려면 그 요금이 어떤 요금 체계를 가졌는지를 알아야 한다. 즉, 서울에너지공사에서 정한 규정에 따라 온수·난방요금 을 계산한 뒤 열 요금 납부 고지서를 보내게 되니 말이다.

그러면 온수·난방요금 매기기에 앞서 열 요금에 대해 알아보기로 하자.

---

1 열 요금 알아보기

서울을 예로 들면, 온수·난방요금 을 담당하는 공공기관은 서울에너지공사(https://www.i-se.co.kr/index)이니 그곳의 홈페이지로 들어가 보자. 이곳에서는 열 요금, 그러니까 온수나 난방에 대한 지역난방의 이모저모를 안내하고 있으니, 즐겨찾기에 등록해 두고 필요할 때마다 업무에 활용하면 유용할 것이다.

[서울에너지공사 홈페이지]

서울특별시가 열 사용자에게 열매체를 공급하는 데에 있어, 그 요금, 공사비 부담금, 공급 조건 등 필요한 사항을 담은 규정을 파일로 내려받아 볼 수 있는 곳이다.

열공급규정

서울특별시가 열사용자에게 열매체를 공급 하는 데에 있어,
그 요금, 공사비부담금, 공급조건등 필요한 사항을 정하는데 그 목적이 있습니다.

01. 열공급규정

열공급규정 전문(2020.07.13)	다운로드	열요금조정(인하) 알림(2020.07.01)	다운로드
별표 및 별지서식	다운로드		

02. 열사용시설기준

열사용시설 기준 전문(2017.12.05)	다운로드

[열 공급 규정]

아래 그림은 서울에너지공사 홈페이지에서 공지 사항을 알림창으로 띄운 것인데 열 요금이 인상되었다는 안내문이니(2022년 4월 4일 시행), 열 요금 계산에 참고하면 좋겠다.

열요금 조정(인상) 안내

-

□ 열요금 인상률
  ○ 열공급규정 제57조(요금조정)에 의해 '22. 4. 1부 시장기준요금사업자의 열요금 조정률(2.68%)로 인상

□ 열요금 인상 내역
  ○ 기본요금 : 동결(현행과 같음)
  ※ 주택용 : 계약면적 ㎡당 41.40원, 업무용 : 열교환기용량 Mcal/h당 313.50원
  공공용 : 열교환기용량 Mcal/h당 286.00원
  ○ 사용요금 : 2.68% 인상

(부가세별도)

구 분			현 행		조 정	
			원/MCal	원/MWh	원/MCal	원/MWh
주택용	임대주택	동절기	59.83	51,453.8	61.43	52,829.8
		하절기	56.59	48,667.4	58.11	49,974.6
		춘추절기	57.98	49,862.8	59.53	51,195.8
	임대이외주택	동절기	70.50	60,630.0	72.39	62,255.4
		하절기	46.58	40,058.8	47.83	41,133.8
		춘추절기	60.56	52,081.6	62.18	53,474.8
업무용		동절기	107.08	92,088.8	109.95	94,557.0
		하절기	70.79	60,879.4	72.69	62,513.4
		춘추절기	92.01	79,128.6	94.48	81,252.8
공공용		동절기	93.15	80,109.0	95.65	82,259.0
		하절기	61.57	52,950.2	63.22	54,369.2
		춘추절기	80.05	68,843.0	82.20	70,692.0
절기구분			동절기 : 1월~3월, 12월 하절기 : 6월~9월, 춘추절기 : 4월~5월, 10월~11월			

주) 업무·공공용 냉방요금은 사용요금의 100의40 감액
※ 문의처 : 기술기획처 고객서비스부 (Tel. 2640-5261~4)

서울에너지공사

[열 요금 조정(인상) 안내문]

온라인 사용자의 편의성을 높이기 위해 자주 찾는 고객 서비스 메뉴를 따로 모아놓았다. 아마도 여기에서 거의 모든 업무를 처리할 수 있지 않을까 생각된다. 하나씩 알아보자.

[자주 찾는 고객 서비스]

　사실 개별난방이라면 이런 업무가 필요 없을 텐데, 관리하는 단지가 지역난방이라면 다소 복잡하다는 것을 느낄 것이다. 그렇다고 불평만 늘어놓을 수는 없지 않겠는가? 다 피가 되고 살이 되는 좋은 경험이라 생각하자.

　아래 그림은 열 요금에 대한 부과에서 납부까지의 업무 흐름을 나타내고 있는데, 기본 요금, 사용 요금, 공동 난방비에 관한 내용을 담고 있다.

[열 요금 부과 납부 안내]

또, 각각의 요금이 어떻게 계산되었는지에 대해 아래의 그림에서 상세하게 설명하고 있다. 열 요금 부과에 많은 도움이 될 것이다.

[열 요금 부과 납부 안내]

관리사무소에는 뜻밖의 민원과 맞닥뜨릴 때도 종종 있다. 그래서 만반의 준비를 하는 것이 좋은데, 아래 내용은 원가 구성에 대한 좋은 정보라 생각한다.

원가구성

01. 재료비란

재료비란 열생산에 필요한 재료, 즉 연료(천연가스), 동력(전기), 상수도 등의 구입에 드는 비용을 말하며, 이러한 비용은 열생산량 증감에 따라 같이 변동하기 때문에 변동비라고 합니다.

02. 경비

열공급설비의 노후교체를 대비한 감가상각비 및 정비점검비용인 수선유지비 등을 경비라고 하고,

03. 고정비

인건비와 경비를 열생산량 변동에 크게 영향을 받지 않고 어느 한계까지는 일정하기 때문에 고정비라고 합니다.

> 열요금은 이와 같은 변동비와 고정비로 구성되며, 요금원가의 85%를 차지하여 비용부담이 큰 연료비(변동비)에는 연료비 연동제가 적용되어 연료(천연가스) 가격이 변동되면 이에 따라 열사용요금을 조정하게 됩니다.
> ※ 지역난방요금에 대한 보다 자세한 내용은 서울특별시 서울에너지공사 홈페이지 "자주묻는질문(FAQ)"을 이용해 주시기 바랍니다.
>
> FAQ 바로가기

[열 요금 원가 구성]

그렇다면 이제부터는 지역난방이 무엇인지에 대해 본격적으로 알아보자.

지역난방이란 한 개의 도시 또는 일정 지역 내에 대규모 열원 시설(집단 에너지 시설, 열 전용 보일러, 쓰레기 소각로 등)을 건설하여 경제적으로 생산된 열을 지역 전체에 난방 및 급탕에 사용할 수 있도록 일괄 공급하는 합리적인 에너지 관리 방식이다.

1980년대 초 목동신시가지를 개발하면서 에너지 이용 효율의 극대화와 쾌적한 주거 환경 조성을 위해 열병합 발전을 이용한 지역난방 방식을 도입하였는데, 현재 강서·양천·구로구 12만 9천 세대, 노원·도봉·중랑구의 12만 7천 세대에 열을 공급하고 있다. 지역난방의 효과로는 에너지 이용 효율 향상에 의한 대규모 에너지 절감, 오염 배출 물질을 줄여 깨끗한 도시 환경 조성, 난방 사용료 절감 등을 들 수 있다.

[지역난방에 대한 안내]

다음은 열 사용량 절약 방법에 대해 알아보자.

우선 외기 온도에 의해 조절되게 하는 등 자동 제어 기기를 활용하여 자동 운전을 하도록 설정하는 것이 좋다. 물론 난방 공급 설정 온도를 현재보다 1℃ 더 낮춘다면 더 할 나위 없겠지만, 개인차가 있으니 권고사항이다. 또, 겨울철 55℃ 정도로 급탕 공급 온도를 설정하여 열 손실을 최소화하고, 단지 내 난방이 가장 불량한 세대를 점검하여 조치해 두자.

열사용량 절약방법

☑ **자동제어기기를 활용하여 자동운전을 실시합시다.**

- 외기온도 보상운전실시
- 온도조절밸브 작동상태 점검
- 절약모드등 운전프로그램입력

☑ **난방공급 설정 및 온도를 현재보다 1℃ 낮춰 운영합시다.**

- 심야시간 공급온도 하향조정(△2 ~ △3℃)

☑ **적정한 급탕공급온도 설정으로 열손실율을 최소화 합시다.**

- 동절기 : 55℃, 하절기 : 50℃, 심야시간 : 45℃

☑ **단지내 난방이 가장 불량한 세대를 점검 조치합시다.**

- 난방불량 세대를 개선 조치하여 세대 열균형을 맞춥시다.
- 동별, 세대별 난방공급온도 불균형을 줄입시다.

☑ **기계실 환풍구 및 출입문, 옥탑출입문, 동별현관문, 복도창문 등을 닫읍시다.**

☑ **난방·온수·냉수사용량을 단지 전체 세대중 최소, 평균, 최대량을 매달 관리비 부과 내역서에 기재하여 에너지의 합리적 사용을 유도합시다.**

☑ **에너지 사용 관련 홍보를 적극적으로 실시합시다.**

- 반상회, 관리비 부과내역서 등 지면을 통한 홍보
- 단지 내 방송을 이용하여 정기적으로 확대

[열 사용량 절약 방법]

　　공동난방비에 대한 궁금증도 많을 텐데, 기계실에서 각 세대 열량계까지의 배관 수송 열 손실이 아파트의 경우 10~15%에 달한다. 난방 공급 온도를 높게 하였을 경우, 외기 보상 기능을 활용하지 않을 경우, 또는 기기 제어 장치가 고장나면 공동난방비가 올라갈 수 있다.

공동난방비 발생원인

☑ **배관열손실**

• 기계실(열교환실)에서 각 세대 열량계까지의 배관 수송 열손실로 아파트인 경우 10 ~ 15% 발생

• 즉, 난방공급온도를 높게 하였을 경우, 외기보상기능을 활용하지 않을 경우, 기기 제어장치 고장의 경우 등 발생

☑ **공공시설 열사용**

• 단지 내 관리사무소, 노인정, 경비실 등에서 열을 사용할 경우

☑ **적정한 급탕공급온도 설정으로 열손실을 최소화 합시다.**

• 동절기 : 55℃, 하절기 : 50℃, 심야시간 : 45℃

☑ **세대 열량계**

• 세대 열량계가 미동 또는 고장의 경우

☑ **급탕단가**

• 급탕단가를 낮게 책정한 경우(공동 난방비가 많아짐)
   〉세대난방요금합계+세대급탕요금합계+공동난방비

• 동별, 세대별 난방공급온도 불균형을 줄입시다.

☑ **열교환기 성능 저하**

• 열판에 이물질 침전, 융착, 수질불량의 경우

☑ **서울에너지공사 검침일과 관리소 세대검침일 불일치일 경우**

• 검침일 : 매월 말일 (원격 검침)

[공동 난방비 발생 원인]

그러면 기계실에 부착된 열량계를 검침하여 열 요금을 부과하게 되는데 단위는 아래와 같다.

열요금 부과단위

☑ **사용자(아파트 또는 빌딩) 건물지하에 있는기계실에 부착된 열량계를 검침하여 열요금을 부과**

• 열량계 검침단위 : 메가와트아워(MWh)

 - 1 MWh = 860,000 kcal = 860 Mcal = 0.86 Gcal
   ∴ 1 MWh = 0.86 Gcal
   (1Gcal = 1,000Mcal = 1,000,000Kcal = 1,000,000,000cal)

 - 1 KWh = 1,000W × 3,600sec (1 W = 1 J/s)
   = 1,000J/s × 3,600sec = 1,000 × 3,600J
   (1J = 0.23884 cal)
   = 1,000 × 3,600 × 0.23884 = 859,824 cal
   = 859.824 kcal ≒ 860 kcal ∴ 1 KWh = 860 kcal

☑ 1cal : 표준대기압(대부분 거주하는 공간)에서 순수 물 1g을 14.5℃에서 15.5℃로 1℃ 높이는데 필요한 열량

[열 요금 부과 단위]

이번에는 관리사무소 시설 직원 등이 알아야 할 설비 관리 규칙이다. 무엇보다도 안전이 최우선이므로 각종 안전사고가 일어나지 않도록 미리 예방하는 것이 좋다. 그래서 이런 설비 관리 규칙은 설비 옆 벽면에 커다랗게 붙여놓아 관리자들이 항상 볼 수 있게 하는 것이 좋다.

설비 관리규칙

- ☐ 열사용 설비에는 고온(115℃), 고압(16kg/㎠)에 견딜수 있는 적정규격의 자재를 사용하여 안전사고를 예방합니다.

- ☐ 근무자는 1차측 주차단밸브 위치를 숙지하고, 기계실내 긴급상황 발생시에는 먼저 1차측 주차단밸브를 잠가 응급 조치후 지역난방 사업자에게 연락합니다.

- ☐ 각종 밸브 및 기기누수 발생 즉시 조치하여 기기의 부식을 예방합니다.

- ☐ 모든 밸브는 서서히 조작하여 열사용기기를 보호합니다.

- ☐ 열사용기기 조작방법을 완벽히 숙지하여 안정적인 열공급을 합니다.

- ☐ 난방, 급탕 공급시에는 적정온도를 설정하고 자동운전을 실시하며, 자동제어(TCV 포함) 고장시 전문업체에 의뢰하여 즉시 조치함으로써 과다 열사용을 예방합니다.

- ☐ 2차측 공급온도는 가능한 낮은 온도로 공급하여 열손실을 예방합니다.

- ☐ 불량 게이지(온도계, 압력계)는 즉시 교체하여 정확한 온도 기록을 유지합니다.

- ☐ 하절기 난방 정지시에는 차단밸브를 잠가 자연순환으로 인한 열 손실을 예방합니다.

- ☐ 밀폐형 팽창탱크를 수시로 점검하여 난방수 보충에 문제가 발생하지 않도록 조치합니다.

[설비 관리 규칙]

다음은 세대 난방계량기를 살펴보도록 하자. 난방계량기는 열원 공급 시설과 각 사용자 기계실 사이의 거리에 의해 발생하는 공급 및 회수 압력의 차를 적절히 유지하여 균등한 유량 분배를 실현하고 안정적인 열 공급이 가능하게 한 것인데, 난방열량계와 난방유량계가 있다.

세대 난방계량기

설치목적

- 열원공급시설과 각 사용자 기계실 사이의 거리에 의해 발생되는 공급 및 회수압력의 차를 적절히 유지하여 균등한 유량분배를 실현하고, 안정적인 열공급이 가능하도록 함.

구분	난방열량계	난방유량계
구성	연산부, 유량부, 감온부, 지시부	유량부, 지시부
단위	MWh/Gcal	㎥
배터리	DC 3.6V 리튬배터리 2개	DC 3.6V 리튬배터리 1개
장점	사용열량을 정확하게 측정가능 난방비 부과에 따른 공정성 확보 원격검침 기능 추가시 다양한 Data 확보 가능	기기 가격 및 설치비 저렴 구성품 단순에 따라 고장율이 낮고, 점검 및 유지보수가 용이
단점	기기 가격 및 설치비가 고가이며, 점검 및 유지보수가 어려움	유량만을 측정함에 따라 사용열량 측정 불가 난방비 부과에 따른 공정성 확보 곤란

고장유형

- 배터리 방전
- 감온부 단선 및 체결 불량
- 유량부 이물질 유입에 의한 부동 및 누수
- 유량부 리드스위치 불량 및 원격지시부 접점 불량
- 내부 전자회로의 단락, 쇼트로 연산 불량
- 외력에 의한 케이블 단선, 단락
- 유체충격 및 물리적인 외력에 의한 파손
- 장기간 사용에 의한 기계적 부품의 마모로 미동발생 (카운터 불량)

점검방법

- 싱크대 밑에 설치되어 있는 유량부의 지침과 원격지시부에 설치되어 있는 지침의 적산주기가 동일한지 확인
- 원격지시부의 지침이 표시되지 않을 때 배터리의 방전여부 확인

[세대 난방열량계 및 난방유량계 비교]

난방 배관의 수명을 연장하고, 열 교환기 세정 주기를 연장해주는 방법으로 수질 관리를 하는 것이 좋다. 수질 관리는 세대 열 계량 장치 온도조절기의 고장이 감소될 뿐더러 배관 열 손실 감소로 인해 공동난방비도 감소하는 효과를 가져온다.

수질관리기준

- ☐ 열교환기 오염에 따른 열교환량 감소

- ☐ 난방배관 스케일 형성 및 부식으로 배관 단면 감소

- ☐ 배관 부식 촉진시 배관 교체의 경제적 손실 발생

- ☐ 열전달 효율 감소로 인한 공동난방비 과다 발생 우려

- ☐ 세대 온수 분배기의 스트레이너 막힘에 의한 난방불량

- ☐ 세대별 난방계량기 및 온도조절기 고장율 증가

- ☐ 수질관리기준

- • 난방순환수의 수질관리기준은 일률적으로 규정할 수 없으나, 난방수의 적정 수소이온농도(8.0이상)가 유지되도록 적절한 양의 수처리제를 주입하는 등의 조치를 하고, 그 외 난방 손실을 방지하기 위하여 탁도(10FTU이하), 칼슘경도(50㎎/L이하), 철(1㎎/L이하) 등의 수질관리는 자율적으로 시행할 수 있다.

구 분	난방열량계	난방유량계
구 성	연산부, 유량부, 감온부, 지시부	유량부, 지시부

- ☐ 관련규정

- • 산업통상자원부고시 제2019-160호, 「중앙집중난방방식의 공동주택에 대한 난방계량기 등의 설치기준」
  〉 공동주택관리주체는 매년 1회 이상 입상관 내부의 난방수 오염여부를 점검하고 필요한 경우 난방수를 순환시켜 일부 또는 전체를 교체하며, 난방수의 적정 수소이온농도(8.0이상)가 유지되도록 적절한 양의 수처리제를 주입하는 등의 조치를 하고, 그 외 난방 손실을 방지하기 위하여 탁도(10FTU이하), 칼슘칼슘경도(50㎎/L이하), 철(1㎎/L이하) 등의 수질관리는 자율적으로 시행할 수 있다.

- ☐ 수질관리시 효과

- • 난방배관 수명 연장

- • 열교환기 세정주기 연장
  〉 수질관리 시행전 : 년 1회
  〉 수질관리 시행후 : 2~3년

- • 유량부가 부동이거나 원활히 돌지 못하고 주춤거리는지 확인

- • 세대 열계량장치 온도조절기 고장 감소

- • 배관 열손실 감소로 인한 공동난방비 감소

[수질 관리 기준]

    좀 더 자세한 내용을 보고 싶다면 열 사용 시설 관리자 기술 교재 중 원하는 부분을 내려받아 볼 수 있으니 참고하기 바란다.

[열 사용 시설 관리자 기술 교재]

다음은 열 사용 요령에 대해 알아보자.

각 세대에는 온도조절기, 난방 차단 밸브, 난방수 분배기가 각각 설치되어 있으며, 온도조절기의 'OFF' 상태에서도 동파 방지를 위하여 최소한의 난방이 공급되므로 난방이 필요 없는 공간에서는 난방수 분배기의 차단 밸브를 잠가야 한다. 난방 차단 밸브는 세대 내 공급되는 난방수를 열고 잠그는 장치이며, 난방수 분배기 입구 쪽에 설치되어 있다. 난방수 분배기는 난방수를 각 방(안방, 작은방, 거실 등)으로 분배하는 장치이며, 주방 싱크대 아래쪽이나 거실 내 창고 등에 설치되어 있다.

열사용요령

□ 온도조절기

- 온도조절기는 거실 등의 실내 난방온도를 조절하는 기기이며, 전동스위치 부근에 설치되어 있습니다.
- "OFF"상태에서는 동파방지를 위한 최소한의 난방이 공급되므로, 난방이 필요 없는 공간에 대해서는 난방 온수분배기의 차단 밸브를 잠궈야 합니다.

□ 난방 차단밸브

- 가정내 공급되는 난방수를 열고 잠그는 장치이며, 난방온수분배기 입구쪽에 설치되어 있습니다.
- 난방차단밸브를 배관과 나란히 하면 열리고, 직각으로하면 잠깁니다.
- 휴가 등 장기 외출시에는 약간만 열어 놓습니다.
- 잦은 조작은 밸브고장을 유발할 수도 있습니다.

□ 난방수 분배기

- 난방수를 각 방(안방, 작은방,거실 등)으로 분배하는 장치이며, 주방 싱크대 아래쪽이나 거실 내 창고 등에 설치되어 있습니다.
- 각각의 밸브를 이용하여 각 난방장소의 난방 공급량을 조절합니다.

[열 사용 요령 ①]

공기빼기 밸브는 난방수의 원활한 순환을 위하여 난방 배관 내의 공기를 빼는 장치이며, 난방 온수 분배기 위나 화장실 방열기 위에 설치되어 있다. 난방 철이 시작될 때나 난방이 잘 되지 않을 때는 반드시 점검해야 한다. 밸브를 열어 공기를 배출시킨 후 물(난방수)이 나오면 밸브를 잠가야 한다.

[열 사용 요령 ②]

가을이 지나고 날이 추워지기 시작하면 난방을 가동하는데, 이때 가장 많은 민원이 올 수 있다. 주로 난방이 되지 않는다는 것이니 아래 내용을 숙지해두고 민원에 응대하자.

난방 응급조치

▣ 전체적으로 난방이 되지 않을때

● 1차 - 주차단밸브 2개가 열려 있는지 확인해본다.

● 2차 - 온도조절밸브의 전원이 연결되어 있는지 확인 후 확인 온도를 높게 하세요.

● 3차 - 난방수분배기 옆 공기빼기 밸브를 열어 배관내 공기를 완전히 빼준다.

● 4차 - 위의 사항을 조치 한후에도 난방이 되지 않을 경우에는 관리사무소에 연락한다.

▣ 부분적으로 난방이 되지 않을때

● 1차 - 주차단밸브를 조금 더 연다.

● 2차 - 난방온수분배기 중 난방이 되지 않는 방의 밸브가 열려 있는지 확인해본다.

● 3차 - 관리사무소에 연락한다.

[난방 응급조치]

에너지를 절약하자는 데는 모두 동의할 것이다. 아래 내용은 가장 기본적인 것으로 겨울철 창문 틈을 단열재로 보강하여 바깥바람이 들어오는 것을 막아보자는 것이다. "바늘구멍으로 황소바람이 들어온다."라는 말이 있듯, 한겨울에는 작은 틈새로 들어오는 바람도 매서운 바람으로 느껴질 수 있으니 말이다.

열요금 절약방법

□ **온도조절로 알맞는 실내온도 유지**

열요금 절약방법 1

온도조절기는 거실 등의 실내 난방온도를 조절하는 기기이며, 전등스위치 부근에 설치되어 있습니다.

□ **외벽 단열 보강 및 창문 틈새 보강**

열요금 절약방법 2

외벽의 단열상태나 창문틈새 등 결로가 생기거나 곰팡이가 필 수 있는 곳은 단열을 보강하고, 창문, 출입문 등 틈새를 통해 바깥 바람이 들어오는 곳은 수리합시다.

[열 요금 절약 방법]

다음은 서울에너지공사와 아파트 단지 간의 일종의 책임 분계점 같을 것을 기술하고 있는데, 서울에너지공사는 열 생산 시설, 열 수송 시설(이중 보온 관)과 아파트 단지 기계실 밖에 설치되어 있는 차단밸브까지의 시설을 시공, 유지·관리한다고 되어 있다.

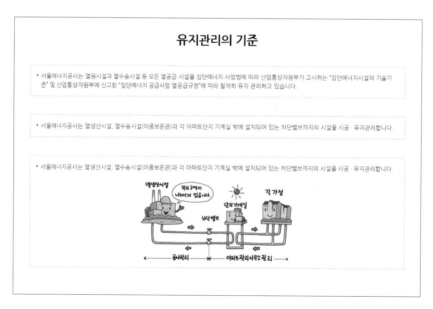

[유지 · 관리의 기준]

지역난방은 열 생산 시설인 집단 에너지 시설이 전기와 열을 동시에 생산함으로써 전기만 생산하는 기존 발전소보다 에너지 이용 효율이 매우 높은 유용한 시설이다. 또, 공해 방지 시설 설치로 대기 오염 물질이 대폭 감소하여 환경 개선에 크게 기여하고 있다.

지역난방

☑ 에너지를 절약합니다

· 지역난방의 열생산 시설인 집단에너지시설은 전기와 열을 동시에 생산함으로써 전기만 생산 하는 기존발전소 보다 에너지 이용효율이 매우높은 유용한 시설입니다.

☑ 대기환경을 개선합니다

· 지역난방은 에너지 사용량이 적고 공해방지 시설 설치로 이산화 탄소, 질소산화화물, 황산화물 등 대기 오염 물질이 대폭 감소되어 환경개선에 크게 기여합 니다.

☑ 편리합니다

· 연중 24시간 열공급으로 언제나 난방과 온수를 이용할 수 있습니다.

☑ 안전합니다

· 각 가정 또는 아파트 단지내에서 보일러를 사용 하지 않으므로 화재 폭발의 위험이 없습니다.
> 가스폭발의 위험에서 해방!

[지역난방]

아래 그림에서는 공급 절차를 확인할 수 있는데, 열 생산 시설에서 생산된 난방수는 공동구 및 땅속에 묻혀 있는 이중 보온 관을 통해서 각 아파트 단지 기계실에 공급되며, 단지 기계실 내에 설치되어 있는 사용자 열교환기를 통해 각 가정에 공급되는 난방수와 급탕수를 데우고 발전소로 되돌아가게 된다.

특히 급탕수는 순환 공급되는 난방수와는 달리 온수 사용에 따라 수돗물이 계속해서 가열·공급되므로, 세대에서 사용한 냉수와 온수를 합한 물 사용량이 그 세대의 전체 수도 사용량이 되는 것이다.

공급절차

- 집단에너지시설에서 생산된 열은 아래 그림과 같은 계통을 거쳐 각 사용가에 공급됩니다.

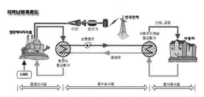

- 열생산시설에서 생산된 난방수(80℃~115℃의 중온수)는 공동구 및 땅 속에 묻혀 있는 이중보온관을 통해서 각 아파트 단지 기계실에 공급됩니다.

- 열수송시설을 거쳐 아파트 단지 기계실까지 공급된 지역난방수는 단지 기계실내에 설치 되어 있는 사용자 열교환기를 통해 각 가정에 공급되는 난방수와 온수를 데우고 발전소로 되돌아옵니다.

- 지역난방 열(중온수)에 의해서 가열된 난방 및 온수는 각 가정으로 공급되며, 난방사용으로 온도가 떨어진 난방수는 지하기계실의 열교환기에서 다시 가열되어 순환공급됩니다.

- 급탕수는 순환공급되는 난방수와는 달리 온수사용에 따라 수돗물이 계속적으로 가열 공급됩니다.

[공급 절차 ①]

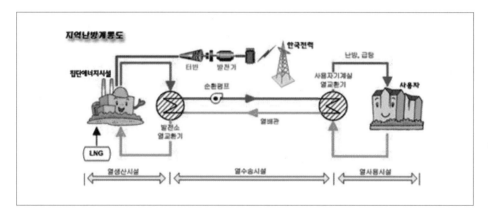

[공급 절차 ②]

2 메인 계량기 검침하기

온수[6]·난방요금 을 매기려면 먼저 우리 단지에서 온수와 난방을 얼마나 사용했는 지를 알아야 한다. 그러려면 열교환기실에 설치된 메인 계량기 즉, 서울에너지공사에 서 보내주는 중온수[7] 배관에 계량기를 달아 일정 기간의 사용량을 측정하면 된다. 공 사에서는 원격으로 검침하고 있어 관리사무소에서 따로 할 일은 없다. 다만, 매일 검침 값을 메모하여 이상이 없는지를 살피는 데 활용하도록 한다.

앞서 설명해 드린 대로 다시 한 번 정리하자면, 방을 따뜻하게 데워주는 난방은 공 사에서 보내온 중온수를 이용한 열교환을 통해 데워진 난방수가 순환함으로써 안방 이나 거실 등에 따뜻한 온도를 계속 유지할 수 있는 것이다. 마찬가지로 온수(급탕)도 공사에서 보내온 중온수를 이용하여 차가운 수돗물이 열교환을 통해 데워져 세대에 계속 따뜻한 물을 공급하게 된다.

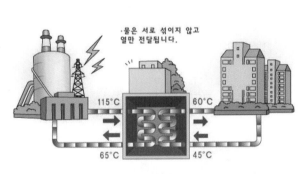

[열교환도 및 열교환기]

---

6) 온수: '급탕'이라고 표현하기도 한다.

7) 중온수(中溫水): 수증기에 높은 압력을 가하여 액체로 만든 100~170℃의 온수.

단지 지하에 설치된 열교환기실에 들어서면 수많은 배관으로 정신이 하나도 없을 것이다. 하지만 여러 차례 보고, 점검도 하다 보면 금방 친숙해질 테니 너무 겁먹지 말자. 또, 배관을 하나씩 따라가다 보면 엉킨 실타래가 풀리듯 퍼즐이 하나씩 맞춰지는 느낌이 들 것이다.

[열교환기실]

먼저 공사 측에서 들어오는 배관이 있는데, 이곳에는 차압유량조절밸브가 설치되어 적당한 유량이 들어갈 수 있도록 한다. 그리고 열교환을 마치고 다시 공사 측으로 나가는 배관에는 열량계를 달아 들어올 때와 나갈 때의 온도 차이와 유량의 곱으로 열량을 계산하여 적산한다. 보통 공사 측의 인입관(공급)이나 회수관(회수)은 회색으로 관을 둘러싸 직관적으로 중온수임을 알 수 있게 되어 있다.

[차압유량조절밸브 및 열량계 유량부]

---

8) **차압유량조절밸브**(PDCV, Pressure Differential Control Valve): 지역난방에서 사용하는 것으로 중온수 공급측과 환수측의 압력 차이를 일정하게 유지해주는 역할을 한다.

[적산 열량계]

세대에서 아직 사용하지 않은 온수는 시간이 흐름에 따라 자연적으로 물이 식기 때문에 환수하여 데운 뒤 다시 세대에 공급하는데, 이때 환탕순환펌프를 이용한다.

[환탕순환펌프]

난방도 마찬가지로 난방순환펌프를 이용하여 방이나 거실을 데운 뒤 식은 물을 열교환 방식으로 데워 다시 세대에 난방할 수 있도록 펌프질해 준다.

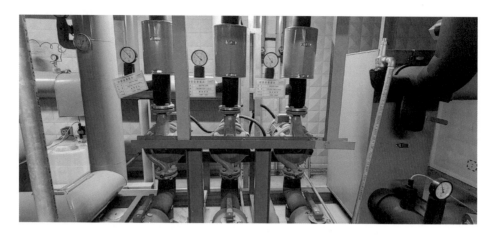

[난방순환펌프]

다음은 온수로 사용하기 위하여 저수조에 있는 냉수를 연결하는 배관이다. 보통 파란색으로 관을 둘러싸 직관적으로 냉수임을 알 수 있게 되어 있다.

[냉수(수돗물) 배관]

열교환을 마친 따뜻한 물은 세대 난방을 위하여 관으로 보내진다. 보통 분홍색으로 관을 둘러싸 직관적으로 온수임을 알 수 있게 되어 있다.

[난방 배관]

　펌프의 작동 등 온수 및 난방에 대한 운전을 자동으로 할 수 있도록 설계한 자동 제어 패널이다. 또, 물의 온도 변화로 그 부피가 팽창 또는 수축하여 변화하는데, 그 부피 변동을 흡수하여 오버플로나 배관 내 공기 흡입을 방지하기 위해 배관에 연결된 수조를 팽창탱크라고 한다.

[온수 · 난방 자동 제어 패널 및 팽창탱크]

지금까지 열교환기실 내부를 살펴보았다.

앞서 전기요금 매기기와 수도요금 매기기에서도 말씀드렸듯이 세대 검침을 마치고 XpERP에 등록까지 마치고 나면 관리비를 부과하기 위해 요금 계산 등 작업을 해야 하는데, 서울에너지공사에서 열 요금 납부 고지서가 오지 않으면 할 수 없다. 여기서도 마찬가지로 공사의 홈페이지에 들어가 요금을 조회하여 관리비 부과 작업을 하면 된다.

[열 요금 부과 고지 현황]

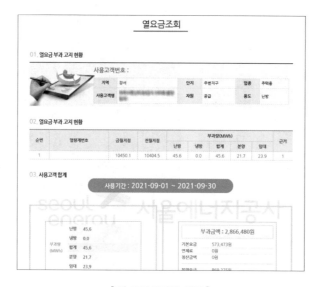

[열 요금 내역서-상단]

[열 요금 내역서-하단]

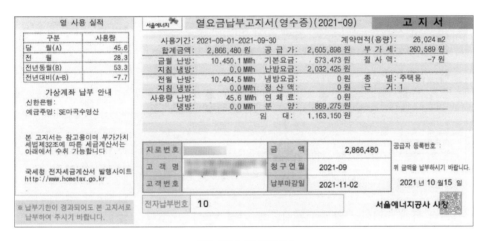

[열 요금 납부 고지서]

세대 검침하기

이제 각 세대의 온수·난방 사용량을 검침해 보자. 앞에서도 언급했듯이 원격검침 기기와 원격검침 프로그램을 이용한 원격검침을 할 수도 있고, 계량기가 있는 곳을 찾아가 일일이 눈으로 보고 손으로 적는 수 검침을 하는 일도 있다. 이 책에서는 원격검침하는 방법을 알아보도록 한다.

현재 단지에서 사용되고 있는 원격검침 프로그램은 여러 종류가 있으나, 그 사용법 등은 비슷하고 설명서 또한 특별히 어렵지 않으므로 쉽게 할 수 있을 것으로 생각한다.

여기서는 옴니시스템㈜을 기준으로 살펴보기로 한다. 먼저 원격검침 프로그램인 Amsys를 실행한다.

[Amsys 주메뉴]

상단의 주메뉴에서 '원격검침'을 선택하여 기간별 검침 내역을 선택하고 동은 전체로, 기간은 '2021-09-01~2021-09-30'와 같이 한 달로 정한다. '소수점 이하 무시'에서 온수와 열량을 체크한 후 '검색' 버튼을 클릭하면 된다.

[그룹 및 기간 설정]

그러면 아래 그림처럼 결과가 표시된다. 가령 1동의 301호는 온수를 지난달 2,134톤에서 이번 달 2,146톤으로 12톤을 사용하였으며, 열량은 지난달이나 현재나 1,382톤으로 사용량이 없음을 알 수 있다.

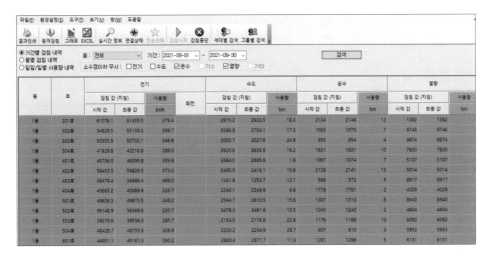

동	호	전기				수도			온수			열량		
		검침 값 (지침)		사용량	회전	검침 값 (지침)		사용량	검침 값 (지침)		사용량	검침 값 (지침)		사용량
		시작 값	최종 값	kWh		시작 값	최종 값	ton	시작 값	최종 값	ton	시작 값	최종 값	ton
1동	301호	61076.1	61455.5	379.4		2915.2	2933.5	18.3	2134	2146	12	1382	1382	
1동	302호	54829.5	55139.2	309.7		2686.8	2704.1	17.3	1063	1070	7	9746	9746	
1동	303호	50355.5	50702.1	346.6		2002.7	2027.6	24.9	950	954	4	9874	9874	
1동	304호	41929.8	42218.8	289.0		2620.6	2636.8	16.2	1621	1631	10	7830	7830	
1동	401호	45736.0	46095.8	359.8		2684.0	2685.8	1.8	1067	1074	7	5107	5107	
1동	402호	58453.5	58826.5	373.0		2400.5	2416.1	15.6	2128	2141	13	5014	5014	
1동	403호	36478.4	36886.4	408.0		1241.6	1253.7	12.1	568	573	5	8917	8917	
1동	404호	45663.2	45889.9	226.7		2240.1	2249.9	9.8	1779	1781	2	4029	4029	
1동	501호	49626.3	49875.5	249.2		2594.7	2610.5	15.8	1307	1313	6	8940	8940	
1동	502호	56148.9	56369.6	220.7		3478.3	3491.8	13.5	1240	1242	2	4604	4604	
1동	503호	39270.6	39556.3	285.7		2154.0	2176.8	22.8	1176	1186	10	6082	6082	
1동	504호	48428.7	48755.6	326.9		2226.2	2254.9	28.7	607	610	3	5953	5953	
1동	601호	44901.1	45161.3	260.2		2860.4	2871.7	11.3	1281	1286	5	6151	6151	

[사용량 검색]

이렇게 검색된 데이터(엑셀 파일)를 하드디스크에 먼저 저장한다. 이때 파일 이름은 되도록 상세하게 붙이는 것이 좋다.

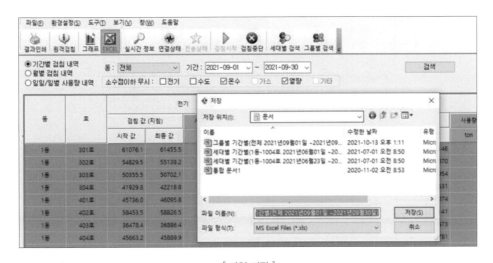

[파일 저장]

그런 다음 본인이 사용할 컴퓨터로 옮겨와야 하니 USB(Universal Serial Bus) 등 휴대용 저장 장치에 다시 저장하거나, 하드디스크에 저장된 파일을 복사하면 된다.

[USB에 저장 ①]

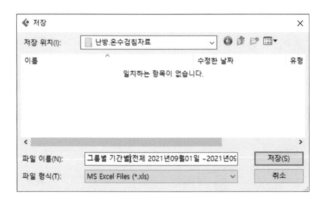

[USB에 저장 ②]

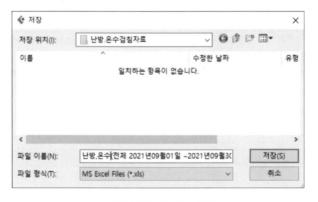

[파일명 변경 후 최종 저장]

저장이 완료되면 아래와 같은 알림창이 뜨는데, 잘 저장되었다는 뜻이다.

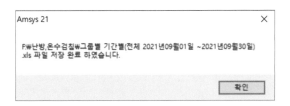

[저장 완료 알림창]

[난방 · 온수 검침 자료 조회]

그리고 그 파일을 실행하면 아래와 같이 엑셀 파일로 저장되었음을 알 수 있다.

■ 그룹별 기간검색 [전체 동 - 2021.09.01 ~ 2021.09.30] ■							
		온수			열량		
동	호	검침 값 (지침)		사용량	검침 값 (지침)		사용량
		시작 값	최종 값	ton	시작 값	최종 값	ton
1동	301호	2134	2146	12	1382	1382	0
1동	302호	1063	1070	7	9746	9746	0
1동	303호	950	954	4	9874	9874	0
1동	304호	1621	1631	10	7830	7830	0
1동	401호	1067	1074	7	5107	5107	0
1동	402호	2128	2141	13	5014	5014	0
1동	403호	568	573	5	8917	8917	0
1동	404호	1779	1781	2	4029	4029	0
1동	501호	1307	1313	6	8940	8940	0
1동	502호	1240	1242	2	4604	4604	0
1동	503호	1176	1186	10	6082	6082	0
1동	504호	607	610	3	5953	5953	0
1동	601호	1281	1286	5	6151	6151	0
1동	602호	361	362	1	1572	1572	0
1동	603호	1032	1037	5	8994	8994	0
1동	604호	1064	1069	5	6464	6464	0
1동	701호	785	793	8	6243	6254	11
1동	702호	1139	1145	6	6460	6460	0
1동	703호	1194	1199	5	3159	3159	0
1동	704호	923	932	9	4742	4742	0
1동	801호	1210	1213	3	7211	7211	0
1동	802호	1315	1322	7	6503	6503	0

[난방 · 온수 검침 자료]

4 전산 프로그램(XpERP)에 올리기(온수)

온수·난방 검침 작업이 성공적으로 끝나면 XpERP에 올려야 하는데 프로그램에 맞는 양식으로 가공하는 절차를 거쳐야 한다. 아래 그림은 원시 데이터를 가공한 데이터를 보여주고 있다.

	A	B	C	D	E
1	601	301		2146	
2	601	302		1070	
3	601	303		954	
4	601	304		1631	
5	601	401		1074	
6	601	402		2141	
7	601	403		573	
8	601	404		1781	
9	601	501		1313	
10	601	502		1242	
11	601	503		1186	
12	601	504		610	
13	601	601		1286	
14	601	602		362	
15	601	603		1037	
16	601	604		1069	
17	601	701		793	
18	601	702		1145	
19	601	703		1199	
20	601	704		932	
21	601	801		1213	
22	601	802		1322	

[온수 XpERP에 업로드 전 엑셀 자료]

가공된 데이터를 유심히 보면 C 열과 E 열에 아무런 값이 없음을 알 수 있는데, 이는 XpERP에서 [월분 수신]이라는 기능을 이용하여 지난달의 검침 값을 불러오면 된다. 또, 온수 사용량도 [월분 수신]한 상태에서 이달 검침 값만 올린 후 요금 계산할 때 사용량도 함께 계산하면 될 테니 이 또한 걱정할 것이 없다.

아래 그림처럼 XpERP를 실행하여 주메뉴인 [검침]에서 '온수 검침'을 클릭하여 준비해놓은 데이터를 올려보자.

[월분 수신]

데이터 업로드 알림창에서 편집 순서를 유심히 봐야 하는데, 엑셀의 A 열은 동을, B 열은 호를 나타내며, C, D, E 열은 각각 전월, 당월, 사용량을 나타낸다.

이제 실제로 전산 프로그램에 올려보기로 하자. 여기서는 가공된 데이터가 당월 검침 값만 있으므로 [D:당월]만 선택하여야 한다. 그런 다음 찾아보기에서 가공된 데이터가 저장된 파일의 위치를 찾아 정확히 맞는 파일 이름을 선택해주면 된다. 그리고 반드시 오른쪽 위의 '저장' 버튼을 클릭하여 시스템에 저장하여야 한다.

[데이터 업로드 알림창]

이렇게 저장을 마치고 나면 전산에 저장된 데이터 확인할 수 있는데 정확하게 올라 갔음을 알 수 있다.

[XpERP에 업로드한 상태]

이제 검침도 했고, 전산에 등록도 하였으니 온수 요금만 계산하면 된다.

'요금 계산'이라는 버튼을 클릭하면 아래 그림처럼 요금을 계산하는 알림창이 뜨는데, 특별히 다른 것은 만질 것 없이 맨 아래 계산 방식에서 콤보 상자를 선택하여 원하는 방식을 적용해주면 된다. 그림에서는 '요금 재계산'과 '사용량 및 요금 재계산'을 선택하여 온수 요금을 계산해준다.

[온수 자료 업로드 후 저장]

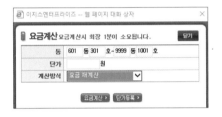

[요금 계산 알림창]

[사용량 및 요금 재계산 알림창]

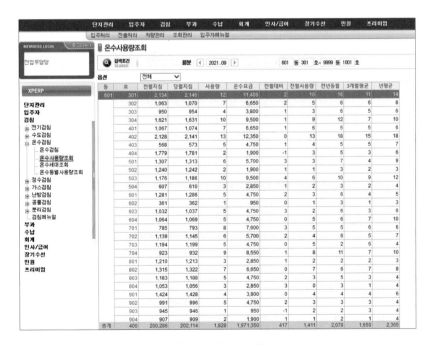

[온수 사용량 조회]

6 전산 프로그램(XpERP)에 올리기(난방)

앞서 말한 것처럼, 온수·난방 검침 작업이 성공적으로 끝나면 XpERP에 올려야 하는데 프로그램에 맞는 양식으로 가공하는 절차를 거쳐야 한다.

아래 그림은 원시 데이터를 가공한 데이터를 보여주고 있다. 온수 때와 마찬가지 방법을 이용하였다.

	A	B	C	D	E
1	601	301		1382	
2	601	302		9746	
3	601	303		9874	
4	601	304		7830	
5	601	401		5107	
6	601	402		5014	
7	601	403		8917	
8	601	404		4029	
9	601	501		8940	
10	601	502		4604	
11	601	503		6082	
12	601	504		5953	
13	601	601		6151	
14	601	602		1572	
15	601	603		8994	
16	601	604		6464	
17	601	701		6254	
18	601	702		6460	
19	601	703		3159	
20	601	704		4742	
21	601	801		7211	
22	601	802		6503	

[난방 XpERP에 업로드 전 엑셀 자료]

가공된 데이터를 유심히 보면 C 열과 E 열에 아무런 값이 없음을 알 수 있는데, 이는 XpERP에서 [월분 수신]이라는 기능을 이용하여 지난달의 검침 값을 불러오면 된다. 또, 온수 사용량도 [월분 수신]한 상태에서 이달 검침 값만 올린 후 요금 계산할 때 사용량도 함께 계산하면 될 테니 이 또한 걱정할 것이 없다.

아래 그림처럼 XpERP를 실행하여 주메뉴인 [검침]에서 '난방 검침'을 클릭하여 준비해놓은 데이터를 올려보자.

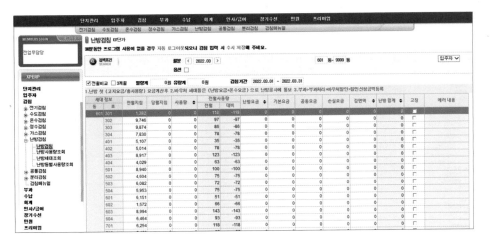

[월분 수신]

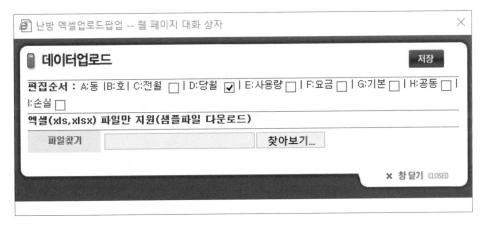

[데이터 업로드 알림창]

데이터 업로드 알림창에서 편집 순서를 유심히 봐야 하는데, 엑셀의 A 열은 동을, B 열은 호를 나타내며, C, D, E 열은 각각 전월, 당월, 사용량을 나타낸다.

이제 실제로 전산 프로그램에 올려보기로 하자. 여기서는 가공된 데이터가 당월 검침 값만 있으므로 [D:당월]만 선택하여야 한다. 그런 다음 찾아보기에서 가공된 데이터가 저장된 파일의 위치를 찾아 정확히 맞는 파일 이름을 선택해주면 된다. 그리고 반드시 오른쪽 위의 '저장' 버튼을 클릭하여 시스템에 저장하여야 한다.

[XpERP에 업로드한 상태]

이렇게 저장을 마치고 나면 전산에 저장된 데이터 확인할 수 있는데 정확하게 올라 갔음을 알 수 있다.

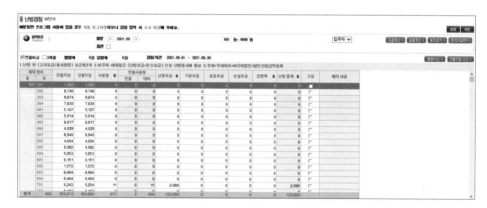

[난방 자료 업로드 후 저장]

7 세대 난방요금 계산하기

이제 검침도 했고 전산에 등록도 하였으니, 난방요금만 계산하면 된다.

아래 그림에서 '요금 계산'이라는 버튼을 클릭하면 아래 그림처럼 요금을 계산하는 알림창이 뜨는데, 특별히 다른 것은 만질 것 없이 맨 아래 계산 방식에서 콤보 상자를 선택하여 원하는 방식을 적용해주면 된다. 그림에서는 요금 '요금 재계산'과 '사용량 및 요금 재계산'을 선택하여 난방요금을 계산해준다.

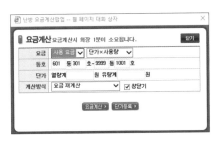

[요금 계산 알림창]

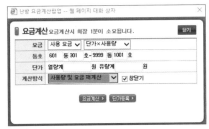

[사용량 및 요금 재계산 알림창]

아래 그림은 난방요금을 계산한 상태를 보여주고 있다. 사용량이 없으니 난방요금 또한 0원으로 표시된다.

동	호	전월지침	당월지침	사용량	난방요금	전월대비	전월사용량	전년동월	3개월평균	년평균
601	301	1,382	1,382	0	0	0	0	0	0	51
	302	9,746	9,746	0	0	0	0	0	0	38
	303	9,874	9,874	0	0	0	0	2	0	39
	304	7,830	7,830	0	0	0	0	3	0	44
	401	5,107	5,107	0	0	0	0	0	0	18
	402	5,014	5,014	0	0	0	0	0	0	33
	403	8,917	8,917	0	0	0	0	0	0	21
	404	4,029	4,029	0	0	0	0	0	0	14
	501	8,940	8,940	0	0	0	0	0	0	55
	502	4,604	4,604	0	0	0	0	0	0	4
	503	6,082	6,082	0	0	0	0	0	0	32
	504	5,953	5,953	0	0	0	0	0	0	53
	601	6,151	6,151	0	0	0	0	0	0	19
	602	1,572	1,572	0	0	0	0	0	0	56
	603	8,994	8,994	0	0	0	0	0	0	61
	604	6,464	6,464	0	0	0	0	0	0	48
	701	6,243	6,254	11	2,090	11	0	9	0	26
	702	6,460	6,460	0	0	0	0	11	0	43
	703	3,159	3,159	0	0	0	0	0	0	17
	704	4,742	4,742	0	0	0	0	0	0	28
	801	7,211	7,211	0	0	0	0	0	0	23
	802	6,503	6,503	0	0	0	0	0	0	16
	803	5,074	5,074	0	0	0	0	0	0	10
	804	7,862	7,862	0	0	0	0	0	0	37
	901	6,320	6,320	0	0	0	0	0	0	37
	902	5,560	5,560	0	0	0	0	0	0	13
	903	3,106	3,106	0	0	0	0	0	0	5
	904	4,424	4,424	0	0	0	0	0	0	19
총계	400	954,213	954,884	671	123,800	669	2	852	78	8,379

[난방 사용량 조회]

당신의 10대 뉴스는?

해마다 이맘때면 올 한 해 뜨겁게 달궜던 나만의 주요 이슈들을 들추어보게 된다. 지난해 10대 뉴스를 선정하면서 세워두었던 새해 열 가지 실행 계획과 비교해보는 재미도 쏠쏠하거니와 과연 그중 몇이나 리스트 업(list up) 되었을까 궁금하기 때문이다.

10년 전 보험대리점 대표로 일하면서 시작한 것이 이제는 내 삶의 동력이자 활력소가 되어주고 있어 해마다 챙기고 있다. 열 가지 계획이라고 해서 거창할 것도 없다.

소장으로서 갖춰야 할 것들을 두루 담고 더불어 개인적인 소망도 곁들인다. 직원들을 통솔할 리더십(leadership)을 기르고, 업무에 필요한 자격증을 더하고, 기본적인 소양을 높이는 일인데, 그러기 위해서 신문을 보고, 책을 읽으며, 다양한 문화생활과 여행으로 그 폭과 깊이를 더하면 된다. 물론 체력은 기본이기에 산에 오르는 것이 생활 그 자체가 된 지 오래다.

그렇게 하다 보니 열 가지 계획과 10대 뉴스가 얼추 맞아떨어져 소장으로서 아니, 한 인간으로서 잘 익어가고 있다는 느낌을 받지만, 꼭 그런 것만은 아니다. 1년 365일이 어디 짧은 시간이던가!

때론 좋은 일도 있고 반대로 그렇지 않을 때도 있는데, 우리처럼 크고 작은 민원이 끊이지 않는 곳에서 큰 힘을 발휘하는 것이 바로 '마음 근육'이다. 평소 소양을 잘 길러두었다면 힘든 일도 거뜬히 헤쳐나갈 수 있는 힘, 소위 말하는 '회복 탄력성(resilience)'이다.

계획은 구체적일수록 좋다. 가령 '등산'이라고 쓰기보다는 '등산 30번 하기'라고 수치화하는 것이 목표를 이루는 데 더 효과적이다. 그리고 그 계획을 책상 앞이나 거실에 붙여두는 것도 목표에 한 걸음 다가가는 데 한결 도움이 된다.

코로나로 인해 송년 모임들도 대부분 취소되었다. 차분히 앉아서 나를 돌아보고 한층 격상된 미래의 나를 설계해 보는 것은 어떨까? 모자란 부분은 채우고, 장점은 더욱 발전시켜 경쟁력 있는 소장으로 말이다. 어디 소장뿐이겠는가! 팀장이건 대리건 직급에 상관없이 관리사무소 종사자라면 행복한 나를 위해 애써봄직하지 않은가!

그래서 당신의 10대 뉴스는 뭔데? 아직 시간은 남아있다. 책도 좀 더 봐야 하고, 갈무리 여행도 계획하고 있으니….

쉿, 시크릿(secret)!

—《한국아파트신문》(제1200호, 2021. 1. 4.)

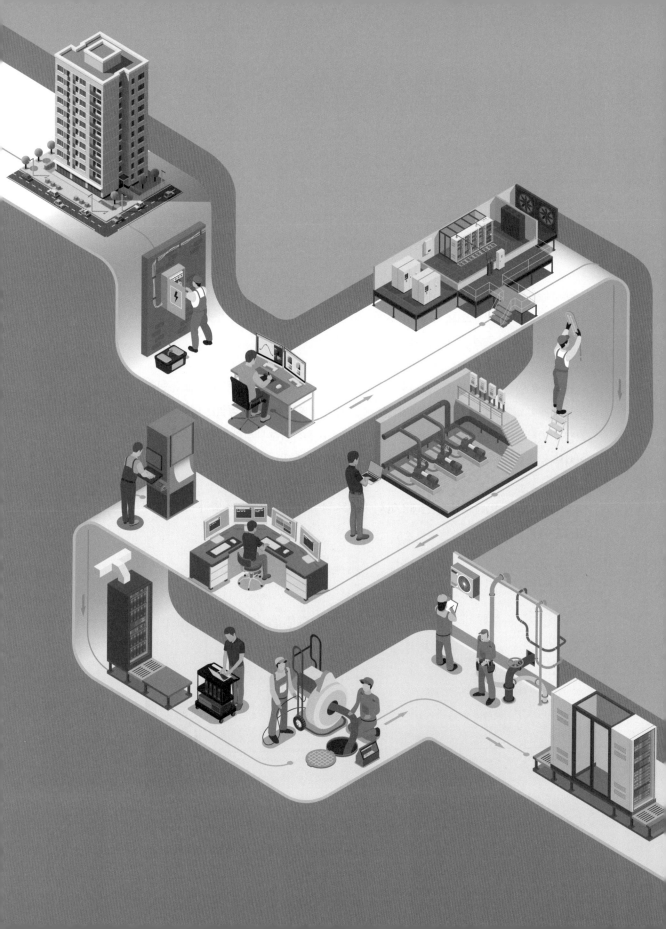

제2장

입주 단지 A to Z

| 행복남의 행복 충전소 | 슬기로운 기부 생활,
　　　　　　　　　　　누군가의 멘토가 된다는 것

제2장

입주 단지 A to Z

입주 단지는 소장님들이 근무하기를 꺼리는 곳이다. 왜냐하면 그만큼 할 일도 많고, 신경 쓸 부분도 많기 때문이다. 적절한 비유일지는 모르겠지만, 새하얀 도화지에 그림을 그리는 일과 같아서 하나에서 열까지 모든 업무를 직접 챙겨야 한다.

그러니 소장님들이 입주가 끝나고 한두 해 지난 안정적인 단지를 선호하는 것은 당연한지도 모른다. 과장하자면 유에서 무를 창조하는 것과 같아서 보람 있는 일이기도 하지만 그만큼 힘든 곳임은 분명하다.

〰〰〰〰

예컨대 입주 단지에서 사계절은 지나 봐야 어디에 뭐가 문제가 있는지를 파악할 수 있지 않을까 싶다. 봄가을이야 별다른 기후의 특이 사항이 없어 그냥 넘어간다고 하지만, 여름철의 짧은 시간에 내리는 국지성 호우나 태풍은 처음 접하는 단지에 혹시 어떤 영향을 미치지 않을까 긴장하지 않을 수 없다.

강력한 바람이 불면 시설물은 안전한지 단지 구석구석을 살피며 긴장하기도 하고, 기상청 예보에 비라도 많이 내린다고 하면 어디가 넘쳐 잠기지나 않을지 밤잠을 설치기도 하는 것이 우리 관리사무소 근무자들의 한결같은 마음이다.

겨울은 또 어떤가!

한겨울 강추위에 배수관이 얼어서 물이 아래로 내려가지도 못하고 역류하게 된다면 집안이 한강으로 변할 수도 있을 테니, 한파가 몰아닥친다고 하면 항상 긴장 의 끈을 놓지 못하고 '3분 대기조'로 변신한다.

동파는 얼어서 터지는 것을 말하는데, 아직 겨울을 나보지 않은 입주 단지는 단지 곳곳이 '동파 후보'이다. 따라서 어디가 얼었다 물이 샐지 모르기에 날이 추우면 혹시 얼지나 않을까 매의 눈으로 순찰을 강화하게 된다.

보라, 아무것도 없는 건물에 들어와 쓸고 닦고, 붙이고 하지 않았는가? 거기다 '건물'이라는 하드웨어에 '관리'라는 소프트웨어를 접목해서 건물에 입주한 사람들이 불편 없이 생활할 수 있도록 하는 일이니 하나의 작품이라 해도 과언이 아닐 것이다. 더군다나 건물에 설치된 시설물들은 입주 초기에 대부분 '이벤트', 그러니까 고장, 멈춤, 사고, 작동 불량 등 갖가지 마주하고 싶지 않은 선물 보따리를 풀어 제치니 여간 고역이 아닐 수 없다.

어디 그뿐이겠는가? 새 건물이라고 설비들이 다 잘 돌아갈 거라고 믿으면 오산이다. 전기선이 결선되지 않은 곳도 있고, 엉터리로 연결된 부분도 있으며, 잘못 시공된 부분도 상당수 발견될 수 있다. 그리고 덜 시공된 곳도 있고 누수에 결로현상으로 애를 먹는 경우도 허다하다. 일부 전문가들은 건물이 자리를 잡는 데 몇 년이 걸린다고 주장하지만, 입주민 가운데 그런 걸 이해하고 그때까지 양해해줄 사람이 과연 몇이나 있겠느냐 말이다. 모두 다 관리사무소의 일인 것이다.

〰〰〰〰

어쨌든 입주 단지는 고된 곳이라는 통념엔 이견이 없을 것이다. 다만, 어찌 고생 없이 내 것이 될 것인가에 대한 부분은 한 번쯤 고민해볼 필요가 있지 않나 싶다. "세상엔 공짜가 없다."라는 믿음 속에 묵묵히 자기 일을 하다 보면 고생한 만큼 실력은 쑥 향상돼 있을 것이다.

입주 단지 이야기

1 입주 단지 이야기

입주 단지의 가장 큰 특징은 시설물 인수인계다. 인수인계받을 시설물들이 어찌나 많은지 정말이지 어지러울 지경이다. 규모가 작은 건물이나 큰 건물이나 상관없이 있을 건 다 있어야 하니 보통 30~40여 가지나 된다. 물론, 아파트 세대 내에 설치된 10여 가지 시설물들은 제외하고도 말이다.

우선 '소방'에 관련된 것만 예로 들어보자.

1 소방 시설물의 예

① 화재를 한눈에 볼 수 있는 '화재 수신반' 설치 업체가 있다.

② 주 펌프, 보조 펌프, 충압 펌프로 구분되는 '펌프'를 설치한 업체가 있다.

③ 소화에 쓸 물을 저장해 놓은 '소화 저수조'가 단지에서 사용할 저수조와 따로 설치되어 있다.

④ 소화 저수조의 급수 등을 제어하는 '제어 패널' 업체가 따로 있다.

⑤ 수변전실에 불이 났을 때 자동으로 소화해주는 '가스 소화' 설비가 있다.

⑥ 불이 났을 때 '승강기홀'에 신선한 공기를 넣어주는 급기 댐퍼, 그리고 안전 구역 내에 연기 등을 빼주는 배기 댐퍼와 관련된 '급·배기 팬'이 있다.

⑦ 그와 연관된 '덕트' 설비가 있다.

⑧ 아파트와 상가 구분소유자에게 개별 지급한 '소화기'와, 공용부에 비치한 '소화기'가 있다.

⑨ 소화 용수가 겨울에 얼지 않도록 '열선'을 감아 놓았다.

⑩ 소방관들의 소화 활동을 돕는 데 사용될 '무선통신' 설비가 있는데, 방재실에 설치된 '화재 수신반'과 건물 입구 벽에 설치되어 있다.

⑪ 조경 공간으로 평소에는 닫혀있다가 화재 시 대피할 수 있도록 '화재 수신반'과 연동되어 작동되는 밖으로 나가는 '방화문'이 3층, 8층, 10층, 옥상에 설치되어 있다.

⑫ 화재 시 대피하라는 비상 방송을 '화재 수신반'과 연동되어 출력해주는 '방송 시스템'이 있다.

소방에 관련된 설비나 시설들도 이렇게나 많다 보니 설치한 업체로부터 사용 방법을 들을 때는 그때뿐이고, 돌아서면 솔직히 하나도 모르겠다. 물론, 위에서 설명한 열두 개 업체가 모두 다른 업체이다.

업체에서 나와서 인수인계를 해주는 분들이야 전문가들이니 "소장님, 아주 간단합니다!"라고 말하지만, 우린 비전문가가 아니던가?! 거기다 맨날 쓰는 것도 아니고….

그래서 명함을 세 장 받아서 한 장은 명함첩에 꽂아두고, 또 한 장은 시설물에 붙여두고, 나머지 한 장은 관리 주임에게 드린다. 사용설명서를 받고, 설명할 때는 동영상을 찍어 관리원이 사용하는 컴퓨터에 저장하여 공유한다. 그리고는 '설비업체 현황'을 만들어 책상 앞에 붙여두고, 방재실이나 기계실 등에도 붙여둔다. 물론, 실시간으로 업데이트해서 ….

가끔은 한꺼번에 여러 설비업체가 와서는 인수인계를 해주겠다고 하는데, 일부는 이런 마음으로 그냥 돌려보내기도 한다. '지금 머리가 터질 지경이니 다음에 오시라고!'

(2) 입주 단지 업무

본격적인 입주를 앞두고 단지의 사용승인이 해당 구청으로부터 떨어지게 되면 공부[1] 상 건물명이 등재되어 건물로서 '출생신고'를 마치게 된다.

---

1) **공부(公簿)**: 관공서가 법령의 규정에 따라 작성 · 비치하는 모든 장부를 말한다. 부동산등기법상 토지등기부, 지적도, 임야대장, 임야도, 수치지적부가 있다.

'입주 지정 기간'의 시작일과 '사용승인일'을 즈음해서 시행사와 위 수탁 계약을 맺은 관리업체는 '선 투입'이라는 것을 하게 되는데, 집기·비품과 통신, 사무용품 등 초도 물품을 들여놓고 관리사무소를 세팅한다.

'선 투입'은 보통 1~2주 정도 앞서 이뤄지는데, 이사 올 사람 즉, 입주자가 '입주 지원 센터'와 '관리사무소'를 두루 들러 일을 봐야 하니 그들의 동선을 파악하여 처음 와본 생소한 건물에서 조금이라도 불편함 없이 입주 업무를 할 수 있도록 입주 안내문, 위치 안내도 등으로 중무장한다.

입주에 앞서 키를 받으러 오게 되는데, 먼저 '입주 지원 센터'에 들러 대출금 등 모든 미납금을 정산하고 나면 관리사무소에서 '관리비 예치금' 수납을 확인하고 입주증을 발급받아 키를 손에 쥘 수 있다. 또, 두어 달 되는 '입주 지정 기간'에는 주말도 공휴일도 없이 업무가 진행되기 때문에 쉬는 날이 없다. 물론 주말엔 경리와 소장이 번갈아 당직을 서면 된다.

아래 그림은 관할세무서로부터 발급받은 고유 번호증과 사업자등록증이다.

[고유 번호증 및 사업자등록증]

입주가 시작되기 전 소장은 관리사무소에서 일할 직원 채용을 마쳐야 한다. 시설직은 5일 전, 미화원은 입주 당일부터 근무할 수 있도록 세팅하며, 근로계약을 체결하고 신원보증보험에도 가입하게 한다. 소장은 세무서에 고유 번호증을 신청하고 며칠 후 교부받음과 동시에 사업자등록증을 신청하여 받는다. 곳에 따라서는 발급을 잘 안 해주는 곳이 더러 있다고 하니 대비책을 짜두는 것도 나쁘지 않을 것 같다.

한전(전기), 수도사업소(수도)의 명의를 각각 시공사에서 관리사무소로 변경한다. 물론, 차후에 관리위원회 또는 입주자대표회의가 만들어지고 나면 다시 명의를 바꿔야 하겠지만 말이다.

아래 그림은 단지 곳곳에 CCTV가 설치되어 24시간 촬영되고 있다는 안내문과 건물의 소방안전 관리자는 누구며 언제부터 관리하고 있는지를 알리는 현황표이다.

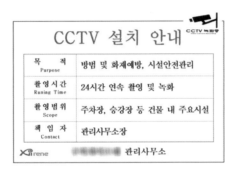

[CCTV 설치 안내문]

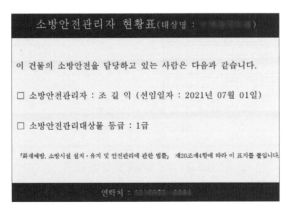

[소방안전 관리자 현황표]

전기와 수도 사용량 검침은 키 불출일을 기준으로 하되, 아직 입주하지 않은 세대나 미분양 세대는 시행사가 요금을 부담할 수 있도록 전산 프로그램에서 '분리 검침'을 활용하여야 한다.

단지의 온라인 커뮤니티도 관리사무소에서 관리한다. 각종 공지 사항이나 게시판 광고 등도 한눈에 볼 수 있도록 그림 파일로 바꾸어 올려둔다. 또, 관리 규약이나 지금까지 체결한 갖가지 계약서들도 올리며, 입주민의 Q&A에 올라온 질문들도 하루 내에 적절하게 답변한다. 물론, 입주 예약 관리도 커뮤니티에서 이뤄지는데 휴대전화 앱에서도 가능하게 하여 입주자의 편의를 도모하였다.

아래 그림은 관리원 업무일지와 일일 안전 점검일지로 근무자가 매일 작성한다. 저수조 위생 점검 기록표는 한 달에 한 번 저수조관리자가 작성하여 보관한다.

[관리원 업무일지 및 일일 안전 점검일지]

저수조위생점검기록표		결재	담당	소장

건축물의 명칭	
소유자(관리자)	조 길 익
건축물의 용도	공동주택, 판매시설, 근린생활시설
위생점검실시일	2021년 10월 19일

	조사사항	점검기준	적부(O,X)
1	저수조 주위의 상태	청결하며 쓰레기, 오물 등이 붙어있지 않을 것	O
		저수조 주위에 고인물, 침수 등이 없을 것	O
2	저수조 본체의 상태	균열 또는 누수되는 부분이 없을 것	O
		출입구나 접합부의 틈으로 빗물 등이 들어가지 아니할것	O
		유출관, 배수관등의 접합부분은 고정되고 방수,밀폐되어 있을것	O
3	저수조 윗부분의 상태	저수조의 윗부분 에는 물을 오염시킬 우려가 있는 설비나 기기류이 붙어 있지 아니할 것	
		저수조의 상부는 물이 고이지 아니하여야 하고 먼지등의 위생에 유해한 것이 쌓이지 아니할 것	O
4	저수조 안의 상태	오물, 붉은녹 등의 침식물, 저수조 내벽 및 내부구조물의 오염 또는 도장의 떨어짐 등이 없을 것	O
		수중 및 수면에 주유 물질이 없을 것	O
		외벽도장이 벗겨져 빛이 투과하는 상태로 되어있지 아니할 것	O
5	맨홀의 상태	뚜껑을 통하여 먼지 기타 위생에 유해한 부유물질이 들어갈 수 없는 구조일 것	O
		점검을 하는 자외의 자가 용이하게 개폐할 수 없도록 잠금 장치가 안전할 것	O
6	월류관, 통기관의 상태	관의 끝부분으로부터 먼지 기타 위생에 유해한 물질이 들어갈 수 없을 것	O
		간의 끝부분의 방충망은 훼손되지 아니하고 망눈의 크기는 작은 동물 등의 침입을 막을 수 있을 것	O
7	냄새	물에 불쾌한 냄새가 나지 아니할 것	O
8	맛	물에 이상한 맛이 인지되지 아니할 것	O
9	색도	물에 이상한 색이 나타나지 아니할 것	O
10	탁도	물에 이상한 탁함이 나타나지 아니할 것	O

관리사무소

[저수조 위생 점검 기록표]

입주 시점에 맞춰 각종 보험을 들어야 하기에 선 투입 때 미리 준비한다. 아파트 종합보험과 상가의 화재보험 그리고 영업배상책임보험에 가입하고 승강기도 배상책임보험에 가입하며 공부가 마무리되면 구청의 재난보험도 가입해둔다. 물론 놀이터가 있는 곳이라면 놀이터도 추가한다.

관리비 부과를 하기 위해 수선유지비 설정 비용을 미리 조사해야 하는데, 반드시 시행해야 하는 법정 검사에 대한 비용이라 할 수 있겠다. 예를 들자면, 저수조 청소 비용, 소방 시설 작동 기능 점검 및 종합 정밀 점검, 승강기 정기 검사, 전기 정기 검사, 정화조 청소, 전기 직무 고시 비용 등이다.

건축물 정기 점검은 단지의 규모에 따라 점검을 받지 않을 수도 있으며, 정화조 청소도 뉴타운 같은 곳에는 없다. 전기 정기 검사도 판매 시설은 근린생활시설에 입점한 업체에 따라 검사 주기와 검사 비용이 공동주택과 다른데, 할증으로 비용이 추가될 수 있으니 유의해야 한다. 태양광발전 설비의 주기도 다른 전기설비와 다르기에 점검해야 한다.

관리사무소 소장은 관리사무소에서 근무하는 직원을 통솔하고 관리·감독해야 하므로 산업안전보건법에 따라 관리감독자 교육을 받아야 한다.

[관리감독자 교육 수료증]

건축물의 사용승인일 이전에 관계기관에서는 설비들을 검사하게 되는데, 이것이 바로 사용 전 검사일이다. 이때 설비별로 사용 전 검사일과 수선 주기를 알아야 언제부터 얼마씩 부과할지 계산이 나온다. 그리고 공동주택과 판매 시설의 비용을 각각 작성하여 경리에게 넘긴다. 또, 업체와의 계약도 하나씩 체결해가야 한다.

전산 프로그램, 재활용품 수거, 사무복합기 임대, 전기 직무 고시 대행, 정화조 관리 대행, 소방 시설 관리 대행, 소독 대행 등 빠짐없도록 체크한다.

각종 선임도 단지에 맞게 걸어야 한다. 전기, 소방, 기계 설비, 승강기, 가스, 저수조 등이 있는데, 단지 규모에 따라 보조 선임이 필요한 곳도 있으니 준비해야 한다.

아래 그림은 무인택배함을 불편 없이 이용할 수 있도록 만든 안내문이다. 입주할 때 입주자에게 드리고, 게시판에도 붙여둔다.

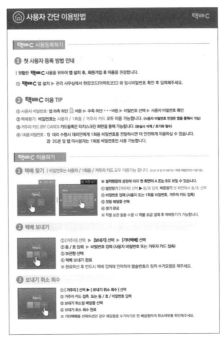

[무인 택배함 설명]

　시설물 인수인계도 해야 하는데, 30~40여 가지나 되다 보니 헛갈리기도 하고 정신도 없다. 간단하게 동영상을 찍어놓고 보는 방법도 있지만, 문제가 생겼을 때 담당자와 통화하는 게 훨씬 수월하다.

　관리 규약은 키 불출 시 중요사항에 대해 간단하게 설명하면서 동의서에 서명을 받아 동의율을 집계하여 입주율 등 다른 사항들과 함께 본사에 주간 보고한다.

　입주 시 가장 골칫거리가 쓰레기 처리 문제다. 따라서 예방하는 차원에서 입주 시 입주민에게 안내문을 나눠주며 잘 처리해달라고 부탁하는 것이 좋다.

[쓰레기 분리배출 안내문]

순서	종류	주관	업무 내용	담당	처리 시한
1	관리사무소 세팅	본사	관리사무소 기본 장비(전화, 인터넷, 사무기기, 책상, 책장 등)	본사	입주 전
2	통장 개설	본사	관리비 예치금(관리비), 잡수익	본사	입주 전
3	입주 대비 점검 회의	시공사	입주에 따른 제반 사항 협업 모색	시공사	입주 전
4	용역업체 계약	관리사무소	전기, 소방, 소독, 전산, 재활용, 사무기기, 정화조, 세무 대행 등	소장	입주 기간
5	음식물 종량기 신청	지자체	음식물 쓰레기 처리	소장	입주 전
6	입주 안내 게시물 부착	관리사무소	입주자 불편 해소	소장	입주 전
7	감시·단속적 근로자 (감단직) 적용 사업장 신고	고용노동부	근로기준법 제63조 제3호 감단직	소장	1월 이내
8	온라인 커뮤니티 구축	본사	각종 계약서 및 관리비 조회 등	본사	입주 전
9	화재보험 가입	보험사	주택 화재, 승강기, 영업 배상, 놀이터 등	소장	입주 전
10	전기안전관리자 선임	전기기술인협회	전기사업법 제73조	선임자	입주 기간
11	소방안전관리자 선임	소방서	화재예방, 소방안전법 시행령 제22조	선임자	1월 이내
12	도면 인수	시공사	각종 도면 책자 및 파일 인수	소장	입주 기간
13	승강기안전관리자 선임	승강기안전공단	승강기안전 관리법 제29조	선임자	입주 기간
14	저수조관리자 선임	환경보전협회	수도법 제33조	선임자	입주 기간
15	아동학대, 성범죄 경력 조회	경찰서	아동청소년 성보호법 제66조, 아동복지법 제29조	소장	입주 기간
16	주택관리사 배치 신고	지자체	공동주택관리법 제66조	소장	
17	관리 규약 제정	관리사무소	단지 현황에 맞게 관리 규약 제정	소장	입주 전
18	CS 교육	본사	직원 서비스 마인드 교육	본사	입주 전

[입주 단지 주요 업무]

관리사무소는 관리사무소 직원이 상주하면서 업무를 처리하는 공간으로서 쾌적하게 만들어야 한다. 그뿐만 아니라 업무 효율을 높이기 위해 직원의 동선 등도 고려하여 책상과 집기·비품을 배치하여야 한다. 또, 입주민의 방문이 쉽도록 민원인의 동선을 고려하며, 민원인이 담당 민원 부서를 쉽게 찾을 수 있도록 사진과 직함이 쓰인 명패를 칸막이 위에 부착한다.

관리사무소는 보통 본사에서 준비하여 입주 지정 기간 시작 전에 세팅이 완료되는데, 그 후 단지 현황판, 관리 조직도, 입주 현황판, 월중 행사 및 계획판, 직원 게시판 등의 부착물은 관리사무소장이 꾸미면 된다.

[관리사무소 내부]

직원 게시판에는 본사 공문이나 법정 교육 자료 등을 게시하여 직원들이 쉽게 볼 수 있도록 하되, 취업규칙, 당해 연도 최저임금 고시, 단속적 근로종사자에 대한 적용 제외 승인서 등은 반드시 게시되어야 한다.

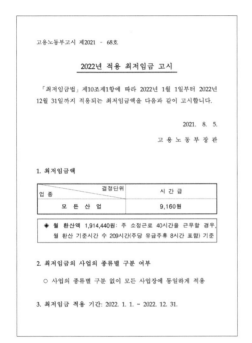
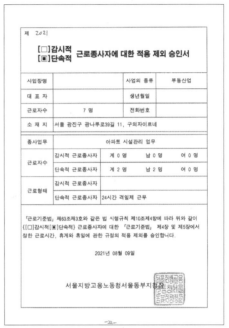

[최저임금 고시 안내문 및 단속적 근로종사자 적용 제외 승인서]

입주 지정 기간에는 입주 절차와 관련해서 관리사무소에서 할 일을 숙지하고, 입주 지원센터와 협업의 범위를 정하여 입주자가 빠르게 업무를 진행할 수 있도록 한다.

또, 관리사무소 위치 안내, 입주 축하 현수막 게시, 분리수거장 안내, 쓰레기 배출 요령 안내, 공용 시설물 위험 표지를 부착하고 입주 안내문도 만들어 비치한다.

관리사무소에서는 입주민에게 관리비 예치금 납부를 확인하여 입주증을 발급해준다. 이때 관리 규약 책자 인계와 함께 관리 규약 동의서에 서명을 받는다. 거기다 입주 생활 안내문, 세대별로 부여된 무인택배함 비밀번호도 함께 인계하며, 입주자 명부에 입주자의 개인 정보 및 차량 정보 등을 적게 하여 받아둔다.

입주·생활 안내문

관리사무소
http://gexirene.xisnd.co.kr

☺ ▇▇▇▇▇ 입주를 진심으로 축하드립니다.☺

▇▇▇▇▇▇ 관리주체로 선정된 ▇▇▇▇▇ 관리사무소 직원 일동은 입주 초기부터 입주자 여러분의 편안하고, 안전한 생활이 되도록 최선의 노력을 다하겠습니다.

저희 모두는 **품격 높은 주거환경 조성**을 위하여 철저한 보안과 시설물관리 및 친절한 서비스를 제공함은 물론 관리비를 절감하여 **입주민 여러분의 소중한 재산의 가치**를 보호 **발전**시키는데 최선을 다하여 노력할 것이며, **최고의 아파트** 수준에 맞는 **최고의 서비스**로 입주민 여러분께서 행복하고 쾌적한 주거생활을 누리실 수 있도록 정성을 다하여 적극 지원해 드릴 것을 약속 드립니다.

아울러, 입주초기에는 다소 복잡하고 혼란스러울 수 있으므로 배부해드린 입주안내문을 꼭 읽어 보시고, 궁금하시거나 불편사항은 언제든지 관리사무소로 연락주시면 친절한 안내와 서비스로 입주민 여러분께서 만족하실 때까지 최선을 다하겠습니다.

▇▇▇▇▇▇에서 늘 행복하시기 바랍니다.

지이S&D 관리사무소 직원 일동

---

1. A/S접수처 및 입주지원센터 안내

● 운영기간 : 입주지정기간(6월 16일 ~ 8월 16일까지)
입주지정기간 후의 A/S접수처 및 입주지원센터 운영에 대해서는 별도 공지 예정입니다.

● A/S 접수처
- 업무내용 : A/S접수(고객방문 상담 및 하자접수)
- 근무시간 : 월요일~일요일 09:00~17:00(점심 12:00~13:00)
- ▇▇▇▇▇▇ ▇▇▇▇▇▇
- 위치 : ▇▇▇▇▇▇▇▇

● 입주지원센터
- 업무내용 : 잔금완납확인, 열쇠불출
- 근무시간 : 월요일~일요일 09:00~17:00(점심 12:00~13:00)
- ▇▇▇▇▇▇ ▇▇▇▇▇
- 위치 : ▇▇▇▇▇▇ 3층 휘트니스센터

---

2. 관리사무소 안내

- 전화번호 : ▇▇▇▇▇▇ ·팩스번호 : 02-6953-6885
- 근무시간 : 평일 09:00~18:00(점심시간 12:00~13:00)
  단, 입주지정기간동안 토요일, 일요일, 공휴일 근무

- **업무안내**
  1. 공동주택의 공용부분의 유지·보수 및 안전관리
  2. 공동주택단지안의 경비, 청소, 소독 및 쓰레기 수거
  3. 관리비 및 사용료의 징수와 공과금 등의 납부대행
  4. 장기수선충당금의 징수 적립 및 관리
  5. 관리규약으로 정한 사항의 집행
  6. 입주자대표회의에서 의결한 사항의 집행 등

- **입주지정기간 주요 업무안내**
  - 관리비예치금 납부확인 및 열쇠불출증발급
  - 차량임시등록
  - 관리규약 배포 및 관리규약 동의서 접수
  - 인테리어 공사신청서 접수
  - 입주자카드 작성

- **차량임시등록 방법 안내**

단지 차량 스티커는 입주자대표회의 구성 후 주차장운영규정을 제정하여 발급할 예정이며, 입주자대표회의 구성전에는 입주민 차량번호를 임시로 등록하여 드립니다.
- **등록방법** : 관리사무소에 입주자명부 작성하여 제출하여 주시기 바랍니다.

[입주 · 생활 안내문 ①]

3. 입주 안내

우리 단지는 입주 전 사전 입주 예약제를 실시하여 이사 시 원활한 이사진행이 될 수 있도록 운영하고 있습니다.
이사예약은 아파트홈페이지 (http://gexirene.xisnd.co.kr) 회원가입 후 온라인 예약시스템을 이용해 주시기 바랍니다. 입주지정기간의 승강기 사용료는 무료입니다.

1) 승강기 사용 시간 안내
① 이사 시간대 구분은 평균이사 시간을 고려하여 지정한 것이며, 다른 고객님의 권리보호를 위하여 예약 시간을 준수하여 주시기 바랍니다.
오전 10:00~13:00(1회차) / 오후 13:00~16:00(2회차) / 16:00~19:00(3회차)

2) 이사 시 유의사항
① 예약한 날짜 및 시간을 반드시 지켜 주시기 바랍니다.
(다음 이사 세대를 위하여 예약하신 시간 내에만 이용이 가능합니다.)

② 단지 주변에 도착하는 이삿짐 차량은 게이트1 또는 지하1층(소형차량)을 이용하시기 바랍니다.
입주증 미확인 시 단지내 진입이 불가합니다.

③ 세대 및 공용부의 파손 예방을 위해 이삿짐 운반 시 전 공용부 및 세대 내 바닥, 문틀, 벽체의 손상을 방지하기 위하여 이삿짐 운반업체에서는 완벽한 보양을 하여야 하며, 이삿짐 업체에 주지시켜 주시기를 부탁 드립니다.
공용부 시설물 파손 시 입주민 또는 이삿짐 업체에서 변상하셔야 합니다.

④ 이사 당일 발생되는 이삿짐 쓰레기는 이삿짐 업체에서 수거해 가도록 확인하여 단지 내에 쓰레기가 쌓이지 않도록 해야 합니다.
입주 쓰레기 처리비용은 관리비 상승의 원인이 됩니다.

4. 쓰레기 배출 안내

우리 아파트의 깨끗하고 쾌적한 주거환경 조성을 위해 이사 오시기 전 못쓰는 생활용품 및 대형폐기물은 버리고 오시기 바랍니다.

☺ 깨끗한 아파트는 입주민이 만들어갑니다. ☺

구분	재활용쓰레기	대형폐기물	일반쓰레기	음식물쓰레기
배출 요일 배출 시간	입주 지정기간 동안 매일 배출			
배출장소	지하1층	1층 쓰레기 집하장		
배출방법	입주민 직접 분리 배출 박스는 접어서 직접 정리 해주세요.	폐기물스티커 부착 후 배출 1층 재활용장	종량제봉투에 담아 배출 日,火,木 오후7시 수거	음식물수거기에 배출
종량제봉투 판매처	● 아마트24 ● 이편한마트			
대형폐기물 스티커 판매처	● 구의2동주민센터 (☎ 02-450-1507)			

❖ 폐기물 불법 투기는 관리비 상승의 원인이 되며, 과태료가 부과됩니다

5. 인테리어 공사안내

세대 인테리어 공사 시 반드시 관리사무소에 신고를 하여야 하며, 제반 서류를 작성하여 제출해야만 공사를 진행할 수 있으며, 공사 시 아래의 관련 절차 및 제반 사항을 준수하여야 합니다.

구분	공사가능	공사불가
공사규모	1.도배 및 등기구설치 2.싱크대등 주방가구 교체, 불박이장 설치 등가구공사 3.화장실, 베란다,거실등의타일교체공사	1.내력벽 철거 2.기타 행위허가를득해야하는사항 3.외벽 물품들 설치행위

1)공사 절차
(단, 인테리어 공사는 잔금납부, 관리비예치금 납부 및 KEY불출 후 가능합니다.)
① 공사신청서,서약서및 이해관계인 동의서 작성후 제출
② 공사보증금 및 승강기이용료 납부(온라인 입금)
③ 공사완료확인 후 확인서 작성(폐기물처리 등)
④ 예치금 반환(온라인 출금) - 월 1회(말일)

2)공사예치금 및 승강기사용료

구분	세 대 당
공사예치금	40만원
승강기사용료(시설사용료)	10만원
반 환 금	검수시 이상없을 경우 전액 반환

● 입금 계좌번호 및 예금주

● 공사예치금 납부는 동·호수, 업체명 표기하여 무통장 입금 바랍니다.

3)공사 시간
공사시간은 오전9시~오후6시까지(주말,공휴일은 소음공사금지)를 원칙으로 합니다.
단, 소음 발생 공사는 평일 10:00~16:00까지이며, 토요일, 주말,공휴일, 수능기간, 명절, 연휴기간 동은 공사가불가합니다.

4)공사시 유의사항
○ 공사시간을 엄수하고,소음,분진, 통행로 자재적치 등으로 인한 민원발생이 없도록 하여야 합니다.
○ 공사중 공용부분훼손 시에는 즉시 원상복구하여야 합니다.
○ 불법 내부구조 변경 공사 및 공사로 인한 주변세대 피해발생 시 세대주 및 공사업체가 연대하여 그 책임을 집니다.
○ 자재반입은 오전8시30분까지, 세대 이삿짐 운반에 영향을 끼쳐서는 안됩니다.
○ 에어컨 설치 시 외벽 타공은 절대 불허하며, 기존 매립 냉매배관을 최대한 이용하여야 하며, 세대내 타공 설치업자와 세대주가전적으로 책임을 집니다.
○ 폐자재반출시에는 반드시 경비원의 확인을 받고 반출하며,예치금 환불 요청 시 폐자재반 출확인서를 관리사무소로 제출하여주시기 바랍니다. 폐자재반출확인서가 없을시에는 예치금을 환불하지 않습니다.

6. 관리비 부과 기준 및 관리비예치금 안내

1) 입주지정기간 ['21년 6월 16일 ~'21년 8월 16일]의 관리비는 열쇠 불출일을 기준으로 부과되며, 입주지정기간 만료 후에는 열쇠불출 및 입주 여부와 상관없이 각 세대에 부과 되오니 양지하시기 바랍니다.

2) 관리비예치금(관련법령:공동주택관리법 제24조)
입주 개시일로부터 입주자등이 최초로 관리비를 납부하시는 시점까지는 40일 내지 50일이 소요되므로 그 기간 동안 단지관리에 필요한 비용을 집행 하기 위하여 관리비예치금을 징수하게 됩니다.(관리비예치금은 매매 시 구분소유자 간에 양도. 양수할 수 있습니다.)

● 평형별 관리비예치금 납부금액

TYPE	20㎡	50㎡	59㎡	73㎡
금 액	80,000원	200,000원	240,000원	290,000원

● 관리비예치금은 현금수납이 불가하오니 입금 후 영수증을 지참 바랍니다.
입금시에는 동, 호수로 입금하여주시기 바랍니다.(예) 101-1101

은행	계좌번호	예금주
우리은행		

[입주자 명부]

4 입주 대비 점검 회의

계약자의 원활한 입주를 위해 시공사와 시행사, 관리사무소가 한자리에 모여서 예상되는 문제점을 파악하고 문제를 해결하고 업무를 조율한다.

이 회의는 입주 지정 기간에 두세 차례 여는데, 마지막 회의에서는 세대 시설물 시공 관계자들을 모두 불러 그들에게서 사용법 등의 시설물 교육도 함께 진행된다.

5 관리비 예치금

입주자 등이 입주 지정일로부터 50~60일 이후에야 내게 되는 최초의 관리비가 관리사무소로 입금되기 전 동안 단지의 제반 관리 업무에 드는 비용(인건비를 포함한 일반관리비, 전기, 수도, 난방, 공기구 비품 구매비 등)을 집행하기 위하여 기간에 발생할 비용을 예상하여 징수하는 제도(「공동주택관리법」 제24조 제1항)이다. 소유자가 부담하며, 주택을 매매할 때 매수인에게 예치금 전액을 상호 정산하게 하거나 상계할 수도 있다.

6   입주 예약하기

입주 예약은 될 수 있는 대로 단지의 온라인 커뮤니티에 입주자가 직접 하도록 요청하는 것이 좋다. 관리사무소에서 전화로 접수하기도 하는데 종종 착오를 일으켜 난감할 때가 있기 때문이다. 가령, 전화로 신청을 받아 놓고 깜빡하고 사이트에 등록을 안 한다든가, 날짜와 시간을 잘못 선택하여 다른 날짜나 다른 시간에 예약하는 수가 있기 때문이다. 필자도 직원의 실수로 인해 벌어진 일을 수습하느라 땀을 뻘뻘 흘린 적이 있다. 하필이면 동 시간대 같은 승강기를 사용하는 입주자들이 있어 중복되었기 때문이다.

[온라인 커뮤니티]

입주는 보통 이삿짐 나르는 시간을 고려하여 오전 10시와 오후 1시 그리고 오후 4시 이렇게 하루에 세 차례 정도 운영한다. 특별한 경우를 고려하여 오후 7시는 예비 시간으로 비워놓되 관리자만 예약할 수 있도록 한다. 그리고 가입 시 등록한 휴대 전화번호를 고유 번호로 인식하게 하여 같은 휴대전화 번호로 중복하여 예약할 수 없도록 한다.

[이사 예약 알림창]

[이사 예약 현황]

이렇게 하면 입주 예약 업무는 깔끔하게 마무리지을 수 있다.

말 나온 김에 단지에서 운영하는 온라인 커뮤니티에 관해 설명하자면, 먼저 관리사무소에서 알리는 공지 사항 게시판이 있는데, 주로 승강기에 게시되는 공고문들이다. 그리고 관리사무소에서 체결했던 각종 계약서를 올려준다. 물론 월별로 관리비 부과 명세서도 올리고, 세대별로 관리비 부과 항목이 자세하게 나오도록 올려준다. 그래서 그런지 우편함에 꽂혀있는 관리비 고지서가 찬밥 신세가 되어 오랫동안 우편함을 지키고 있기도 한다.

아래 그림은 공지 사항, 계약 사항, 관리비 부과 명세서, 세대별 관리비 조회, 하자 접수 게시물을 차례대로 보여주고 있다.

[공지 사항]

[계약 사항]

[관리비 부과 명세서]

세대 관리비 조회

관리비 조회   관리비 등록

검색설정: 2021 ▼ 9 ▼ 101동 ▼ 301호 ▼ 검색 관리비 삭제

* 상단의 검색 옵션을 통하여 세대나 관리비 현황 조회가 가능합니다.

항목	당월고지금액	전월고지금액	증감액	당월평균금액
납기내금액	374,090 원	-	-	-
당월부과액	374,090 원	297,990 원	▲ 76,100 원	311,703 원
납기후 연체료	0 원	0 원	0 원	0 원
미납액	0 원	0 원	0 원	0 원
미납연체료	0 원	0 원	0 원	0 원
일반관리비	164,070 원	167,850 원	▼ 3,780 원	164,070 원
경비비	0 원	0 원	0 원	0 원
청소비	46,860 원	44,130 원	▲ 2,730 원	46,860 원
건물보험료	4,660 원	4,520 원	▲ 140 원	4,660 원

[세대별 관리비 조회]

글번호	제목	상태	글쓴이	등록일	조회수
A1073350	[공용부하자] B동 지하1층 출입구 타일보수 요청 드립니다. [1]	접수대기	hyuck2	2021-10-16	16
A1070171	[공용부하자] B동 엘리베이터 전동 수리요청드립니다. [1]	접수대기	hyuck2	2021-10-13	17
A1069603	[공용부하자] 4번 출입구 유리문 걸림 [1]	접수대기	또가스	2021-10-13	16
A1055661	[공용부하자] 지하3층 주차장 누수 하자보수 진행 상활 공유 요청의 건 [2]	접수대기	1305호	2021-09-28	28
A1052895	[공용부하자] 누수에 관한 책임 302호 [6]	접수대기	지니네집	2021-09-24	39
A1039921	[101동] 3층 유리블럭 공사후 담배 꽁초, 쓰레기 청소는 언제 하시나요? [1]	접수대기	김사장	2021-09-10	33
A1037444	[공용부하자] 주차자단기 번호판 인식 문제 [2]	접수대기	꽃솔	2021-09-08	34
A1035972	[공용부하자] 엘리베이터 점검 요청 [1]	접수대기	경지	2021-09-07	29
A1033682	[공용부하자] 관리사무소 연락처 정비 [1]	접수대기	dsyy	2021-09-04	32
A1023129	[공용부하자] 바퀴가 있습니다!! [3]	접수대기	FIKA	2021-08-25	39

목록 글쓰기

1 2 >

[하자 접수]

7 관리사무소 직원 교육

　신규 관리사무소는 과다한 업무와 명확히 구분되지 않은 부서별 업무 영역으로 인하여 혼란을 일으키기에 십상이다. 따라서 의욕을 가지고 새로운 업무에 적응할 수 있도록 담당자에게 동기를 부여하고, 담당 업무의 중요성을 인식하게 하여 업무 성과를 높여야 한다. 또, 입주민에게 친절한 근무 자세를 확립하고 명확한 임무 부여로 책임감을 고취한다. 이런 직원 교육은 본사 CS팀에서 입주하기 전과 입주 지정 기간이 지난 후 각각 한 차례씩 진행되며, 입주 지정 기간에는 소장의 주관으로 매일 아침 직원 회의를 갖는다. 왜냐하면 그날그날 시설물 인수인계도 다르고 입주자 현황도 달라 전달하고

지시할 사항이 많기 때문이다. 그렇게 두어 달 열심히 일하고 나면 입주 지정 기간이 끝나게 되는데 그 뒤부터는 일주일에 한 차례 진행해도 크게 무리가 없을 것이다.

관리사무소 직원이 입사하게 되면 품에 맞는 근무복을 마련하여 단정하게 입고 근무하게 한다. 아울러 직책과 성명이 표기된 명찰도 가슴에 부착하도록 한다.

입주 초기에는 초도 물품이라 하여 공기구 등 집기·비품 등이 많이 입고되는데, 들어오는 대로 사진을 찍어두었다가 견적서와 함께 품명, 수량, 금액 등이 적힌 물품 검수 조서를 만들어 본사에 보고하여야 한다. 이때 공기구 비품, 관리 소모품, 도서·인쇄물, 사무용품, 시설 자재, 집기 비품, 청소용품 등으로 분류하여 만드는 게 좋다.

견 적 서

공급받는자	견 적 명	공기구비품		사업자등록번호		
	견 적 일 자	2021-05-25	공급자	상 호	주식회사	
	상 호	(귀하)		주 소	경기도 하남시 미사강변동로	
				대 표 자		
				업 종	도소매업	

아래와 같이 견적합니다

견적가(공급가액+세액)	₩	877,800

순번	품명	규격	단위	수량	단가	공급가액	세액	비고
1	전기릴선	30m	EA	1	65,000	65,000	6,500	
2	알미늄사다리	AH.1M/서울알미늄	EA	1	22,000	22,000	2,200	
3	알미늄사다리	AH.2M/서울알미늄	EA	1	55,000	55,000	5,500	
4	전기드릴	16RE	EA	1	110,000	110,000	11,000	
5	충전드릴	14.4V/아임삭	EA	1	135,000	135,000	13,500	
6	디지털 표켓테스터	HIOKI 3244	EA	1	42,000	42,000	4,200	
7	절연저항측정기	1000V 2000㏁	EA	1	35,000	35,000	3,500	
8	클램프메타(후크)	HIOKI 디지털	EA	1	80,000	80,000	8,000	
9	진공청소기	s-401	대	1	254,000	254,000	25,400	
						이하여백		
	합 계					798,000	79,800	

특 이 사 항

견적금액은 견적일로부터 1개월 간 유효합니다.
발주수량 및 납품장소에 따라 가격의 변동이 있을 수 있습니다.
최소 발주 수량은 추후 변동 가능합니다.

담당자		연락처	010-	이메일주소	

[견적서]

공기구비품 검수조서

납품일자	2021. 06. 01.			결재	담당	소장
납품자 상호	주식회사					
결제형태	계좌이체(분납)					
기　타						

품명	규격	단위	수량	단가	금액(VAT포함)	비고
전기릴선	30m	EA	1	65,000	71,500	
알미늄사다리	A.H.1M/서울알미늄	EA	1	22,000	24,200	
알미늄사다리	A.H.2M/서울알미늄	EA	1	55,000	60,500	
전기드릴	16RE	EA	1	110,000	121,000	
충전드릴	14.4V/아임삭	EA	1	135,000	148,500	
디지털 표켓테스터	HIOKI 3244	EA	1	42,000	46,200	
절연저항측정기	1000V 2000㏁	EA	1	35,000	38,500	
클램프메타(후크)	HIOKI 디지털	EA	1	80,000	88,000	
진공청소기	s-401	대	1	254,000	279,400	
					-	-
					-	-
					-	-
					-	-
					-	-
					-	-
					-	-
					-	-
					-	-
					-	-
					-	-
					-	-
					-	-
					798,000	-
합　계						877,800

상기와 같이 물품을 정히 검수하였음.

2021년 06월 10월

검수자 : 조검역　인

[공기구 비품 검수 조서 ①]

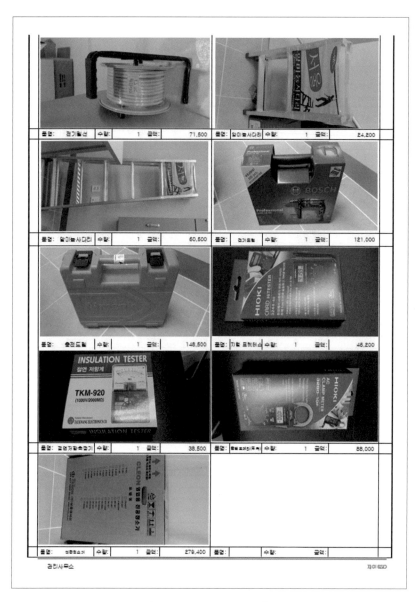

품명:	전기릴선	수량:	1	금액:	71,500	품명:	알미늄사다리	수량:	1	금액:	24,200
품명:	알미늄사다리	수량:	1	금액:	60,500	품명:	전기드릴	수량:	1	금액:	121,000
품명:	충전드릴	수량:	1	금액:	148,500	품명:	지멘 표현터치	수량:	1	금액:	45,200
품명:	절연저항측정기	수량:	1	금액:	38,500	품명:	클램프미터(후크)	수량:	1	금액:	88,000
품명:	해충방충기	수량:	1	금액:	279,400	품명:		수량:		금액:	

관리사무소

자이SSD

[공기구 비품 검수 조서 ②]

8 관리 규약 제정 및 동의서

　관리 규약은 시도 표준 관리 규약에 따르되, 단지 현황, 동수, 세대수 등을 파악하여 적정하게 동별 대표자 선거구 및 동 대표 인원과 임기를 신경 써서 정하고 제본해 둔다. 이때 관리 규약 동의서도 함께 만드는데 입주자용과 관리사무소 보관용으로 나눠 사잇도장까지 찍어 인쇄한다.

관리사무소용

관리규약 동의서

1. 본 관리규약은 구분소유자 및 의결권의 5분의4 동의를 받은날부터 발효한다.
2. 본 규약을 준수할 것을 확약하고, 아래와 같이 서명 날인하여 관리사무소에 제출한다.

관리계약서

건물의 표시 :

　위 표시 재산에 대하여 사업주체에서 시공한 집합건물을 관리함에 사업주체에서 지명한 업무대행자인 자이에스앤디㈜ 대표이사(대리인 관리사무소장)과 입점자간에 다음과 같이 관리계약을 체결한다.

제1조 (위임)
1. 입점자는 집합건물의 공용부분과 입점자의 공동소유인 부대, 복리시설의 관리를 자이에스앤디㈜에게 위임한다.
2. 자이에스앤디㈜는 업무대리인으로서 관리사무소장을 임명하고, 관리사무소에 배치 근무하게 한다.
3. 관리계약기간은 2021년 6월 16일 ~ 2022년 6월 15일까지(1년)으로 한다.

제2조 (관리범위)
1. 집합건물의 공용부분, 입점자의 공동소유인 부대, 복리시설의 유지보수와 안전관리
2. 단지 내의 경비, 청소, 소독, 쓰레기수거 및 환경미화에 관한 사항
3. 입점자의 공동이익을 위하여 필요한 사항
4. 기타 관계법령 등에서 정하는 사항
5. 입점자는 자이에스앤디㈜의 업무대리인이 위 관리업무를 수행하는데 필요한 제반 사항에 대하여 협조하여야 한다.

구조변경 행위 시 서약서

집합건물의 불법구조 변경은 입점자 전체의 안전을 위협하는 행위로써 엄격히 규제되어야 하므로, 불가피하게 변경하여야 할 경우 **건축법 제19조 및 건축법시행령 제14조** 등에 따라 사전 **행위신고 후 허가**를 받아 시행할 것임을 서약합니다.

금지행위	허용행위
-내력벽, 기둥, 바닥슬래브 등 주요구조부 훼손 -비내력벽의 신축 및 위치이동 -돌, 콘크리트 등 중량제를 사용한 바닥높임 -화재예방, 소방시설 설치.유지 및 안전관리에 관한 법제 제10조(피난시설, 방화구획 및 방화시설의 유지 관리)에서 정한 금지행위	-행위신고 후 허가를 득한 행위 -목재마루, 널 등 경량제를 사용한 바닥높임 -화재예방, 소방시설 설치.유지 및 안전관리에 관한 법을 제7조(건축허가 동의 등)에 따른 허용행위

2021. .

입 주 자 : 구의자이르네　　　동　　　호　성　명 ＿＿＿＿＿＿＿(인)

관리사무소장 : 자이에스앤디㈜ 대리인　　관리사무소장 성 명 조 길 수 (인)

[관리 규약 동의서]

9 입주 업무 점검표

구분	내용	확인 사항
인사	근로계약서 작성	체결 여부
	단속직 적용 제외 승인 신청	신청 여부
	신원 보증보험 가입	적정 금액 가입 여부
	4대 보험 피부양자 등록 여부	
	휴일 근로 신청	입주 지정 기간 당직
	직원 게시판 꾸미기	필수 공고 게시
	직원 관련	관리, 시설, 미화 출근부
법적 사항	전기안전관리자	선임 여부
	소방안전관리자	"
	승강기안전관리자	"
	저수조관리자	"
	기계설비유지관리자	"
입주 업무	주차 관리	통제 여부
	인테리어 관리	예치금 현황
	쓰레기 처리	재활용품, 음식물, 일반 쓰레기
	관리 규약 동의서 청구	징수 여부
	입주자 명부	작성 여부
	본사 주간 보고	보고 여부
계약 사항	화재보험 및 영업 배상 책임보험	입주 지정 기간 시작일 기준
	재활용품 수거	계약 여부
	전산 프로그램(XpERP)	"
	사무복합기, 정수기, 방송	"
	전기 직무 고시	"
	소방 시설물 점검	"
	정화조 유지 · 관리	"
	소독 및 저수조 청소	"

물품	공기구	검수 조서 작성 및 본사 보고
	집기 비품	〃
	관리 소모품	〃
	청소용품	〃
	기증 물품	기증 물품 대장 작성
시설물 인수인계	공용부 시설물	진행 여부
	공용부 하자 발췌	〃
	장기 수선 계획서, 안전 관리 계획서	작성 여부
기타	고유 번호증, 사업자등록증 발급	신청 여부
	자동 심장제세동기	설치 여부
	홈페이지	사용 여부
관리비 부과	용역비	계산 여부
	세대 시설물 인수인계서	검침 값 입력 여부
	키 불출 일자	전산 입력 여부
	초기 검침 값	전기, 수도 등
	전기료 할인 신청, TV 수신료	확인

[입주 업무 점검표]

시설물 인수인계

2 시설물 인수인계

앞서 이야기한 것처럼, 입주 단지의 가장 큰 특징 중 하나가 시설물 인수인계이다.

건축물이라는 하드웨어가 만들어지고 그 건축물이 제 기능을 다 할 수 있도록 여러 가지 시설물들을 설비하게 되는데 이것은 소프트웨어에 해당한다고 하겠다. 관리사무소의 업무 중 하나가 단지의 시설물들을 유지·관리하는 것이다 보니, 시설물 인수인계는 매우 중요한 업무라 할 수 있으며, 인수인계 이후에는 모든 책임이 관리사무소장에게 있으므로 더욱 신경을 써야 한다.

주요 시설물 인수인계를 살펴보자.

---

1 자동 제어 시스템(automatic control system)

소정의 조건에 대응해서 자동으로 제어 조작이 행해지는 제어계로 제어한 결과를 목푯값과 비교해서 그 차에 의해 보정 동작을 하는 피드백 제어, 외란[2]의 정보를 알아 그 영향이 제어계에 나타나기 전에 필요한 정정 동작을 하는 피드 포워드 제어, 미리 정해진 조건이나 순서에 따라서 제어의 각 단계를 진행하는 시퀀스 제어 등이 있다.

아파트 및 상가 저수조 감시, 우수조(빗물 저수조) 감시, 소화 수조 감시, 환기 감시, 배수 감시, 열선 감시, 정화조 감시 등 시설물을 한곳에서 자동, 수동, 또는 스케줄링하여 운전할 수 있도록 해주는 시스템이다.

---

2) 외란(外亂, disturbance): 상태를 흐트러뜨리는 외적 작용.

[자동 제어 감시반]

모든 시설은 교육 및 인수인계 후 서명한 확인서를 각각 보관한다.

교육 및 인수인계 확인서	DOCU . NO	2021-0622
	REV . NO	0

현 장 명:

상기 현장의 자동제어 공사에 대한 아래의 교육을 완료 하였음을 확인 합니다.

1. 교육내용

가. 자동제어 시스템 이해
나. 시스템 작동방법
다. 기기 취급 및 진단법
라. 고장 수리 및 진단법

2. 인수인계 목록

가. Touch PC (19")   1 개
나. DDC 및 Panel   1 Sets
다. 사용자 매뉴얼   2 부
라. 프로그램 원본 CD   1 개
마. 프로그램 백업 CD   2 개
바. 락키(Lock-key)   1 개

2021 년 06 월 22 일

작 업 자:

확 인 자:

[교육 및 인수인계 확인서]

2 ABC 분말소화기

단지 공용부에 비치하며, 상가의 경우 분실 또는 도난을 방지하기 위해 입점 시 호실별로 지급한다.

[분말소화기]

3 동파 방지 시설

상·하수도시설, 입상관 등 소화 용수가 흐르는 배관, 조경용·관수용 배관 등이 겨울철에 얼지 않도록 일정 기온 이하로 내려가면 히터가 작동된다. 보통 5℃ 이하일 때 운전되도록 세팅한다.

[동파 방지 컨트롤 패널]

4 급·배기 팬

전기실, 발전기실, 기계실, 저수조실, 지하 주차장, 근린생활시설, 화장실, 관리사무소 등의 환기를 위한 설비로, 전기실 등은 스케줄링을 통하여 운전하며, 지하 주차장은 일산화탄소 농도에 의해 자동으로 운전되도록 세팅할 수 있다. 물론 수동으로 운전도 가능하다. 급·배기 팬과 댐퍼, MCC 패널, 유인 팬으로 구성된다.

[급 · 배기 팬, 댐퍼, MCC 패널, 유인 팬]

5 전열교환기

열교환기 형식의 하나로, 공기조화에서 환기를 실행할 때 실내의 열을 놓치지 않고 그 열을 외부로부터의 급기로 옮겨 실내로 되돌아오게 하는 열교환기이다.

[전열교환기]

6 우수 처리 시설

빗물이라는 자원을 활용하고자 설치한 것으로, 비가 올 때 받아두었다가 화단에 물 주는 용도로 주로 사용한다. 설치 비용 대비 효율에 의문이 있으며, 오랫동안 사용되지 않은 빗물 처리에도 문제가 있을 수 있다.

[우수 처리 시설]

7 정화조

　모인 분뇨를 정화조 내부에서 생화학적 과정을 거쳐 찌꺼기 형태로 침전시키고 그 외의 오수만 하수도를 통해 배출하는 시설이다. 보통 집수조, 부패조, 산화조로 구역이 나누어져 있고 외부는 콘크리트나 강철제 탱크로 이루어져 있으며, 일반적으로 중력에 의해 자동으로 오수가 모일 수 있도록 건물 가장 밑 땅속에 묻혀 있다.

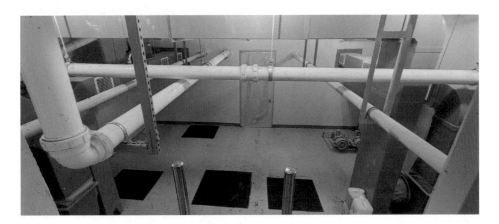

[정화조실 내부 전경]

[정화조 제어반]

8 무인 택배 보관함

택배 이용이 많아졌고, 택배 받을 사람이 집에 없는 경우에 사용하도록 한 설비이다. 세대별로 임시 비밀번호를 부여하고 있으니 입주 시 사용설명서 배부와 함께 반드시 비밀번호를 변경하여 사용할 것을 권하도록 한다.

[무인 택배 보관 시스템]

9 승강기(예비품 및 정비용 공구 포함)

승강기(엘리베이터)는 고층 건물 따위에서, 동력을 이용하여 사람이나 짐을 아래위로 실어나르는 장치로 승객용, 화물용, 승객 화물용, 소방 구조용(비상용)이 있다. 시공 업체에서는 보통 입주 지정 기간 전에 이삿짐 운반으로 인하여 몸체가 손상되지 않도록 보양을 해둔다.

[상가용 승강기]

[입주자용 승강기]

에스컬레이터(escalator)는 동력으로 회전하는 계단을 움직여 사람을 아래위 층으로 운반하는 장치인데 상가가 있는 경우 대부분 설치한다. 사고 예방을 위해 게시물 부착과 함께 안전 홍보판 설치 등 특별히 신경 써야 한다.

[에스컬레이터 안전 수칙 안내문]

11 무선통신 보조 설비

전파 송·수신에 장애가 발생할 수 있는 지하 시설이나 고층 건축물에 재난이 발생했을 때 소방대의 무선통신을 원활하게 해주는 설비로 효율적인 현장 활동을 위해 설치하는 소화 활동 설비다.

[무선통신 보조 설비]

12 승강기 감시반 시스템

단지에 설치된 에스컬레이터나 엘리베이터의 현재 운행 상태를 CRT(음극선관) 화면에 표시해주는 시스템이다. 가령, 1호기 승강기가 현재 5층에서 대기 중이라거나, 10층을 올라가는 중이거나, 7층을 내려가는 중으로 실시간으로 그림으로 표시해주어 승강기의 운행 상태를 한눈에 파악하도록 해준다. 고장 시에는 알림창으로 표시하여 정상적으로 운전되지 않고 있다는 메시지를 주어 방재실에서 쉽게 알 수 있도록 해준다.

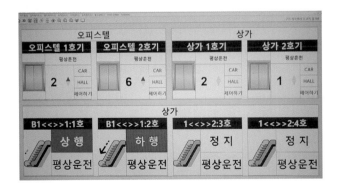

[승강기 감시반 시스템]

13   수변전설비(정비용 공구 포함)

몰드 변압기, 고장 구간 자동 개폐기(ASS, Automatic Selection Switch), 계기용 변성기 (MOF, Metering Out Fit), 방출형 폴리머 파워 퓨즈(PF, Power Fuse), 변압기(T.R., transformer), 기 중차단기(ACB, Air Circuit Breaker), 자동 전환 스위치(ATS, Auto Transfer Switches), 서지 보호 기(SPD, Surge Protector), 폴리머 피뢰기 등이 큐비클 안에 가지런하게 설비되어 있다. 매 우 위험한 설비이니 함부로 만지거나 조작하지 말아야 한다.

[수변전설비 및 분전반의 앞면과 뒷면]

14   수변전설비 시험 성적서

수변전실에 설치된 각종 부속 설비의 적합 여부를 시험하는 것이다. 제조사의 시험 과 한국전기안전공사의 시험으로 합격 여부를 판단한다.

이 서류는 시공사로부터 받아서 보관한다.

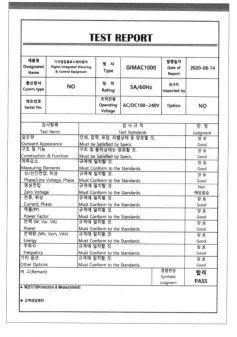

[수변전설비 시험 성적서 ②]

15 비상 발전기(standby generator)

상용 전원의 공급 중단 시에 대체 전력으로 공급하는 비상 전원(예비 전원)으로서, 이를 위한 발전기를 비상 발전기라 한다.

비상 발전기는 건축물의 전체 부하를 모두 감당하기에는 용량이 너무 커서 비경제적이므로, 전체 부하 중 약 30% 정도의 중요한 부하를 담당할 수 있도록 한다. 무부하 운전하는 방법을 알아두도록 하자.

 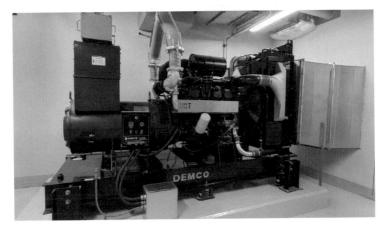

[비상 발전기]

16 펌프(pump)

외부에서 동력을 얻어 액체를 낮은 곳에서 높은 곳으로 이동시키거나 액압을 저압에서 고압으로 가압하는 기계로, 소화 주 펌프, 소화 예비 펌프, 소화 충압 펌프, 저수조 부스터 펌프, 빗물 저수조 배수 펌프, 기타 배수 펌프 등이 설치되어 있다.

[각종 펌프]

17 　CCTV(폐쇄회로 텔레비전, closed circuit television)

　단지의 방범 및 화재 예방, 시설물 안전 관리를 위해 주차장, 승강장 등 단지 내 주요 시설물에 설치한다. CCTV가 24시간 촬영되고 있다는 안내문도 곳곳에 붙여둔다.

[CCTV 및 통제 시스템]

18 　가스 소화 설비(gas fire suppression system)

　수변전설비의 화재 시 불을 끄기 위한 설비로서, 수변전설비의 특성상 가스를 이용해 소화하기 위한 설비이다. 절대 아무나 조작해서는 안 된다는 문구를 적어 붙여두자.

[가스 소화 설비]

19 시스템 에어컨(system air conditioner)

　실외기 한 대에 실내기를 여러 대 연결하여 건물의 형태와 각 방의 특성에 맞게 최적 설계하여 실내외 공간을 효과적으로 활용할 수 있는 차세대 공조 시스템으로, 학교, 관공서, 병원, 상가, 오피스텔, 아파트, 쇼핑몰, 사무실, 공장 따위에 설치한다. 에어컨 실외기[3]와 에어컨 바람막이[4]로 구분한다. 시스템 에어컨을 제어하는 컴퓨터가 따로 설치되어 있으니 전기 사용량 검침하는 방법, 난방 및 냉방 전환하는 방법 등을 익혀두자.

[에어컨 실외기 및 바람막이]

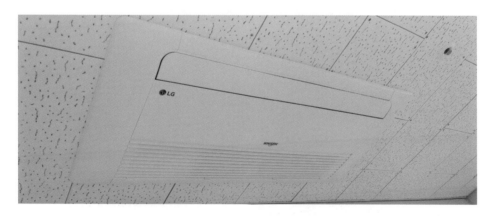

[시스템 에어컨]

---

3) 에어컨 실외기: 에어컨이 작동할 때 생기는 뜨거운 바람을 실외로 빼내는 기능을 하는 장치이다.
4) 에어컨 바람막이: 에어컨 실외기의 바람이 나오는 부분에 설치하여 바람의 방향을 조절하는 장치이다.

[시스템 에어컨 제어 시스템]

20 **도시가스 설비**

상가의 영업 활동을 위해 필요한 호실의 도시가스를 공급하기 위해 설치한 설비이다.

[도시가스 설비 시설]

21 구내 방송 시스템

단지 전체 또는 일부를 선택하여 방송할 때 사용하는 장비이며, 화재 시 연동되어
작동한다. 컴퓨터로 방송하거나 수동작으로 방송하는 방법을 함께 익혀두자.

[구내 방송 시스템 및 장비]

22 주차 관제 시스템

외부인의 무단주차를 막고, 단지 내 원활한 주차 관리를 위하여 설치한다. 주상복합
건물의 경우, 아파트 입주민 전용 주차장과 상가 전용 주차장이 구분되는 경계에도 설치하
여 다툼의 여지를 없앤다.

[주차 관제 시스템]

23 화재 수신반

    방재실에 설치하여 불이 났을 때 방재 요원에게 즉각 알려주는 시스템으로, 화재 위치 및 기구 등을 표시해준다. 매우 중요한 시설이니 조작 방법을 꼭 익혀두자.

[화재 수신반]

24 홈 네트워크 시스템(home network system)

가정에서의 다양한 전자·전기 등 정보 장치들 사이에 네트워크를 구축하는 것으로 가정에서의 가전 기기들이 유·무선 네트워크를 통해 상호 통신이 가능하고, 외부에서는 인터넷을 통해 상호 접속이 가능한 환경으로 가정 안의 가전 기기를 통제하는 시스템이다.

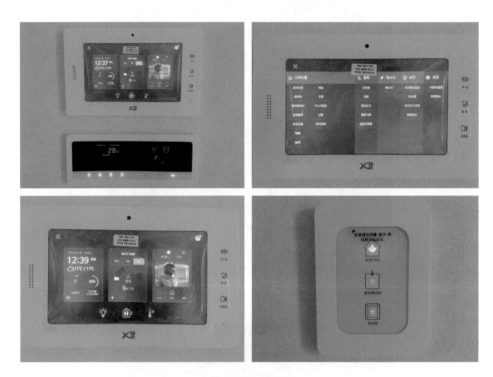

[홈 네트워크 시스템]

25 비상벨 시스템

주차장 및 장애인 화장실에서 비상시 눌러 관리사무소의 방재 인력을 호출할 수 있도록 한 설비이다.

[비상벨 시스템]

전기, 냉·난방, 수도, 가스, 온수, 난방수 등의 세대별 사용량을 실시간으로 검침해 주는 시스템이다. 매달 또는 수시로 작업해야 하므로 사용법에 대해 잘 익혀두자.

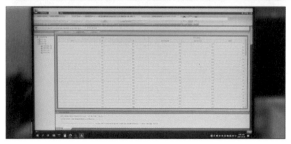

[원격검침 시스템]

27 태양광발전 설비

탄소 배출을 줄이기 위해 신재생 에너지 중 하나인 태양광발전 설비를 단지마다 설치하도록 하고 있는데, 거기에 따른 설비이다.

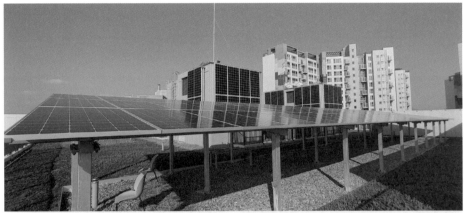

[태양광발전 설비 시스템]

공기나 기타 유체가 흐르는 통로 및 구조물로 공기가 흐를 때는 풍도(風道)라고도 한다. 단면이 직사각형이나 원형으로 된 것이 많이 사용되지만 때로는 타원형으로 된 것도 있다. 덕트 속을 흐르는 공기 온도가 그 주위의 온도와 차이가 있으므로 일어나는 열의 이동을 막고자 할 때는 덕트의 둘레에 단열재 등을 감기도 한다. 보통은 아연 철판제가 많이 쓰이지만 때로는 염화비닐 또는 유리섬유도 사용된다.

[덕트]

29 급수 설비

필요한 물을 공급하는 설비로 수도법에서는 수도사업자가 일반 수요자에게 원수(原水)나 정수를 공급하기 위하여 설치한 배수관으로부터 분기하여 설치된 급수관, 계량기, 저수조, 수도꼭지, 그 밖에 급수를 위하여 필요한 기구로 정의하고 있다. 최저 및 최고 수위를 세팅하는 방법을 익혀두자.

[급수 설비]

건축, 구조, 기계 설비, 소방 설비, 전기, 전기·소방, 조경, 토목, 통신 등의 준공도면을 제본하여 2부 받아 놓는다. 아울러 휴대용 저장 장치에 파일로도 받아두면 요긴하게 사용된다.

[공사 종목별 준공도면]

31 이행(하자) 보증보험 증권

　시공사에서 하자 처리를 해주지 못할 경우를 대비하여 시공사에서 가입하는 보험이다. 공종별로 하자 책임 담보 기간이 다른데 2년짜리를 예로 든다면, 주계약의 계약금액이 ₩3,216,154,900원일 경우 보험 가입 금액은 주계약 금액의 3%로 ₩96,485,000원이 되고, 그 금액에 대한 보험료는 ₩787,310원이 된다. 또, 특기사항으로 입주자대표회의 또는 관리단이 구성되는 경우 동 입주자대표회의 또는 동 관리단으로 피보험자의 권리가 자동 승계된다는 문구가 명기되어, 추후 구성될 단지의 대표 기구가 권리를 행사하는 데 아무런 문제가 없게 되어 있다.

[이행(하자) 보증보험 증권]

수돗물을 다량으로 비축해 두는 탱크이다. 지하에 매설하는 것과 옥상에 설치하는 것으로 나뉘지만, 현재는 건물에 미치는 영향 등을 고려하여 옥상 고가수조를 설치하지 않는다. 집합주택이나 병원, 학교 등 물을 다량으로 쓰는 곳에 설치한다. 최근 수조 안의 오염이 문제가 되고 있다.

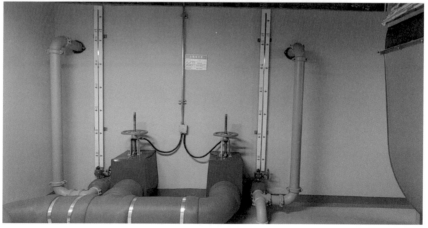

[저수조(물탱크) 및 제어 시스템]

33 피트니스 센터(fitness center)

입주민의 신체를 단련하거나 건강을 유지하기 위하여 각종 운동 기구를 갖추어 놓은 장소로 무상 또는 유상으로 운영된다.

[피트니스 센터 내부]

입주 시 원패스(마스터) 키와 공동 현관 출입 키 등을 불출하는데, 세대에서 분실하거나 추가 구매 시 등록 방법을 알아두자.

[원패스 키]

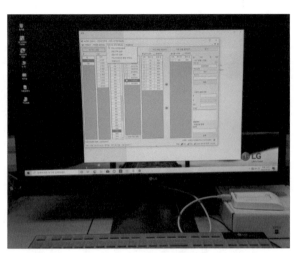

[원패스 키 등록 시스템 ①]

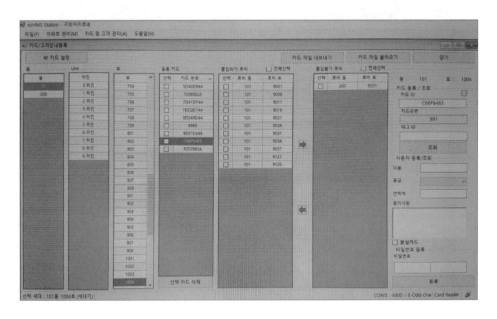

[원패스 키 등록 시스템 ②]

Memo

3

수선유지비와
하자 발췌

3 수선유지비와 하자 발췌

1 수선유지비 설정

수선유지비 설정 비용

■ 사용 검사일: 2021. 6. 8.   V.A.T. 별도

순서	내용	비용		사용 전 검사일	주기	비고
		공동 주택	판매 시설			
1	저수조 청소	800,000원	400,000원	2021. 5. 10.	2회/년	연간 금액
2	소방시설 작동 기능 점검	1,400,000원	600,000원	2021. 5. 26.	1회/년	2022년 12월
3	소방시설 종합 정밀 점검	1,400,000원	600,000원	2021. 5. 26.	1회/년	2022년 06월
4	승강기 정기 점검	308,660원	666,160원	2021. 4. 20.	1회/년	VAT 포함
5	전기 정기 검사	825,880원	–	2021. 1. 6.	1회/3년	
		–	1,090,210원	2021. 1. 6.	1회/2년	30% 할증 (야간 검사)
		181,060원	174,460원	2021. 3. 18.	1회/4년	태양광발전
6	정화조 청소	742,970원	921,970원	2021. 6. 8.	1회/년	
7	전기 직무 고시	1,500,000원	1,000,000원	2021. 6. 8.	4회/년	연간 금액
합 계		7,158,570원	5,452,800원			

* 1, 4, 5, 6번을 제외한 항목은 업체에 전화하여 구두로 현재 비용을 적용한 것.
* '건축물 정기 점검'은 해당 없음.

수선유지비를 설정하는 것은 입주 초기부터 입주자에게 공정하게 비용을 부과하여 그 받은 비용을 일정 기간 모아놓았다가, 주기적으로 해야 하는 법정 검사 등에 사용하기 위함이다.

예를 들어, 저수조 청소는 6개월에 한 번씩 해야 하므로 공동 주택의 경우 연간 금액이 800,000원이니 한 번 하는 데는 400,000원이 들어갈 것이다. 이 400,000원을 6으로 나누면 한 달에 부과되는 금액이 66,660원이고, 이를 다시 총면적으로 나누어 세대에 해당하는 면적을 곱하면 그 세대가 부담해야 할 저수조 청소 비용이 산출되게 된다.

마찬가지로 소방시설 작동 기능 점검, 소방시설 종합 정밀 점검, 승강기 정기 점검, 전기 정기 검사, 정화조 청소, 전기 직무 고시 등도 미리 수선유지비를 조사하여 전산 프로그램에 세팅할 수 있도록 한다. 또, 여기에 없는 보험료와 건축물 정기 점검 등도 있으니 빠짐없이 조사하도록 한다.

2 하자 발췌하여 공문 보내기

입주 단지에 근무해보신 분이라면 아시겠지만, 새 건물이라 모든 게 다 정상적으로 잘 되어있을 것 같지만, 현실과는 다소 동떨어진 얘기라는 것을 격하게 공감할 것이다. 시공사의 도급 순위와는 무관하게 말이다. 따라서 관리사무소장의 중요한 업무 중 하나가 하자를 발췌하여 시공사에 공문을 보내서 하자를 이른 시일 내에 처리해달라고 요청하는 것인데, 여기서 명심해야 할 것은 하자를 본인이 판단할 필요가 없다는 것이다. 그러니 좀 이상하다 싶으면 모두 발췌하여 처리해달라고 요청하면 된다. 왜냐하면 하자는 시공사에서 판단해서 처리 여부를 결정할 문제이기 때문이다.

요즘엔 휴대전화 앱이 잘 개발되어 있어서 하자를 발췌하여 수집하는 데 편리함을 주고 있다. 필자는 '동산 보드판'이라는 앱을 요긴하게 사용하고 있다. 동산 보드판을 실행하여 카메라 선택한 후 하자 부분을 촬영하고 내용을 입력하면 된다. 입력할 내용으로는 단지, 공종, 위치, 내용, 일자인데 일자는 휴대전화 세팅 값이 자동으로 입력된다.

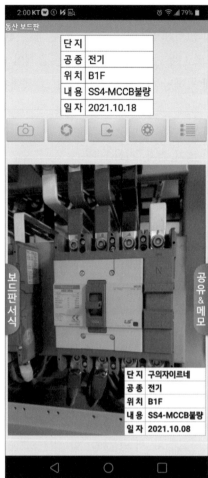

[동산 보드판 실행 화면]

이렇게 하자를 발췌한 후 저장된 사진 폴더를 볼 수 있다.

[사진 폴더]

아래는 저장된 사진들의 예이다.

단 지	
공 종	전기
위 치	B1F
내 용	SS4-MCCB불량
일 자	2021.10.08

단 지	
공 종	누수
위 치	B3F
내 용	주차장 천장
일 자	2021.09.03

단 지	
공 종	조경
위 치	1층 서문앞
내 용	화단 땅꺼짐
일 자	2021.09.01

단 지	
공 종	누수
위 치	2F
내 용	창틀누수
일 자	2021.07.19

[사진]

아래의 별표 4는 「공동주택관리법 시행령」에 따른 것으로, 시공사별 담보 책임 기간을 정해놓은 것이니 하자 발췌할 때 이 표를 참조하면 된다.

■ 「공동주택관리법 시행령」 별표 4

시설 공사별 담보 책임 기간(제36조 제1항 제2호 관련)

구분		기간
시설 공사	세부 공종	
1. 마감공사	가. 미장공사 나. 수장공사 다. 도장공사 라. 도배공사 마. 타일공사 바. 석공사(건물 내부 공사) 사. 옥내가구공사 아. 주방기구공사 자. 가전제품	2년
2. 옥외 급수 · 위생 관련 공사	가. 공동구공사 나. 저수조(물탱크)공사 다. 옥외 위생(정화조) 관련 공사 라. 옥외 급수 관련 공사	3년
3. 난방 · 냉방 · 환기, 공기조화 설비공사	가. 열원기기설비공사 나. 공기조화기기설비공사 다. 닥트설비공사 라. 배관설비공사 마. 보온공사 바. 자동제어설비공사 사. 온돌공사(세대 매립 배관 포함) 아. 냉방설비공사	
4. 급 · 배수 및 위생 설비공사	가. 급수설비공사 나. 온수공급설비공사 다. 배수 · 통기설비공사 라. 위생기구설비공사 마. 철 및 보온 공사 바. 특수설비공사	

5. 가스설비공사	가. 가스설비공사 나. 가스저장시설공사
6. 목공사	가. 구조체 또는 바탕재 공사 나. 수장목공사
7. 창호공사	가. 창문틀 및 문짝 공사 나. 창호철물공사 다. 창호유리공사 라. 커튼월공사
8. 조경공사	가. 식재공사 나. 조경시설물공사 다. 관수 및 배수 공사 라. 조경포장공사 마. 조경부대시설공사 바. 잔디심기공사 사. 조형물공사
9. 전기 및 전력 설비 공사	가. 배관·배선공사 나. 피뢰침공사 다. 동력설비공사 라. 수변전설비공사 마. 수배전공사 바. 전기기기공사 사. 발전설비공사 아. 승강기설비공사 자. 인양기설비공사 차. 조명설비공사
10. 신재생 에너지 설비공사	가. 태양열설비공사 나. 태양광설비공사 다. 지열설비공사 라. 풍력설비공사
11. 정보통신공사	가. 통신·신호설비공사 나. TV공청설비공사 다. 감시제어설비공사 라. 가정자동화설비공사 마. 정보통신설비공사
12. 지능형 홈네트워크 설비공사	가. 홈네트워크망공사 나. 홈네트워크기기공사 다. 단지공용시스템공사

13. 소방시설공사	가. 소화설비공사 나. 제연설비공사 다. 방재설비공사 라. 자동화재탐지설비공사	
14. 단열공사	벽체, 천장 및 바닥의 단열공사	
15. 잡공사	가. 옥내설비공사(우편함, 무인택배시스템 등) 나. 옥외설비공사(담장, 울타리, 안내 시설물 등), 　　금속공사	
16. 대지조성공사	가. 토공사 나. 석축공사 다. 옹벽공사(토목 옹벽) 라. 배수공사 마. 포장공사	
17. 철근콘크리트공사	가. 일반철근콘크리트공사 나. 특수콘크리트공사 다. 프리캐스트콘크리트공사 라. 옹벽공사(건축 옹벽) 마. 콘크리트공사	5년
18. 철골공사	가. 일반철골공사 나. 철골부대공사 다. 경량철골공사	
19. 조적공사	가. 일반벽돌공사 나. 점토벽돌공사 다. 블록공사 라. 석공사(건물 외부 공사)	
20. 지붕공사	가. 지붕공사 나. 홈통 및 우수관 공사	
21. 방수공사	방수공사	

*비고: 기초공사 · 지정공사 등 「집합건물의 소유 및 관리에 관한 법률」 제9조의 제1항 제1호에 따른 지반공사의 경우 담보 책임 기간은 10년

　그리고 이렇게 만들어진 하자 발췌 사진 목록들을 공문서로 작성하여 내용증명우편으로 발송하면 일차적으로 관리사무소장이 할 일은 모두 한 것이다.

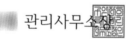

관리사무소

우 04977

문서번호 : 구자 2021
시행일자 : 2021. 10. 08.
발   신 : 서울특별시
수   신 : 서울특별시
참   조 :

제   목 : 상가휴게실 원상복구 및 기타 하자보수 요청의 건

1. 귀사의 무궁한 발전을 기원합니다.

2. 그동안 현장사무실로 사용하였던 2층 상가휴게실을 입주민이 사용할 수 있도록 원상 복구해 주시기 바랍니다.

3. 그동안 입주지원센터로 사용하였던 3층 휘트니스 센터를 입주민이 사용할 수 있도록 원상 복구해 주시기 바랍니다.

4. 지하 3층 소화전 앞에 설치된 경차 전용 주차면은 소방활동에 지장을 줄 수 있으니 없애주시기를 바랍니다.

5. 지하 2층 주차장 벽면에는 우천 시 물이 빠지지 않아 주차장으로 넘쳐 들어오고 있으니 조치해 주시기 바랍니다.

6. 1층에 조성된 조경수가 말라 죽어 미관상 보기 싫다는 민원이 많고, 식재가 덜 된 곳, 빗물에 무너진 곳 등 하자보수를 요청합니다.

7. 폭우 시 긴급하게 사용되어야 할 물막이판이 거치대가 없어 효율적인 사용이 불가합니다. 1층 출입구 쪽에 설치를 요청합니다.

8. 지하 2층 주차장 천장 누수가 발생하고 있습니다.

9. 위의 내용은 이미 하자보수요청을 하였지만, 아직 보수가 완료되지 않아 다시 요청하오니, 이른 시일 내에 처리하여 주시기 바랍니다.

※ 붙임 : 사진 1부. 끝.

관리사무소장

- 1 -

[원상복구 및 하자보수 요청서]

Memo

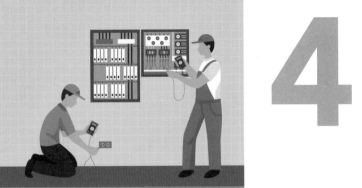

4

분리 검침하기

4 분리 검침하기

입주 단지에서의 검침은 입주를 모두 마친 단지와는 사뭇 다르다. 왜냐하면, 아직 입주하지 않은 세대는 관리비를 시행사에서 부담하기 때문이다. 따라서 검침은 하되, XpERP에 검침 값을 등록할 때는 [분리 검침]이라는 게시판에 올려야 한다.

가끔 '아직 입주하지도 않았는데 전기를 사용한 것이 있느냐?'고 묻기도 하는데, 답은 'YES'이다. 왜냐하면, 시공사에서 전기기기들을 설치한 다음 잘 되는지를 알아보기 위해 기기를 시험 운전하기 때문이다. 따라서 입주 지정 기간에 구분소유자가 특정 기간에 키 불출을 한다면 그때 검침한 값의 이전 사용분에 대한 요금은 시행사에서 모두 부담하게 되는 것이다. 그러니 키 불출일이 매우 중요한 의미가 있다. 여기서는 전기, 수도, 가스, 온수, 난방 등을 대표해 전기 검침에 대해 알아보기로 하자.

일단, 원격검침 프로그램으로 일정 기간, 여기서는 전기 사용량을 2021년 6월 22일 00시 00분부터 2021년 7월 21일 24시 00분까지 한 달 동안의 전기 사용량을 조회해 보자(47쪽 그림 [검침 날짜 선택] 참고).

다음은 조회된 데이터이다.

주소			전기 [kWh]		
단지	동	호	2021062200	2021072124	사용량
	101	301	244	320	76
	101	302	264	584	320
	101	303	260	658	398
	101	304	283	632	349
	101	305	96	119	21
	101	306	358	684	326
	101	307	226	280	54
	101	308	236	505	269
	101	309	231	305	74
	101	401	258	338	80
	101	402	274	388	114
	101	403	228	306	78
	101	404	332	419	87
	101	405	88	108	20
	101	406	305	490	185
	101	407	231	618	387
	101	408	187	245	58
	101	409	229	303	74

[그룹별-기간별 검색]

아래 엑셀 파일로 저장된 원시 데이터를 보자. 301호는 244kWh에서 321kWh가 검침되었으니 그 차이인 76kWh(소수점 첫째 자리에서 반올림)를 한 달 동안 사용하였고, 아래 다른 호실도 검침된 데이터로 계산한 값들이다.

	A	B	C	D	E	F
1	전체					
2	주소			전기 [kWh]		
3	단지	동	호	2021062200	2021072124	사용량
4		101	301	244	321	76
5		101	302	264	584	320
6		101	303	260	659	398
7		101	304	284	633	349
8		101	305	98	119	21
9		101	306	358	684	326
10		101	307	227	280	54
11		101	308	236	506	269
12		101	309	232	305	74
13		101	401	258	338	80
14		101	402	274	389	115
15		101	403	228	307	79
16		101	404	332	419	87
17		101	405	88	108	20
18		101	406	306	491	185
19		101	407	231	618	387
20		101	408	187	245	58
21		101	409	230	303	74

[엑셀 파일로 저장된 원시 검침 값]

자, 지금부터가 분리 검침의 중요 포인트이다. 그림의 왼쪽부터 보자면, A 열은 동을, B 열은 호수를 나타낸다. C 열은 입주자의 전월 검침 값, D 열은 입주자의 이달 검침 값, E 열은 입주자의 사용량이다. H 열은 시행사의 전월 검침 값, I 열은 시행사의 이달 검침 값, J 열은 시행사의 사용량이다. 숫자들을 좀 더 자세히 들여다보면, 301호는 244kWh에서 321kWh가 검침 되어 76kWh를 한 달 동안 사용하였지만, 입주자란은 텅 비어있고 시행자 쪽에 입력되어 있다. 이는 301호 구분소유자는 아직 입주하지 않았다는 뜻이다. 즉, 검침 값 최종일인 7월 21일까지는 입주하지 않았다는 얘기다.

아래 그림 두 개를 비교해서 살펴보자.

첫 번째 그림은 차례대로 키 불출일에 검침한 전기 검침 값을 고려하여 XpERP에 등록하기 위해 만든 자료이고, 그 아래 그림은 그렇게 만들어진 자료를 올려 전기요금을 계산한 것이다.

	A	B	C	D	E	F	G	H	I	J
1	1	301			-			244	321	76
2	1	302	264	584	320					-
3	1	303	260	659	398					-
4	1	304	314	633	319			284	314	30
5	1	305			-			98	119	21
6	1	306	358	684	326					-
7	1	307			-			227	280	54
8	1	308	236	506	269					-
9	1	309			-			232	305	74
10	1	401	267	338	71			258	267	9
11	1	402	312	389	77			274	312	38
12	1	403			-			228	307	79
13	1	404	398	419	21			332	398	66
14	1	405			.			88	108	20
15	1	406	323	491	168			306	323	17
16	1	407	267	618	351			231	267	36
17	1	408			-			187	245	58
18	1	409			-			230	303	74

[편집된 검침 값]

[XpERP에서 계산된 요금]

301호 입주일은 2021년 8월 8일임을 알 수 있다.

이번엔 302호를 살펴보자. 위 그림에서 302호는 264kWh에서 584kWh가 검침 되어 320kWh를 한 달 동안 사용하였지만, 시행사 쪽은 텅 비어있고 입주자란에 입력되어 있다. 이는 302호 구분소유자는 이미 입주를 끝냈다는 뜻이다. 즉, 검침 값 시기인 6월 22일 이전에 입주했다는 얘기가 된다. 302호 입주일은 2021년 06월 16일임을 알 수 있다.

그렇다면 이번엔 304호를 살펴보자. 위 그림에서 304호는 284kWh에서 633kWh가 검침되어 349kWh를 한 달 동안 사용하였는데, 입주자란과 시행사 쪽이 모두 입력되어 있다. 이는 304호 구분소유자는 검침 기간에 입주했다는 뜻이다. 즉, 검침이 6월 22일부터 7월 21일까지이니 그 안에 입주했다는 얘기가 된다. 304호 입주일은 2021년 07월 01일임을 알 수 있다.

여기서 한 가지 더, 304호의 사용량 349kWh는 누가 얼마씩 사용했는지가 궁금할 텐데, 그것은 키 불출일에 구분소유자와 함께 검침한 전기 검침 값을 기준으로 하면 된다. 여기서 알 수 있는 것은 6월 22일에 284kWh, 7월 01에 314kWh, 7월 21일에 633kWh 가 각각 검침되었다는 것을 의미한다. 그러므로 304호 구분소유자가 입주하기 전인 7월 01일 이전까지의 전기요금은 시행사에서 부담하고, 키를 불출한 7월 01일부터는 세대에서 부담하면 되는 것이다.

다음 그림은 한전에서 전기요금을 계산하여 보내온 것이다. 찬찬히 훑어보면 XpERP에서 계산한 전기요금과 한전의 전기요금이 정확하게 일치함을 알 수 있다.

[종합아파트 세대별 요금내역]
고객번호 : 0157239831   기준월 : 2021년07월

동	호	위치동호명	가구수	계약종별	요금적용전력	사용량	기본요금	전력량요금	기후환경요금	연료비조정액	필수사용공제	할인구분	감액요금	단수	전기요금	부가세	전력기금	당월소계	TV수신료	청구금액
0	1	공용분	1	221	59	11783	423030	1306734	62449	-35349	0		0	0	2E+06	175686	65000	1997550	0	1997550
1	301	1동 301호	1	100	3	76	910	6710	402	-228	-2600		0	3	5194	519	190	5900	2500	8400
1	302	1동 302호	1	100	3	320	1600	32986	1696	-960	0		0	4	35322	3532	1300	40150	2500	42650
1	303	1동 303호	1	100	3	398	1600	47252	2109	-1194	0		0	4	49767	4977	1840	56580	2500	59080
1	304	1동 304호	1	100	3	349	1600	38290	1849	-1047	0		0	1	40692	4069	1500	46260	2500	48760
1	305	1동 305호	1	100	3	21	910	1854	111	-63	-1812		0	0	1000	100	30	1130	0	1130
1	306	1동 306호	1	100	3	326	1600	34083	1727	-978	0	E	-10930	2	25502	2550	940	28990	2500	31490
1	307	1동 307호	1	100	3	54	910	4768	286	-162	-2600		0	2	3202	320	110	3630	2500	6130
1	308	1동 308호	1	100	3	269	1117	25739	1425	-807	0	E	-5301	0	22173	2217	820	25210	2500	27710
1	309	1동 309호	1	100	3	74	910	6534	392	-222	-2600		0	5	5014	501	180	5690	2500	8190
1	401	1동 401호	1	100	3	80	910	7064	424	-240	-2600		0	4	5558	556	200	6310	2500	8810
1	402	1동 402호	1	100	3	115	910	10154	609	-345	-2600		0	1	8728	873	320	9920	2500	12420
1	403	1동 403호	1	100	3	79	910	6975	418	-237	-2600		0	3	5466	547	200	6210	2500	8710
1	404	1동 404호	1	100	3	87	910	7682	461	-261	-2600		0	2	6192	619	220	7030	2500	9530
1	405	1동 405호	1	100	3	20	910	1766	106	-60	-1722		0	0	1000	100	30	1130	0	1130
1	406	1동 406호	1	100	3	185	910	16335	980	-555	-2600		0	7	15070	1507	550	17120	2500	19620
1	407	1동 407호	1	100	3	387	1600	45240	2051	-1161	0	E	-9433	7	38297	3830	1410	43530	2500	46030
1	408	1동 408호	1	100	3	58	910	5121	307	-174	-2600		0	0	3564	356	130	4050	2500	6550
1	409	1동 409호	1	100	3	74	910	6534	392	-222	-2600		0	5	5014	501	180	5690	2500	8190

[한전 요금]

덧붙이자면, 분리 검침은 입주자와 시행사의 전기 사용량을 분리해서 계산한다는 의미이다. 따라서 언제 입주했는지를 파악한 다음, 총사용량을 입주자와 시행사로 나누어주면 된다.

Memo

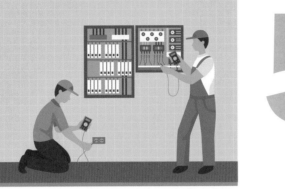

5

민원을 잠재우는
말과 몸짓

5 민원을 잠재우는 말과 몸짓

현장에서는 보통 CS라는 말은 많이 쓰는데, CS는 고객 서비스(Customer Service)의 약자이다. 관리사무소의 주 고객이라 하면 아파트와 상가 입주민과 각종 용역업체 직원 또는 외부 방문객으로 나눌 수 있겠다. 그분들에게 어떻게 하면 좀 더 나은 양질의 서비스를 제공할지 항상 고민하게 되는데 여기에서 그런 내용을 다뤄보기로 하자.

1 관리사무소 방문 고객맞이 순서

① 자리에서 일어나 고객과 눈을 맞춰 첫인사를 합니다.

자리에서 일어서며 "안녕하십니까, 무엇을 도와드릴까요?"라고 인사합니다. 자리에 앉아서 응대할 경우, 아래에서 위로 째려본다는 느낌이 들 수 있습니다. 고객과 눈높이를 맞춰서 인사합니다.

② 문의 내용 파악 및 재확인을 합니다.

"○○○건으로 문의하신 것 맞으시죠? 확인 도와드리겠습니다."라고 문의 내용을 재확인하여 잘못된 안내를 방지합니다.

③ 처리 방법 및 결과를 설명합니다.

처리 방법에 관해 설명하고 즉시 처리가 어려운 경우에는 언제까지 어떻게 처리가되는지 설명합니다.

④ 추가 문의 사항을 확인합니다.

"더 궁금하신 사항 있으신가요?"라고 추가 문의 사항을 확인하여 입주민의 재방문을 최소화합니다.

⑤ 끝인사를 합니다.

"감사합니다", "좋은 하루 보내세요" 등의 끝인사를 합니다. 끝인사도 고객과 눈을 맞출 수 있도록 자리에서 일어서서 인사합니다.

【인사의 종류】

1. 묵례: 상체를 15도 정도 기울이는 인사입니다. 조용한 장소에서 만나거나 화장실에서 눈이 마주쳤을 때 미소를 지으며 인사말 없이 가볍게 인사합니다.

2. 보통례: 상체를 30도 정도 기울이는 인사입니다. 일상생활에서 가장 많이 하는 인사로 고객을 만나거나 헤어질 때 하는 정식 인사입니다.

3. 정중례: 상체를 45도 정도 깊숙하게 숙이는 인사입니다. 공식 석상에서 처음 인사할 때, 사고나 사죄의 뜻을 전할 때, 예를 갖추어 부탁할 때, 고객에게 진정한 감사의 마음을 전할 때 정중례로 인사합니다.

*묵례의 '묵'은 '묵묵할 묵(黙)'으로 소리 없이 하는 인사를 말합니다.
*목례의 '목'은 '눈 목(目)'으로 눈인사를 뜻하며 좁은 장소에서 목례를 합니다.

2 **메라비언의 법칙**(The Law of Mehrabian)

상대방에 대한 인상이나 호감을 결정하는 데는 말하는 내용이 7%, 목소리가 38%, 보디랭귀지와 같은 시각적인 이미지가 55%의 영향을 미친다는 이론이다. 한마디로 말해 '행동의 소리가 말의 소리보다 크다'라는 것이다. '7-38-55 법칙'이라고도 한다. 의사소통을 통한 인상의 형성에서 여러 채널이 갖는 비중을 연구한 앨버트 메라비언(Albert Mehrabian)이 1971년 펴낸 《침묵의 메시지(Silent Message)》에서 제시한 개념이다.

메라비언은 대면(對面, face-to-face) 커뮤니케이션은 어휘, 목소리 톤, 신체 언어 3요소로 이루어지는데, 상대에게서 받는 인상에서 메시지 내용이 차지하는 것은 7%뿐이고,

38%는 음색·어조·목소리 등의 청각 정보, 55%는 눈빛·표정·몸짓 등 시각 정보라고 했다.

이 법칙을 통해 여러분이 반드시 알아두어야 할 점은 온라인 커뮤니티에서의 소통은 한계가 있으므로 문제가 될 만한 민원은 반드시 민원인을 만나서 대면을 통해 해결하라는 것이다. 실제로 본인 또한 민원인과 댓글로 핑퐁 게임을 하다 엄청난 악성 민원에 시달릴 뻔한 사례가 있다. 지금은 전화로 먼저 부드럽게 차 한 잔 하자고 얘기한 후 날짜를 잡아 얼굴을 보고 얘기하면, 민원인의 높았던 마음의 벽은 봄볕에 눈 녹듯 온데간데없어지는 경우가 허다하다.

3 올바른 방향 지시

- 엄지손가락을 포함한 모든 손가락을 모아 손목이 꺾이지 않도록 쭉 폅니다.
- 멀리 있는 사물이나 사람을 가리킬 때는 팔을 뻗어서 가리킵니다.
- 팔을 아래에서 위로 올리는 것이 아니라, 펼친다는 느낌으로 가리킵니다.
- 사람은 두 손으로, 사물은 한 손으로 가리킵니다.
- 방향 안내 시 이쪽, 저쪽이라는 표현보다 오른편, 왼편, 2시 방향 등 정확한 방향으로 안내합니다.
- 방향 안내 시에는 고객 중심으로 합니다.
- 턱 끝으로 방향을 안내하거나, 손가락을 사용하여 안내하거나, 손가락을 벌려 안내하지 말고, 모든 손가락을 모아 방향을 안내합니다.

【물건을 주고받을 때】

- 물건을 전달할 때는 고객이 확인할 수 있도록 고객 쪽을 향하게 합니다.
- 자료를 설명할 때는 자료의 방향이 고객 쪽을 향하게 하여 설명합니다.

4 부드러운 언어 표현법 ①

① 명령형 표현 대신 권유형 표현을 사용합니다.

- 기다리세요. → 잠시만 기다려주시겠습니까?
- 직접 방문하세요. → 직접 방문해 주시겠습니까?
- 서류 주세요. → 서류 확인해 드릴까요?
- 주민센터로 가세요. → 주민센터 위치 알려드릴까요?

② 감사의 표현을 많이 사용합니다.

- 기다려주셔서 감사합니다.
- 너그러운 양해 감사합니다.
- 이해해 주셔서 감사합니다.
- 그렇게 말씀해 주시니 감사합니다.
- 도와드릴 수 있어 기쁩니다.

③ 대화 시 맞장구 표현을 사용합니다.

- 네~ 맞습니다.
- 충분히 공감합니다.
- 아~ 그러셨습니까.
- 충분히 이해합니다.
- 많이 불편하셨을 것 같습니다.
- 그런 일이 있으셨군요.

5 부드러운 언어 표현법 ②

부탁, 거절, 양해 등 다양한 상황에서 '쿠션(cushion) 언어'를 사용합니다. 자칫 딱딱하고 퉁명스럽게 들릴 수 있는 언어 표현 앞에 충격을 완화해 주는 언어를 사용하여 부드럽게 표현하는 것입니다.

- 기다리세요! → 죄송합니다만 잠시만 기다려주시겠습니까?
- 뭐라고요? 안 들려요! → 다시 한 번 말씀해 주시겠습니까?
- 뭐 찾아요? → 실례합니다만 무엇을 도와드릴까요?
- 여기 금연구역이니까 당장 끄세요! → 흡연 구역은 1층 흡연 부스에 있습니다. 흡연 구역을 이용해 주시겠습니까?
- 직접 관리사무소로 오세요. → 가능하시다면 관리사무소로 방문해 주시겠습니까?

【높임 표현】

국립국어원에 따르면 직장에서는 압존법[5]을 적용하지 않습니다.

- 소장님, 박 팀장이 전달하라고 했습니다. (×, 압존법)
- 소장님, 박 팀장님께서 전달하시라고 하셨습니다. (×, 지나친 높임)
- 소장님, 박 팀장님이 전달하라고 하셨습니다. (○)
- 상대가 나보다 직급이 낮을 때에도 서로 존중하는 호칭을 사용합니다.

사물 존칭은 사물을 높이는 표현으로 잘못된 표현입니다.

- 볼펜 여기 있으십니다. → 볼펜 여기 있습니다.
- 금액은 오천 원이십니다. → 금액은 오천 원입니다.

---

5) 압존법: 높여야 할 대상이지만 듣는 이가 더 높을 때 그 공대를 줄이는 어법으로, 전통적으로 가정 내, 사제 간에 쓰였으며, 사회적 관계에서 압존법을 쓰는 것은 우리 전통 예절이 아니다.

Memo

슬기로운 기부 생활,
누군가의 멘토가 된다는 것

딱, 일 년 전 이맘때였다. 불퉁대는 친구의 도움 요청을 받은 건.

친구는 남편에 대해 무척 마뜩잖아했고, 잘 알아보지도 않고 일을 저지른다는 것이 휴대 전화 너머로 들려오는 그녀의 푸념이었다. 바로 다음 날 퇴근길에 친구 부부를 만나 얘기를 들어본즉슨, 전기 책 두어 권을 사서 보던 참이었는데 내용을 영 모르겠더라는 것이었다. 한참 뒤에야 안 사실이지만, 친구의 남편 U는 겨우 초등학교만 졸업하고 페인트공 등 막일로 끼니를 해결해왔던, 그야말로 공부하고는 담쌓고 살아온 인생이었다.(학력을 비하하는 건 절대 아니다!)

차 탁자를 사이에 두고 부부를 마주한 나는 난감했다. 왜냐하면, U의 타오르는 향학열을 꺾지나 않을까 조심스러웠기 때문이었다. 하지만, 현실을 무시할 순 없었다. 더욱이 54년생으로 그의 나이 일흔을 향해가고 있지 않던가.

난 차근차근 소장 일하며 체험했던 아주 현실적인 얘기들을 하나씩 풀어냈다. 일단, 전기라는 것이 굉장히 어려우며, 당신은 기사 시험에 응시할 자격도 안 되지만, 그래도 정 공부가 하고 싶다면 전기기능사가 있는데 이 또한 무시 못할 만큼 쉽지 않다고. 더군다나 합격해서 취득한다고 한들, 학벌 없고 경험 없고 나이까지 많은 당신을 누가 채용하겠느냐고.

내 얘기를 듣고 계속해서 포기를 종용하는 친구의 의사와는 달리 그의 입을 비집고 나온 말은 "그래도 한번 해보렵니다!"라는 강력한 돌직구였다. 순간 친구의 짧은 탄식이 흘러나왔고 이내 침묵이 흘렀다.

U와 나는 뒤돌아볼 새도 없이 그 주 주말부터 일명 '자격증 따고 취업하기' 프로젝트에 일사천리로 돌입했고 힘차게 가속페달을 밟았다. 시중에 나온 전기기능사 필기 책 중 가장 두꺼운 책을 골랐다. 설명에 이해를 돕는 그림들이 많아 전기를 처음 접하는 초보 수험생한테는 도움이 될 거로 생각했기 때문이다.

나는 주말이면 어김없이 U에게 과외라는 재능기부를 열혈 강의로 이어갔고, 그러기를 두어 달. 필기시험을 봤지만 아쉽게도 딱 한 문제 차이로 떨어지고 말았다.

이렇게 공부해서는 다음에도 합격이 쉽지 않겠다는 판단에 U에게 내일배움카드를 만들어 학원 수강을 권유했고, 나의 재능기부는 계속되었다. 그리고 응시 두 번째 만에 필기시험에 합격하였다. 그것도 아주 우수한 성적으로.

U가 참 대단한 분이라고 생각했다. 책은 온통 듣지도 보지도 못한 전기용어들이 난무한 데다, 삼각함수, 제곱근 등 고졸 이상의 지식이 있어야 풀 수 있는 수학 문제들이 즐비하건만 반드시 해내고야 말겠다는 그의 의지를 꺾는 데는 한계가 있었다.

이제 남은 건 실기시험. 학원 개강이 시험 일정에 맞춰 짜지는바 그때까지는 한 달 남짓 여유가 있어 내 딴에는 실기를 위한 이론학습을 다 끝내놓을 참이었다. 3시간 반 동안 치러지는 실기시험은 작업형으로 세 단계로 나눠볼 수 있다. 먼저 주어진 문제의 회로도를 보고 기기의 접점 번호를 기재하고 나면, 그 회로도를 기반으로 각종 기기를 부착하여 결선하는 제어반을 만들고, 마지막으로 제어반을 중심으로 커다란 합판에 주어진 조건에 맞게 기구를 배치하여 배관작업을 하면 된다.

세상에 쉬운 일이 어디 있으랴!

이론학습을 마치고 본격적인 실기학습에 들어가던 U에게 난관이 찾아왔다. 1단계 접점 번호를 정확히 기재하고 나서 2단계 제어반을 만들고 그것을 토대로 3단계 배관작업을 해야 하는데, U는 어쩐지 1단계인 접점 번호 쓰는 것부터 계속 틀리고 있었다. 1단계 작업에 오류가 있다면 2단계, 3단계 작업을 애쓰게 한들 말짱 도루묵이 되는 게 실기시험의 특성인지라 앞 단계의 실수는 불합격이라는 치명상을 입게 된다.

참으로 난감한 일이 아닐 수 없었다. 실기시험은 작업형이라 반복해서 준비하면 큰 어려움은 없을 거로 생각했지만, 막상 뚜껑을 열어보니 필기 못지않게 커다란 장벽 앞에 선 기분이었다.

하지만, 예서 말 수는 없는 법!

시험시간 세 시간 반 동안의 집중력을 발휘하기 위해 규칙적인 생활 습관을 주문했다. 예컨대 1단계 학습을 마무리 짓고 나면 산책 등 가벼운 운동으로 체력적인 부분을 소홀하지 않도록 했다. 그런 결과인지 완벽하게 1단계를 마무리 지었고, 집중력도 전에 비해 크게 나아졌다.

시험 날짜가 다가오자 나는 주중에도 그의 집으로 퇴근하여 U가 만들어놓은 작품(?)을 꼼꼼하게 검사하였고, 틀린 부분은 다시 틀리지 않도록 하나씩 차근차근 잡아나갔다.

그리고 시험 날. 저녁 무렵 U에게 전화로 물어보니 문제가 잘못 나온 것 같다는 것이었다. 그럴 리가 있겠는가! 그렇다면 전국 여러 수험장에서 오류를 수정하라는 지시가 있었을 텐데.

아뿔싸, 그의 눈엔 문제가 잘못 보였었나 보다. 누군들 시험장에서 긴장하지 않을 수 있겠는가. 그런 실패를 뒤로하고 두 번째 시험에서 보란 듯이 합격하였고, 학원에서 같이 공부한 열댓 명의 동기생들에게 부러움을 사는 것은 물론, 자격증을 포기했던 다른 수강생들도 다시 시작하겠다는 등 그들에게 용기와 희망을 불어넣었다.

다시 하나의 고비가 남아있었다. 바늘구멍같이 좁디좁은 취업의 문을 통과하여 애써 이룬 절반의 결실을 완성해야 했다. 하지만 취업이 어디 호락호락하던가. 공부를 처음 시작할 때의 우려가 현실로 나타났다. 이력서를 들고 구인 공고를 냈던 업체들을 찾아 바삐 기웃거렸지만, 메아리 없는 울림처럼 공허한 일의 연속이었다.

그러길 달포쯤 지났을까? 뜻밖의 문자 한 통이 날아왔다. "소장님 취업했습니다!" 이보다 더 기쁜 일이 어디 있으랴. U는 쉬운 경비직에는 아예 눈길 한번 주지도 않더니 급기야 전기 자격증을 제대로 써먹을 곳을 찾은 것이다. U의 말을 옮기자면, 취업한 캠핑카 업체의 사장이 그 나이에 어떻게 전기 자격증을 땄냐며 도저히 믿기지 않는다는 눈치였단다. 암튼 본인 자신의 힘으로 취업에 당당하게 성공하여 멋진 인생 2막을 열어가고 있으니 가르쳤던 나로서는 더없는 보람이요, 행복이 아닐 수 없다.

가르침은 또 다른 배움이다. 추운 겨울을 지나 자연이 손짓하던 따스한 봄에도 난 U를 향해 달려가고 있었고, 한여름 소나기를 맞으면서도 룰루랄라 산꼭대기 그의 집을 찾고 있었다. 그렇다. 가르침을 통해 배웠고, 재능기부를 통해 보람을 얻었으며, 즐거움은 덤으로 주웠다.

며칠 전, 퇴직한 선배로부터 전화 한 통이 걸려왔다. "전기기능사 필기는 나 혼자 공부할 테니 실기 좀 가르쳐 주면 안 될까?"라고. 즐거운 손짓이다. 어찌 알았을까? 내가 '슬기로운 기부 생활'을 즐기고 있는 줄….

—《한국아파트신문》(제1198호/제1199호, 2020. 12. 14./2020. 12. 22.)

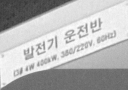

II

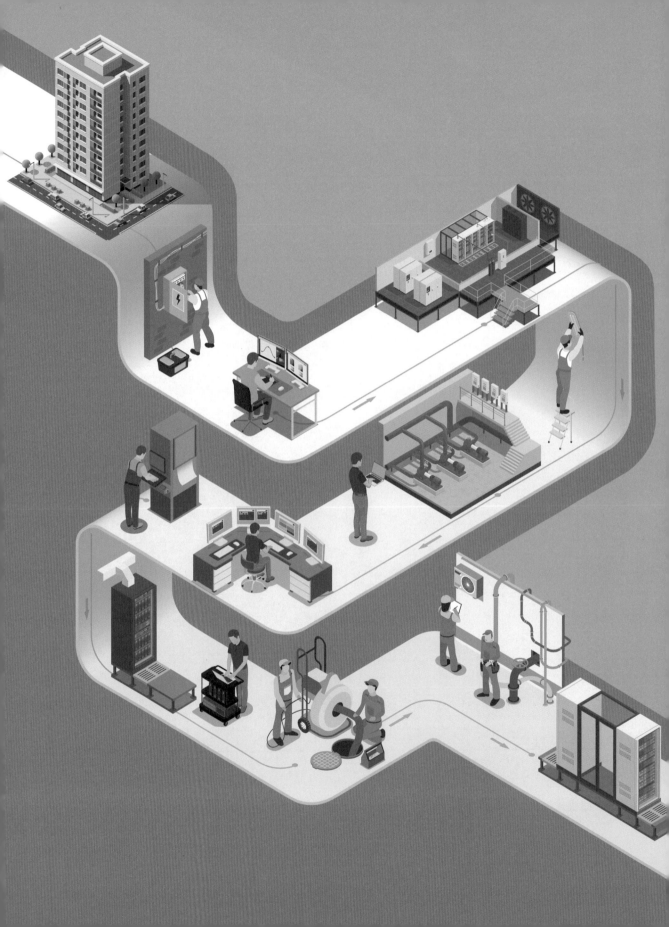

제3장

전기 시설물 유지·관리

| 행복남의 행복 충전소 | 님아, 그 오솔길 놓치지 마오!

제3장 전기 시설물 유지·관리

관리사무소 직원이라면 소위 전기실이라 불리는 수변전실에 매일같이 들락거릴 것이다. 기전실 근무자나 당직자라면 순찰을 위해 여러 차례 출입하기도 하고, 매월 특정일에는 어김없이 메인 계량기를 검침하기 위해 출입한다. 처음보다는 좀 익숙하다지만 여전히 22,900V라는 특고압이 흐르는 전기실은 무서움이 느껴지는 서늘한 공간이기도 하다.

〰〰〰〰〰

이번 장에서는 관리사무소에서 해야 하는 전기 시설물에 대한 업무들을 살펴보기로 한다. 가장 중요한 것이라면, 사고를 미리 방지하는 차원으로 업무가 이뤄져야 한다는 것이다. 어떤 큰 사고가 느닷없이 그냥 일어나는 것이 아니라, 반드시 사전 징후가 있기 마련인데 시설물들을 순찰할 때 관심 있게 지켜보고 점검해야 하는 대목이다.

하인리히 법칙(Heinrich's law)은 한 번의 큰 재해가 있기 전에, 그와 관련된 작은 사고나 징후들이 먼저 일어난다는 것이다. 큰 재해와 작은 재해, 사소한 사고의 발생 비율이 1:29:300이라는 점에서 '1:29:300 법칙'으로 부르기도 한다. 하인리히 법칙은 사소한 문제를 내버려 둘 경우, 대형 사고로 이어질 수 있다는 점을 밝혀낸 것으로 산업 재해 예방을 위해 중요하게 여겨지는 개념이다.

관리사무소라는 개념 자체가 명칭에서 보듯 관리에 주목적을 두고 있다. 따라서 관리를 잘하자는 것이지 고치고 만들자는 것이 아니다. 고치는 것은 전문가가 따로 있으니 그들에게 맡기면 된다. 만드는 것도 전문가에게 의뢰하여 처리하면 된다. 우리 관리사무소에서는 설치된 기기나 설비들이 잘 돌아갈 수 있도록 닦고 조이고 기름칠해주면 된다.

다만, 전기실의 구성과 흐름, 그러니까 '22.9kV 수변전실 단선결선도'는 숙지하고 있어야 비상시 대처할 수 있는 능력이 생길테니 전기실에 붙여두고 시간이 날 때마다 살펴보도록 하자.

보통 전기기사나 전기산업기사를 취득하여 전기안전관리자로 선임하게 되는데, 사실상 현장에서는 어려움이 많다. 기사나 산업기사의 시험이 필답형으로 치러지기 때문에 전기설비들의 실물 한 번 보지 못하고 합격한 안전관리자들은 당황할 수밖에 없는 것이다. 거기다 그것들은 매우 위험하므로 안전하게 관리하자는 취지로 큐비클(cubicle, 폐쇄형 배전반)이라는 칸막이로 된 안전한 공간에 꼭꼭 숨겨놓고 있어서 그냥 지나친다면 얼굴조차 구경하기 힘들 것이다. 그래서 큐비클 문에 계기판을 설치하여 굳이 큐피클 문을 열고 전기설비들을 들여다보지 않더라도 필요한 정보들을 확인할 수 있도록 해놓았다.`

〰〰〰〰

여기서는 전기안전관리자 또는 기전실 직원이 알아두어야 할 최소한의 일반적인 내용을 다루었다. 수변전실에 설치된 전기설비들을 둘러보고 각각의 설비들이 어떤 역할을 하는지 그리고 어떤 경로를 통해서 세대 또는 부하에 전기가 공급되는지를 알아보기로 한다.

1 수변전실 둘러보기

수변전실(incoming transformer room)은 자가용 전기 시설에서 수전 시설을 설치한 변전실이라고 볼 수 있다. 큐비클 패널[1] 안에 변압기, 차단기, 배전반, 기타 기기를 수용한다. 한마디로 한국전력공사의 22,900V에 이르는 높은 전압의 전기를 받아 380V 또는 220V의 저압으로 변압을 하여 단지에서 사용할 수 있도록 한 전기실을 말한다.

전기실 출입문에는 22,900V의 특고압이 흐르니 위험하다는 빨간색 글씨가 여럿 붙어있다. 그리고 아무나 들어갈 수 없도록 문을 잠가 놓아야 하며, 관리사무소 직원이 드나들 때도 반드시 문을 닫아야 한다.

왜냐하면 문을 열어놓게 되면 고양이나 쥐가 들어올 수 있는데, 만약에 이 동물들이 피복되지 않은 전선에 닿게 되면 감전 및 단락[2]으로 인하여 전력 기기의 손상은 물론 정전의 피해가 발생할 수 있기 때문이다.

[전력 인입 설비]

---

1) 큐비클 패널(cubicle panel, 폐쇄형 배전반): 22,900V의 특고압 전기를 수전하여 변압기를 통해 저압 380V/220V로 변환하기 위하여 만든 함(函)을 일컫는 말이다. 보통 전력량을 계산하기 위한 MOF(Metering Out Fit), 이상전압 내습 시 속류 차단을 위한 피뢰기(LA, Lightning Arrester), 전력퓨즈, 차단기, 변압기, 자동 고장 구분 개폐기(AISS, ASS), 과전류 계전기, 전압계(V), 전류계(A) 등으로 구성된다.

2) 단락(短絡, short): 전기 회로 중 전원의 양극이 도중에 부하 없이 직접 연결되는 것으로 이것을 방지하기 위해서는 회로에 반드시 퓨즈를 삽입한다.

먼저 수변전실로 들어오는 전기를 살펴보자. 그리고 전기가 세대까지 공급되는 흐름을 따라 곳곳에 설치된 전력 기기들에 대해 알아보자. 사실 수변전실은 관리사무소에서 할 수 있는 일이 그렇게 많지 않다. 전기 직무 고시를 위해 석 달에 한 번씩 방문하는 전기전문업체의 도움을 받아 가며 전기가 어떻게 흐르고 있는지를 파악하는 정도이다.

그리고 한국전기안전공사에서 2년 또는 3년에 한 번씩 하는 정기 점검 때는 실질적으로 전기를 차단하고 검사하기 때문에 수변전실을 이해하는 데 큰 도움이 될 것이다.

건물 주변에는 전력회사(한국전력공사)로부터 수변전실로 전기를 공급해주는 시설이 있는데, 전력 인입 설비라고 하며 가공인입[3] 또는 지중인입[4]이 있다.

지중인입 배전반으로 여기서는 아파트(공동주택)용과 상가(판매시설)용이 따로따로 설치되어 있다.

[전기실 출입문]

---

3) 가공인입(架空引入): 가공(공중) 전선에서 분기되어 소비자의 인입구까지 연결되는 구조를 말한다.
4) 지중인입(地中引入): 지중 케이블을 이용하여 보내진 전력을 받는 구조를 말한다.

전력 인입 설비에 연결된 전력 케이블은 지하의 수변전실 벽을 뚫고 천장의 바닥 밀폐형 케이블 트레이[5]를 통해 단로기(DS)와 가스차단기(GCB)가 설치되어 있는 SWGR[6] 패널로 연결된다.

- **바닥 밀폐형**(solid bottom) **케이블 트레이**: 케이블 트레이의 내부가 밀폐된 형태로 화재 발생 시 불꽃이 케이블에 붙는 것을 방지할 수 있다. 또, 케이블에서 발생되는 전자파가 건물 내부 공간에 퍼지는 것을 차단해준다. 하지만 통풍이 원활하지 못해 케이블 과열로 인해 손상되는 경우가 발생할 수 있다.

마지막 그림은 우리 단지 아파트의 22.9kV 수변전 설비 단선결선도[7]이다.

[전기실 밖 인입 케이블]

---

5) 케이블 트레이(cable tray): 통신용 케이블의 보호를 위하여 만든 고정된 구조물로 다량의 케이블 수용 설비이다. 케이블을 지지하기 위하여 사용하는 금속제, 불연성 재료로 제작된 유닛이나 집합체와 그 부속재로 구성된 견고한 구조물을 말한다. 벽이나 바닥 천장 같은 데 고정되어 케이블 이동 통로로 쓰이며 사다리형, 통풍 트러프형, 통풍 채널형, 바닥 밀폐형 등이 있다.

6) SWGR(switchgear): 개폐 및 차단 장치로 주로 발전, 송전, 배전 및 전력 변환의 접속에 이용된다.

7) 단선결선도(單線結線圖, one line diagram, single line diagram): 배선이나 전기기기, 기구 등의 전기적인 연결을 상(相)의 수나 선의 수 및 공간적 위치에 관계없이 한 선으로 그려서 나타내는 결선도를 말한다.

[전기실 안 인입 케이블]

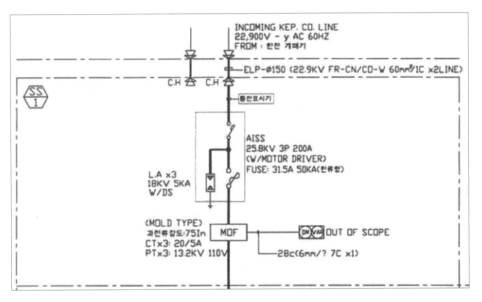

[인입 단선결선도]

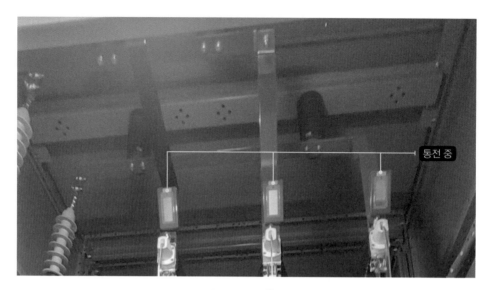

[활선 경보기[8]]

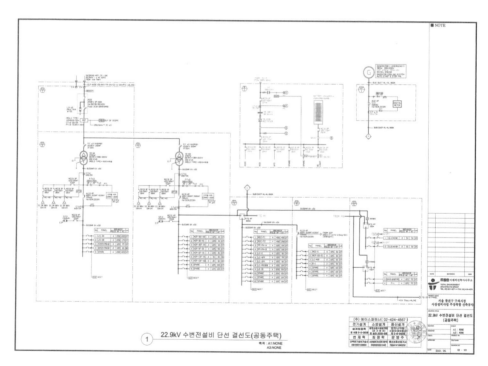

[아파트 수변전 설비 단선결선도]

---

8) 활선 경보기(活線 警報器): 특고압 전기가 살아있으니 조심하라는 경보기이다.

- 단로기(斷路器, DS, Disconnecting Switch): 전선로나 전기기기의 수리, 점검하는 경우 차단기로 차단된 무부하(無負荷, unloading) 상태의 전로를 확실하게 개방(OFF)하기 위하여 사용되는 개폐기로서, 부하 전류 및 고장 전류를 차단하는 기능은 없다. 주의할 것은 차단기(CB)가 투입(ON)된 상태에서 단로기를 투입하거나 개방(OFF)하면 감전 및 전기화상의 우려가 있으므로 위험하다. 따라서 반드시 차단기가 개방된 상태에서 단로기를 투입하거나 개방하여야 한다.

- 부하개폐기(負荷開閉器, LBS, Load Breaking Switch): 수변전 설비의 옥내외 수전반의 제일 초단에 설치되어 있으며, 무부하 전류의 개폐를 통해서 선로의 분기, 구분 및 전력 계통을 보호하는 기기이다. 전력용 한류퓨즈[9]와 조합하여 사용하기도 하며, 소호[10] 능력이 없어서 수전 설비 계통에서는 주 차단장치인 VCB나 PF를 먼저 개방한 후 부하전류를 최소화하고 LBS를 차단하여야 한다.

- 가스차단기(–遮斷器, GCB, Gas Circuit Breaker): SF_6 가스[11]를 이용하여 고압 또는 특별고압 수전 설비에 설치하는 차단기 중 유도성 소전류(小電流) 차단기로서 이상전압이 발생하지 않는 차단기이다.

[전기실 내부]

---

9) 한류퓨즈(限流–, current limiting fuse): 정격 전류 범위 내의 전류에서 용해할 때, 전류치(電流値)나 계속시간을 억제하기 위하여 큰 저항을 급격히 유기하는 퓨즈이다.

10) 소호(消弧, arc suppression): 차단기 개폐 시 아크가 발생하는데, 이 아크를 제거하는 것을 말한다.

11) SF_6 가스: 절연 가스인 육불화유황 가스이다. 무색, 무취, 무독성이며, 절연내력이 공기의 2~3배이며, 소호 능력은 공기의 100~200배이다.

- 기중형 고장 구간 자동개폐기(氣中形 故障 區間 自動開閉器, AISS, Air Insulated Fault Section Automatic Switch): '기중 절연형 자동 고장 구분 개폐기'라고도 하며, 고장 구간을 자동으로 개방하여 파급 사고를 방지한다. 또, 자동 또는 수동으로 개방하여 과부하를 보호한다.

- 피뢰기(避雷器, LA, Lightning Arrester): 피뢰기로 외부의 이상전압(낙뢰 등) 침입 시 전기기기 및 선로의 보호를 위하여 내부로 침입하는 이상전압을 대지로 방전시켜 기기 및 선로를 보호하며, 주 보호 대상은 전력용 변압기이다. 피뢰기는 뇌전류(雷電流, lightning current)가 발생하면 충격파(이상전압) 전류를 우선 방류하고 난 후 전원으로부터 공급되는 후속 전류 즉, 속류[12]를 차단한다.

- 파워퓨즈(PF, Power Fuse): 고압[13]과 특고압 선로에 사용하는 퓨즈. 전력용 차단기의 하나로, 절연 통에 퓨즈를 수납하여 그 주위에 특수 소호재(消弧材)를 충진(衝振)한 것이다.

[파워퓨즈]

---

12) 속류(續流, follow current): 방전전류가 흐르고 있는 동안이나 그 후에 피뢰기를 통하여 전원에서 흘러 들어오는 전류이다.

13) 고압(高壓): 직류는 1,500V 초과 7,000V 이하, 교류는 1,000V 초과 7,000V 이하 전압을 일컫는다. 2021년 1월 1일부터 개정되어 시행 중이다.

명판에서는 22.9kV를 수전하여 AISS와 MOF의 특고압 스위치가 있는 1번 패널이라는 것을 알려주고 있다.

■ **특고압[14] 스위치(特高壓 −, SS, Special High Voltage Switch):** 특고압 스위치들이 들어 있는 패널을 지칭한다.

■ **패널(PNL, panel):** 큐비클 패널을 말한다.

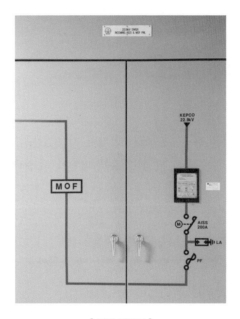

[인입 계통도]

■ **계기용 변성기(計器用 變成器, MOF, Metering Out Fit):** 3상4선식 특고압 선로의 사용 전력량을 측정하기 위해 설치하는 장비로, 한전 계량기 계측을 위해 설치한다. MOF는 주회로의 고전압, 대전류를 사용 목적에 따라 적당한 저전압, 소전류로 변성하는 기기이다. 참고로, 전기요금청구서를 보면 계량기 배수가 나와 있는데 1이라고 표시된 것은 MOF가 없는 것이지만, 480 또는 720은 당월 검침 값에서 전월 검침 값을 뺀 차이의 480배 또는 720배가 실제 사용량이 되는 것이다.

---

14) **특고압:** 교류와 직류 모두 7,000V 초과 전압을 일컫는다. 2021년 1월 1일부터 개정되어 시행 중이다.

[MOF]

한전에서 보내온 전기를 우리 단지에서 얼마나 사용했는지 검침하기 위해 MOF를 설치하였다. 즉, 고전압, 대전류를 MOF를 통해 저전압, 소전류로 바꾸어 전력량계(한전 수전용)를 연결한 것이다.

■ 전력량계(電力量界, WH, Watt Hour meter): 접속된 회로의 유효전력을 측정하여 계량하는 전기 계기로서 계량값은 측정 시간 사이에 회로에서 소비된 전력량이고 단위는 일반적으로 kWh가 사용된다.

[전자식 전력량계]

기중형 고장 구간 자동개폐기(AISS)와 파워퓨즈(PF)를 거쳐 온 전기는 변압해야 단지에서 쓸 수 있으므로 변압기에 연결된다. 이곳에서는 550kVA가 필요한데 200kVA짜리 한 개와 350kVA짜리 한 개로 커버하고 있다.

- **변압기(變壓器, TR, Transformer):** 변압기는 고전압을 저전압으로 바꿔주는 장치이다. 한전의 22.9kV의 높은 전압을 우리가 사용할 수 있는 전압인 380V 또는 220V로 낮춰주는 기기이다.

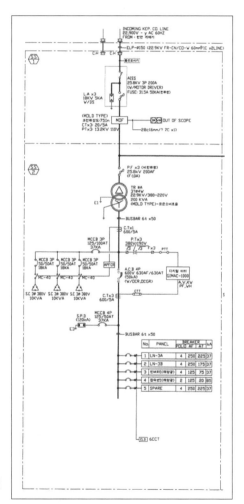

　　그림에서 보는 바와 같이 변압기는 △-Y 결선으로 되어 있다. △-Y 결선의 장점은 △ 결선에 3고조파(高調波)[15]를 보내 순환하게 함으로써 유도장해가 없고, Y 결선에는 중성점을 접지하여 이상전압을 줄일 수 있다. 그리고 Y 결선의 선간전압은 380V이고 상전압은 220V이므로 두 개의 전압을 사용할 수 있는 장점이 있다. 이런 이유로 통상적으로 건물의 수변전실에서는 △-Y 결선이 흔하게 사용된다.

[아파트 200kVA 변압기 결선도]

---

15) **고조파(高調波, higher harmonic wave):** 주어진 진동파형에 관하여 1주기를 푸리에 급수로 전개하면 기본파 및 그의 2, 3배 진동수를 가지는 정현파, 여현파의 합이 된다. 이 기본파의 2, 3…배의 진동수의 진동파형을 고조파라 한다.

[변압기]

변압기 온도 등 변압기 대한 정보를 표시해
주고 있으며, 현재 온도는 45.9℃를 가리키고
있다. 전기실이 수변전 설비와 비교해 공간이
작으면 여름철 부하를 많이 쓸 때는 변압기
온도가 상승한다. 이때는 변압기가 있는 큐비
클의 환풍기를 가동해줌과 동시에 문을 활짝
열어준다. 그리고 대형 선풍기를 틀어 공기를

[변압기—디지털 온도계]

순환시켜주며, 냉방기를 가동하여 변압기 온도 상승을 막아주면 좋다.

기중형 고장 구간 자동개폐기에 대한 상태 정보를 표시해주고 있다.

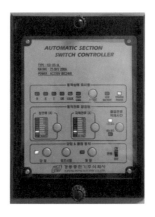

[고장 구간 자동 개폐 제어기]

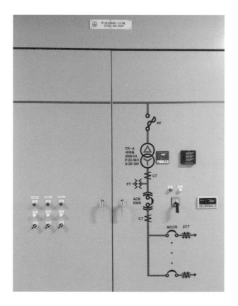

[200kVA 변압기 계통도]

명판에서는 3상(3∅)이며, 200kVA짜리 변압기(TR)로 저압(LV, Low Voltage) 큐비클 패널임을 나타내고 있다. 22.9kV 특고압을 380V 또는 220V 저압[16]으로 바꿔주는 곳이라는 것을 알려주고 있다.

■ 계기용 변류기(計器用 變流器, CT, Current Transformer): 고압 또는 저압의 대전류가 흐르는 전로에서 저전류 5A로 변성시켜 선로의 전류를 측정하기 위한 설비이다. 현재는 변류기라 칭한다.

[계기용 변류기]

---

16) 저압(低壓): 직류는 1,500V 이하, 교류는 1,000V 이하 전압을 일컫는다. 2021년 1월 1일부터 개정되어 시행 중이다.

- 계기용 변압기(計器用 變壓器, PT, Potential Transformer): 1차 측 또는 2차 측 고압의 높은 전압을 저전압으로 강압시켜 선로의 전압을 측정하기 위한 설비이다.

- 기중차단기(氣中遮斷器, ACB, Air Circuit Breaker): 전기 회로에서 접촉자 간의 개폐 작동이 공기 중에서 이상적으로 행해지는 차단기다. 전류의 손실이 없도록 과전류를 예측하여 자동으로 회로를 개방하거나 수동적인 방법으로 회로를 개폐하며, 교류 1,000V 이하의 회로에서 사용한다.

[ACB]

전압, 전류, 위상, 전력, 전력량, 역률 등을 계측하는 장비로서, 고조파 측정과 유효전력 및 무효전력 등도 계측하여 표시해주는 장치이다.

[통신형 디지털 전력 계측 장치]

- 배선용 차단기(配線用 遮斷器, MCCB, Molded Case Circuit Breaker): 과부하 및 단락 보호를 위해서 만들어진 차단기이다. 몰드 케이스 안에 수용되어 있으며, 예전에는 NFB(No Fuse Breaker)로 많이 불렀다.

- 영상변류기(零相變流器, ZCT, Zero-phase Current Transformer): 선로 또는 기기의 영상 전류를 감지하며 누전전류를 검출한다. ZCT는 그 자체만으로는 검출 기능밖에 없지만, 지락계전기와 조합 사용하여 누전 시에 회로를 차단할 수 있다.

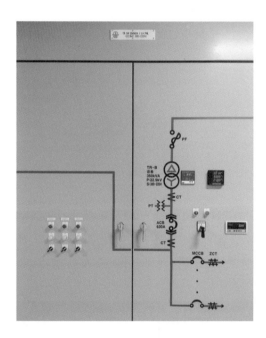

[350kVA 변압기 계통도]

명판에서는 3상(3∅)이며, 350kVA 짜리 변압기(TR)로 저압(LV, Low Voltage) 큐비클 패널임을 나타내고 있다. 22.9kV 특고압을 380V 또는 220V 저압으로 바꿔주는 곳이라는 것을 알려주고 있다.

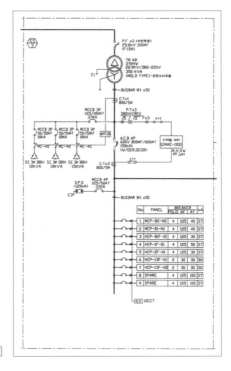

[아파트 350kVA 변압기 결선도]

■ **자동 부하 절체 스위치(自動 負荷 絕體 −, ATS, Auto Transfer Switch)**: 저압회로의 중요 부하에 비상 전원을 공급하기 위한 설비로 정전 시 발전기의 전원이 공급되면 자동으로 한전 측에서 발전 측으로 절환[17]이 되어 각종 부하에 비상 전원이 공급되게 한다.

[ATS]

17) **절환(切換)**: 정전이 될 경우 한전 측에 연결되어있던 회로를 끊고 비상 발전기에 연결된 회로로 바꾸라는 의미이다.

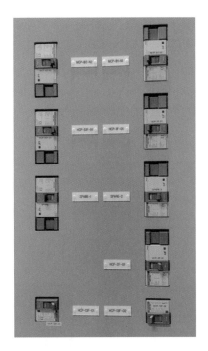

[배전반]

■ **진상용 콘덴서**[18]: 자가용 전기설비에서 전 등, 전열부하는 역률이 높으나, 방전등, 유도전동기 등은 역률이 낮아 전압 변동 및 전력 손실이 증가하는 원인이 되므로 전력용 콘덴서를 사용하여 역률을 개선 한다.

[콘덴서]

■ **역률(力率, PF, Power Factor)**: 전기기기에 실제로 걸리는 전압과 전류가 얼마나 유효 하게 일을 하는가 하는 비율을 의미한다. 즉, 역률이란 공급된 전기가 의도한 목적 에 얼마나 효율적으로 쓰이는지를 나타내는 수치다.

---

18) **진상용 콘덴서(進相用 ㅡ, SC, Static Condenser)**: 3상 회로에서 다른 상보다 앞서도록 설계된 것을 말하는데, 반 대로는 '지상(遲相)'이라는 단어를 사용한다.

공급된 전기의 100%를 해당 목적에 소모하는 경우를 1로 봤을 때, 1에 가까우면 효율이 높은 제품이고, 1에 미치지 못할수록 공급된 전기를 제대로 사용하지 못하고 낭비하는 비효율적인 제품이다.

역률이 높다는 것은 전기사용자 처지에서 같은 용량의 기기를 최대한 유효하게 이용하는 것을 의미한다. 또, 전기공급자 측에도 전원 설비의 이용 효과가 커지는 이점이 있다.

기준 역률은 90%이다. 기준치보다 높을 시 1% 개선마다 0.2를 곱하여 기본 요금에 적용하여 할인해준다.

전기요금 청구서를 보면 역률이 표시되어 있는데, 90일 때는 역률 요금이 0원이지만, 역률이 96일 때는 역률 요금이 -19,385원으로 그만큼 전기를 효과적으로 잘 썼다는 의미로 전기요금을 할인해준 것이다.(단지의 전기요금에 따라 역률 요금 할인액도 다르다)

[역률계]

■ 정류기(整流器, RECT, Rectifier): 수·배전반의 각종 계기의 조작 전원을 공급하기 위한 것으로서, 평상시(상용 전원 시) 교류를 직류(DC)로 변환하여 수변전실 및 발전기실의 각종 조작 전원, 배전반 전등, DC 등에 전원을 공급하고 또한 축전지를 충전시키는 기능을 한다.

■ 배터리(BATT, Battery): 정류기에 연결된 배터리는 기중형 고장 구간 자동개폐기(AISS), 기중차단기(ACB), 자동 부하 절체 스위치(ATS) 및 전기실 비상조명(EM LTG, Emergency Light)에 연결하여 사용되고 있다. 다시 말해 정전이 되어도 꼭 필요한 곳에 전원을 공급해주는 역할을 하는 것이다. 아래 그림에서 보듯 현재 116.9V로 정상임을 보여주고 있으며, 여기서는 12V 9개를 직렬로 연결하여 사용하고 있다.

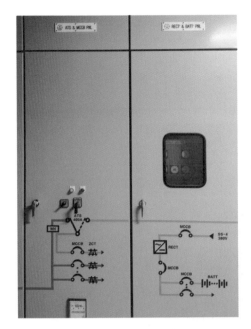

[ATS · MCCB · BATT 계통도]

[정류기반 패널]

[정류기반]

[배터리]

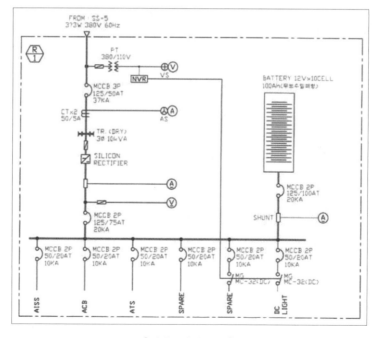

[아파트 단선결선도]

■ **서지 보호기**(SPD, Surge Protective Device): 전력 계통의 전원선, 통신선, 신호선 등의 도체를 통하여 발생·침입되는 과도한 이상전압을 '서지(surge)'라 하며, 이들로부터 각종 장비들을 보호하는 장치이다.

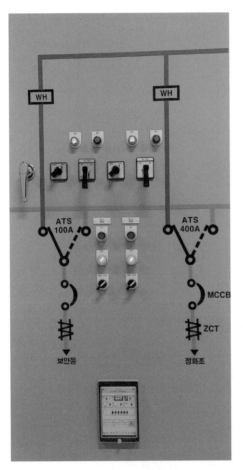

[상가 전력량계 계통도]

[서지 보호기]

■ **공구함**: 수변전설비 기기를 개폐하거나 점검 시 사용하는 공구를 비치하는 공간이다.

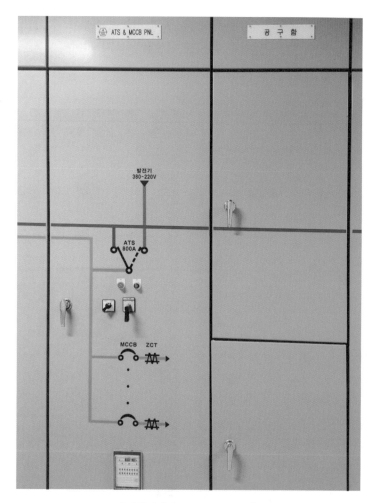

[비상 발전기 계통도 및 공구함]

[공구함 내부]

이렇게 강압된 전력은 안전장치를 거쳐 사다리형 케이블 트레이[19]를 통해 각각의 필요한 분전반으로 보내지게 된다.

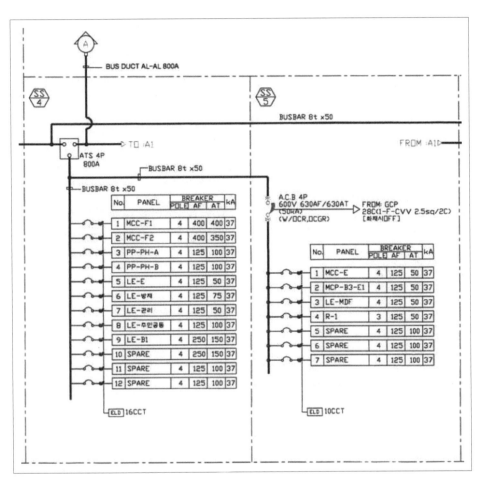

[아파트 버스 바 단선결선도]

---

19) **사다리형 케이블 트레이**: 가장 보편적으로 사용하는 케이블 트레이이다. 케이블을 지지하기 위해 사용하는 사다리형태의 구조로 통풍이 원활하고 설치, 증설, 유지·보수가 쉽다는 장점이 있지만, 화재가 발생하면 케이블을 직접적으로 보호하지 못해 불꽃이 케이블에 옮겨붙을 수 있다는 단점을 가지고 있다.

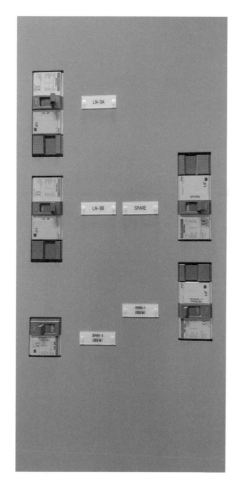

[배전반 ①]

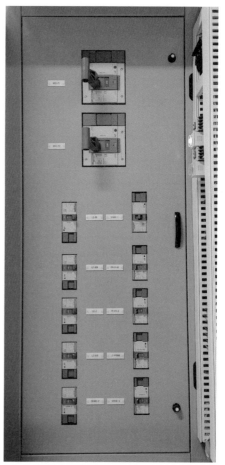

[배전반 ②]

[사다리형 케이블 트레이]

아파트에는 세대에서 사용한 메인 계량기 외에 정화조와 가로등이 따로 연결되어 있다.

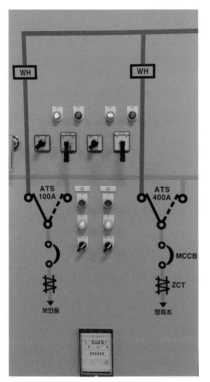

[전력량계 계통도]

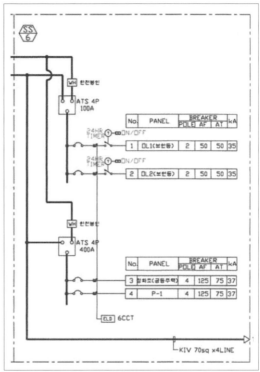

[아파트 WH 결선도]

- **접지(接地, ground)**: 접지는 전기기기에서 매우 중요하며, 전기적 이상 전위를 방전하여 전력 설비 및 계통을 안전하게 보호하는 역할을 한다. 특히 인체의 감전 사고를 예방하는 측면에서 매우 중요하다.

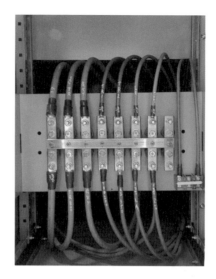

[접지함]

상용 전원의 정전 시 비상 발전기로 ATS에 의해 자동으로 전환되는 결선도이다.(254쪽 그림 [비상 발전기 계통도 및 공구함] 참고) 현재는 한전의 전원이 들어온다는 표시로 한전에 빨간불이 들어와 있으며, 스위치는 정전 시 자동으로 연결되도록 'AUTO'를 가리키고 있다.

비상 발전기에서 발전된 전력이 천장을 통하여 전기실로 보내지고 있다.

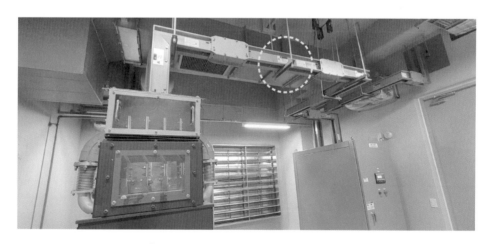

[발전기실과 전기실을 연결하는 전력 케이블]

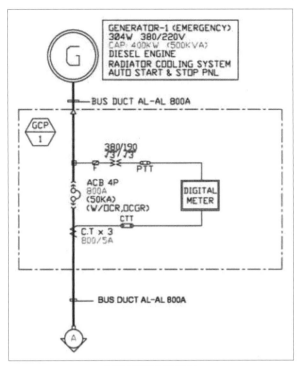

[비상 발전기 결선도]

　　상가도 아파트와 마찬가지이다. 한전의 지중인입 시설을 통해 변압기에 연결된 케이블은 아파트와는 달리 800kVA짜리 변압기 하나에 물려있다. 그리고 큐비클 한 곳에 전력 기기들이 모두 들어가 있어 일체형으로 구성하였다.

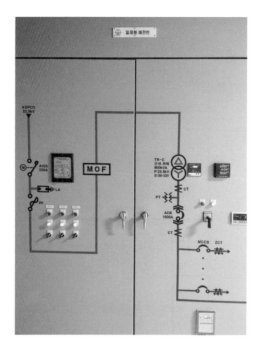

[일체형 배전반 계통도]

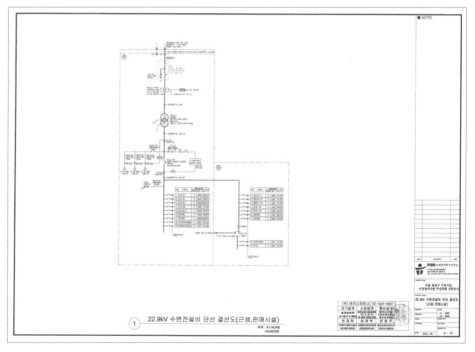

[수변전설비 단선결선도―상가]

행복남과 함께하는 **관리사무소** 실무 **완전정복**

[아파트와 상가 전력량계]

■ 누전경보기(漏電警報器, ELD, Electronic Leakage Detection System): 사용전압 600V 이하 선로의 누전 사고를 보호할 목적으로 사용하며, 동작은 ZCT 부하 측 회로에서 누전 발생 시 흐르는 누전전류를 ZCT를 통해 검출하여 경보함으로써 사고의 확대를 방지하기 위함이다.

[디지털 누전 경보기]

■ 누전차단기(漏電遮斷器, ELB, Electronic Leak Break): 누전차단기는 교류 600V 이하의 저압 선로에 감전, 화재 및 기계·기구의 손상 등을 방지하기 위해 설치하는 것으로서 감전과 누전 화재를 막고 전기설비 및 전기기기의 보호를 위한 용도로 사용한다.

지금까지 전기실에 설치된 수변전설비에 대하여 알아보았다. 이제 한전으로부터 받은 전기가 어떤 과정을 통해 세대 또는 공용부 전기기기에 공급되는지 알았을 것이다.

하지만 전기실에는 들어서면 응급상황에서 누구든지 볼 수 있도록 '전기실 현황판'을 벽면에 붙여놓아야 한다. 그리고 '정전(停電)·복전(復電) 시 대처 요령'과 '전기실 안전수칙', '비상 연락망'도 눈에 잘 띄는 곳에 붙여놓아야 한다.

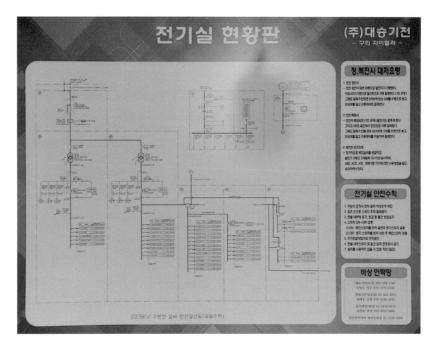

[전기실 현황판(아파트)]

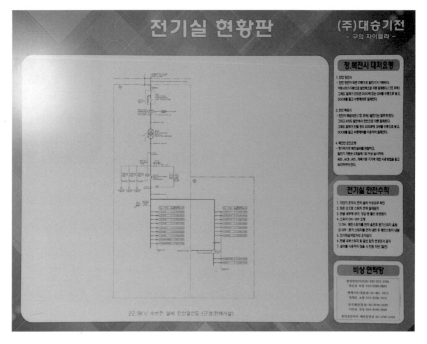

[전기실 현황판(상가)]

행복남과 함께하는 **관리사무소** 실무 **완전정복**

또, 전기실의 화재에 대비하여 고가의 전력 설비들이 망가지지 않도록 이산화탄소계 소화 설비를 갖추어 놓았다. 수신반에는 현재 날짜와 시각, 교류 전원, 전압 상태, 운전 선택 등 정보가 표시되어 있으며, 조작 가능한 버튼들로 구성되어 있다.

전기실 벽면에는 소화가스가 분출될 수 있도록 일정한 거리를 두고 설치되어 있으며, 소화기도 전기실 곳곳에 비치하여 만일의 사태에 대비하고 있음을 그림을 통해 볼 수 있다.

가스 소화 설비가 작동하게 되면 우리 몸에 치명적인 이산화탄소가 배출되어 불을 끄게 되는데 이때는 전기실 출입구 위에 붙은 '소화약제 방출 중'이라는 표시등에 불이 들어오니 절대로 들어가면 안 된다.

그뿐만 아니라, 전기실 출입구 옆에 붙여놓은 수동 조작함도 함부로 만져서는 안 된다. 가스 소화 설비가 작동되기 때문이다.

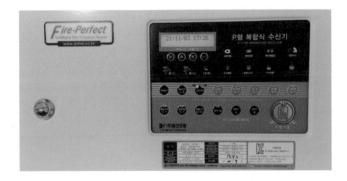

[가스 소화 설비 수신반]

[전기실(원 안은 소화 약제 방출관)]

[소화 약제 방출 표시등]

[청정 소화기]

[가스 소화 설비 모듈러 시스템]

[소화 약제 수동 조작함]

이렇게 하여 수변전실인 전기실에 대해 모두 알아보았다.

앞서 언급한 대로 관리사무소에서는 순찰할 때 눈으로 자세히 보고, 귀로 소음을 듣고, 코로는 타는 냄새를 맡아야 하며, 머리로는 이렇게 감지한 정보들을 종합적으로 처리하여 판단하게 된다.

굳이 큐비클 문을 열어보지 않더라도, 큐비클 문에 부착된 전력기기 관련 정보를 보는 것만으로도 충분할 수 있다. 스위치는 자동에 놓여있는지, 변압기 온도는 적당한지, 누전 경보는 발생하지 않는지, 청소 상태는 깨끗한지, 소화기는 제 위치에 놓여있는지 등이 그것이다.

물론 평소보다 소음이 크거나, 타는 냄새가 난다면, 해당 큐비클 문을 열어 확인해야 하겠지만 말이다.

2 비상 발전기 무부하 운전하기

비상 발전기(standby generator)는 상용(常用) 전원의 공급 중단 시에 대체 전력으로 공급하는 비상 전원(예비 전원)으로서, 이를 위한 발전기를 비상 발전기라 한다.

다시 말해 한전에서 공급되는 상용 전원이 태풍 등의 자연재해, 전기사업자용 전력 설비의 고장에 의한 불시 정전, 정기 보수에 따른 계획 정전, 예비전력 부족 등에 기인하여 정전이 되면 비상 발전기가 운전되도록 설계되어 있다.

비상 발전기는 건축물의 전체 부하를 모두 감당한다는 것은 용량이 너무 커서 비경 제적이므로, 전체 부하 중 약 30% 정도의 중요한 부하를 담당할 수 있도록 한다. 건축물의 전기 시설 부하는 소방 부하와 비상 부하, 그리고 일반 부하로 분류되며, 정전 시 일반 부하는 차단되고, 중요 부하인 소방 및 비상 부하에 비상 전원을 공급한다. 일반 적으로 소방과 비상 겸용이면서 그중의 한쪽 부하 용량을 적용하여 시설한다.

아래 그림은 비상 발전기실에 설치된 비상 발전기 모습이다.

[비상 발전기]

이렇게 중요한 역할을 담당하는 시설물이기 때문에 비상시 언제든지 사용될 수 있도록 관리사무소에서는 주기적으로 점검하고 관리해야 한다.

비상 발전기 무부하 운전은 보통 한 달에 네 차례에서 두 차례 정도 하는데, 한 번 운전할 때마다 5분에서 10분 정도가 적당하다.

운전에 앞서 점검해야 할 항목들이 있는데, 먼저 연료가 충분한지 연료통에 붙어있는 연료 게이지를 확인한다.

[연료 게이지]

엔진오일의 상태를 점검하는데, 자동차 엔진과 같으므로 고리 모양의 손잡이가 붙어있는 엔진오일 게이지를 뽑아서 엔진오일이 차 있는 정도와 색깔, 점성 등을 확인한다.

[엔진오일 게이지]

또, 배터리의 방전·충전 상태와 연결 상태를 확인하고, 냉각수가 충분한지 라디에이터 상단의 냉각수 뚜껑을 열어 점검한다. 이때 배터리의 전압은 24V 이상(24~28V)이어야 하고, 냉각수는 겨울철에 얼 것에 대비하여 부동액인지 확인한다.

그리고 비상 발전기 몸체를 한 바퀴 돌며 누유 또는 누수 등 특이 사항이 있는지 확인한다. 아울러 소화기는 제자리에 비치되어 있는지도 확인한다.

확인을 마쳤으면 발전기 운전반으로 가서 운전해보기로 하
자. 혹시 처음 운전하신다면 귀마개라도 착용하시는 게 좋을
것 같다. 엄청난 소음에 고막이 터질지도 모르니 말이다.

[비상 발전기 운전반]

아래 그림은 평상시 운전반의 상태를 보여주고 있다. 'AUTO'에 점등되어 있으니 정
전 시 자동으로 운전된다는 의미이며, 'CB OPEN'에 점등되어 있으니 CB(Circuit Breaker,
차단기)가 현재 열린 상태이며, 'STOP'에 빨갛게 점등되어 현재 발전기가 멈춰있음을 알
수 있다.

[운전반 조작 ①]

소방전원 보존형이라고 명기되어 있으니 어떤 발전기인지 알아보자.
• 소방 부하 및 비상 부하 겸용의 비상 발전기이다.
• 소방 부하 기준으로 정격 출력 용량을 산정한 저용량·저비용 비상 발전기이다.

- 정격 출력 용량 산정용 기준 부하는 소방 부하 또는 소방 및 비상 부하(수용률은 최솟값 적용 가능) 중 더 큰 하나를 적용할 수도 있다.
- 수용률 소방 부하 1.0, 비상 부하 0.4 이상이 적당하다.
- 소방 안전성이 확보되고, 경제성도 동시에 확보되는 유일한 기종이다.
- 정전 시 또는 화재 시 소방 및 비상 부하에 비상 전원이 동시 공급된다.

시험 운전 또는 무부하 운전을 하기 위해 먼저 손바닥 모양의 'MANUAL' 버튼을 눌러 자동에서 수동으로 전환해준다.

[운전반 조작 ②]

이제 준비가 다 되었으니 초록색으로 되어 있는 'START' 버튼을 눌러 비상 발전기의 시동을 걸어준다. 굉음과 함께 힘차게 발전기가 돌아가고 있음을 느낄 수 있을 것이다.

이때 전압이 제대로 나오는지 꼭 확인해야 한다. 380V로 정상이며, 주파수(frequency)도 60.2Hz로 정상이며, 회전수도 1,809rpm[20]으로 정상임을 알 수 있다.(전압은 380~385V, 주파수는 60~61Hz, 회전수는 1,800~1,830rpm이면 정상 범위로 간주한다.)
배터리도 28.5V로 정상임을 보여주고 있다.

---

20) rpm(revolutions per minute, 분당 회전수): 내연기관의 효율을 나타내는 지표 중의 하나로 1분간의 회전수를 의미한다.

[운전반 조작 ③]

5분 내지 10분 정도 운전하여 정상임을 확인하였다면 빨간색 'STOP' 버튼을 눌러 발전기를 정지시킨다. 그런 후 반드시 'AUTO' 버튼을 눌러 원상태로 복구시킨다.

또 다른 방법으로는 비상 발전기 자체에 마련된 키를 이용하여 운전할 수 있는데, 마치 자동차 시동을 걸듯 시동키를 오른쪽으로 돌려주면 발전기에 시동이 걸린다.

[비상 조작 스위치]

이번엔 비상 발전기에 붙어있는 명판을 알아보자.

3상4선식으로 상용 출력 455kVA, 전압 380V, 전류 691A, 주파수 60Hz, 극[21]수 4,

---

21) 극(極, pole): 모터 내부에 있는 전도성 코일에 의해 생성되는 자기장이 전기 에너지를 기계 에너지로 바꿔주는데, 자석에서 같은 극은 서로 밀어내고 다른 극은 서로 끌어당기는 힘의 원리를 이용한 것이다. 일반적으로 산업용에는 4극 모터가 많이 사용된다.

회전수 1,800rpm이 명기되어 있다.

모터(motor)의 '회전수=(120×주파수)÷극수'이므로 '(120×60)÷4=1,800'이 된다. 위의 명판과 일치함을 알 수 있다.

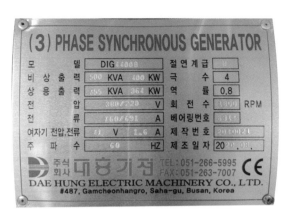

[비상 발전기 명판]

비상 발전기는 대부분 디젤 엔진(diesel engine)을 채용하고 있다. 비상 발전기실은 독립된 공간에 설치하여야 하며, 전기실처럼 가스 소화 설비를 갖추고 소화기도 비치해야 한다.

[비상 발전기실]

3 배전반·분전반 알아보기

- **수전반(受電盤, incoming panel):** 한전으로부터 22.9kV의 고압전기를 인수하는 곳으로 전력을 받을 때 필요한 계기, 제어 개폐기, 보호 계전기 등이 함께 설치되어 있다.

- **배전반(配電盤, switch board):** 수전한 전기를 수변전실에서 380V 또는 220V의 저압으로 바꾸어 계통별로 또는 용도별로 나누어 주는 곳이다.

- **분전반(分電盤, cabinet panel):** 배전반으로부터 받은 전기를 세대 분전반으로 분기해 주는 곳이다. 세대 분전반이 없는 경우에는 전등 또는 전열 등 부하별로 전기를 분기해 주는 곳이다.

- **세대 분전반(世帶 分電盤):** 분전반으로부터 받은 전기를 전등 또는 전열 등 부하별로 전기를 분기해 주는 곳이다.

부하의 순서를 보면 수전반에서 받은 전기는 변압을 거쳐 배전반으로 보내지고, 보내진 전기는 분전반으로 분기하며, 분전반에서 다시 세대 분전반으로 분기하여 각각 부하에 전력을 공급하게 된다.

아파트의 경우 한전에서 전기가 들어오게 되면 수변전실에서 고압이 저압으로 바뀌어 각 세대에 설치된 세대 분전반으로 가게 된다.

배전반과 분전반의 차이는 부하와 직접 연결되면 분전반이고, 이런 분전반에 전원을 공급해주면 배전반이라고 생각하면 된다.

좀 더 알아보면 배전반에서는 분전반으로 전원을 연결해주므로 배선차단기(MCCB)에 의해 회로가 구분되며, 세대 분전반에서는 일반 부하를 연결하여야 하므로 배선차단기와 함께 누전차단기(ELB)가 설치되어 있다.

255쪽 그림 [아파트 버스 바 단선결선도]와 256쪽 그림 [배전반 ①] 및 [배전반 ②]를 보

자. 여기를 자세히 들여다보면 'LE-관리'라는 명판에 배선차단기가 설치되어 있는데, 그 차단기와 연결된 곳을 찾아가 보면 'LE-관리'라는 분전반이 설치된 곳을 찾을 수 있다. 세대 분전반의 문을 열면 전열과 전등 부하로 연결되어 있으며, 누전차단기가 각각의 부하에 연결되어 있음을 확인할 수 있다.

이 경우는 배전반에서 직접 세대 분전반으로 연결된 형태인데, 규모에 따라 분전반을 거치는 경우와 그렇지 않은 경우가 있다.

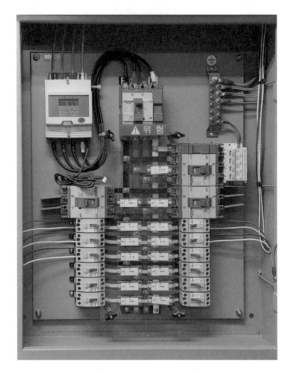

[LE-관리 분전반 내부]

마찬가지로 자세히 들여다보면 'LE-방재'라는 명판에 배선차단기가 설치되어 있는데, 그 차단기와 연결된 곳을 찾아가 보면 'LE-방재'라는 세대 분전반이 설치된 곳을 찾을 수 있다. 분전반의 문을 열면 소화전, CCTV, 비상 방송 설비, 소방 수신기, 소방 전원반 부하로 연결되어 있으며, 누전차단기(ELB)에 연결되어 있음을 확인할 수 있다.

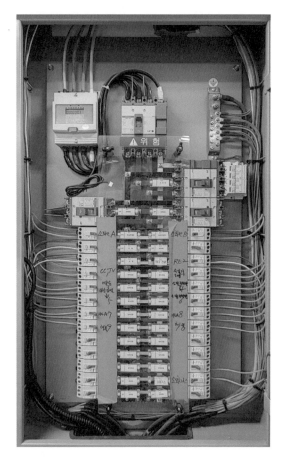

[LE-방재 분전반 내부]

4 누전이란 무엇일까?

갑자기 누전차단기가 떨어졌을 때(내려갈 때, 작동할 때)는 어떻게 해야 할까? 먼저, 누전이 무엇인지를 알아보자. 누전(漏電, electric leakage, short circuit, leak of electricity)이란 전류가 전깃줄 밖으로 새어 흐른다는 의미이다. 누설 전류(漏洩 電流)가 원어로, 누수(漏水)가 물이 새는 것을 말하듯 전기가 새는 것이 누전이다.

다시 말해, 전기를 보내는 전원 측에서 10A의 전류를 보냈다면 전기를 사용하는 부하 측을 거쳐 다시 똑같은 10A의 전류가 돌아와야 한다. 하지만 어디선가 1A의 전류가 새어나갔다면 돌아오는 전류는 10A가 아닌 9A가 될 것이다.

이것은 키르히호프의 제1법칙 전류 법칙(KCL, Kirchhoff's Current Law)에 따른 것이다.

누전은 잘 알다시피 매우 위험하다. 대형 화재의 원인이 되기도 하고, 감전의 원인이 되기도 하므로 대수롭지 않게 여겼다가는 큰코다칠 수 있으니 조심해야 한다.

누전은 도체를 감싸고 있는 절연체 또는 피복이 벗겨지는 등 손상되면 일어난다.

■ 누전이 생기는 이유

- 물과 습기로 인한 누전은 가정집이나 아파트에서 가장 많이 발생한다.
- 건물 누수로 인한 누전은 건물에 균열이 생겨 틈 사이로 빗물이 타고 들어와 문제를 일으킨다.
- 위층 누수로 인한 누전은 위층의 화장실이나 주방, 욕실 그리고 세탁기가 놓인 베란다 등에서 주로 발생한다.
- 결로(結露)로 인한 누전은 겨울철에 많이 나타나는 현상으로 밖의 차가운 공기와 집안의 따뜻한 공기가 만나 물방울이 생기게 되는데, 온도와 습도를 조절하면 문제를 해결할 수 있다. 주로 베란다에서 발생한다.
- 전선의 노후화로 인한 누전은 전선을 감싸고 있는 피복이 오랜 기간 사용으로 인하여 열화[22]됨에 따라 발생하는데 전선을 교체하여야 한다.

22) 열화(劣化): 절연체가 외부적인 영향이나 내부적인 영향에 따라 화학적 및 물리적 성질이 나빠지는 현상.

• 누전차단기 불량으로 인한 누전은 사용 기한을 넘겨 사용한 차단기이거나 처음부터 불량인 경우인데, 한 달에 한 번 정도 테스트를 해주면 좋다. 테스트 방법은 누전차단기의 스위치를 올린 후 스위치 아래 노란 버튼을 1~2초 정도 눌러 차단기가 떨어지면 정상이며, 그렇지 않으면 불량이다. 또, 스위치가 올라가지 않거나 버튼을 눌렀을 때 반응이 없으면 불량이므로 교체하여야 한다.

누전이 생기는 이유를 알아보았으니 누전을 예방하는 방법은 그리 어렵지 않을 것 같다. 왜냐하면 거꾸로 생각하면 될 테니 말이다. 습기, 노후화, 차단기 불량 등을 점검하면 누전을 막는 데 도움이 된다.

5 EPS·TPS·MDF실

이번에는 EPS·TPS·MDF실로 가보자.

- EPS(Electric Pipe Shaft): '전기 케이블 통로'라고 번역할 수 있으며, 전기실 배전반에서 들어온 전력 케이블이 천장의 케이블 트레이를 따라 분전반으로 연결되어 있다.

- TPS(Telecommunication Pipe Shaft): '통신 전용 케이블 통로'이다. 보통 EPS실과 함께 있는데, 따로 설치된 경우도 더러 있다.

[EPS · TPS실 출입문]

[EPS · TPS실로 들어오는 인입선로]

분전반 명판에는 'LE-B1'이라고 적혀있는데, 전기실의 배전반에서 들어온 전력 케이블과 연결되어 있다. 이 분전반에는 전열과 전등은 물론, 차량 검지기, 시스템 에어컨, 자동문, 방화셔터, 음식물 처리기, 차량 유도등, 무인택배함, 각 통신사 전원이 물려있음을 볼 수 있다.

[분전반]　　　　　　[분전반 내부]

- MDF(Main Distribution Frame): 외부 케이블과 내부 케이블이 연결되는 곳이다.

　그뿐만 아니라, 동파 방지 컨트롤 패널, 통신 장비, 통신사 전원 분전함, TV 단자함, IDF 단자함, 홈네트워크 함, ACU 단자함, CCTV 단자함, 유선방송 장비 등도 함께 설치되어 있다.

- IDF(Intermediate Distribution Box): 중간단자함으로 중간 통로라고 생각하면 된다.

- ACU(Adaptive Connection Unit): 통신용 전화와 인터넷, 데이터를 함께 사용할 수 있는 기기이다.

[MDF]

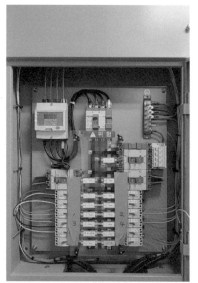

[MDF 내부]

[동파 방지 컨트롤 패널]

[통신선]

[통신업체 분전함]

[TV 단자함]

[IDF 단자함]

[ACU 단자함 및 홈네트워크 함]

[CCTV 단자함]

[유선방송 장비]

이곳에도 혹시 모를 화재에 대비하기 위해 전기실에서처럼 가스계 소화기가 벽면에 부착되어 있으며, 화재 시에는 이산화탄소 가스가 분출되어 불을 끌 수 있도록 해놓았다.

[가스 소화기]

6 급·배기 팬과 유인 팬

이번에는 지하주차장으로 가보자.

여기도 마찬가지로 전기실 배전반에서 보내준 전력과 연결된 분전반이 있는데, 지하주차장 환기를 위한 시설이다.

'MCP-B2-N1'이라는 명판이 붙어있는 분전반인데, 위에 전압지시계와 전류지시계가 붙어있다. 전압은 선간전압으로 RS, ST, TR을 각각 돌려가며 전압의 상태를 볼 수 있다. 현재 R상과 S상 간의 선간전압이 380V를 가리키고 있으며, R상의 전류는 0A를 가리키고 있어 전압은 정상이지만, 송풍기 또는 유인 팬이 운전되고 있지 않음을 알 수 있다.

여기서 잠깐 3상4선식에 대해 알아보자.

3상4선식은 R, S, T, N 이렇게 4개의 도선으로 3상 기기에 전기를 공급하는 방법이다. 도선 가운데 1개는 중성점(N)에, 다른 3개(R, S, T)는 각각 3개의 상에 접속한다.

R, S, T는 각각 상끼리 120도의 위상차를 가지고 있으며, N은 R, S, T 3상 모두에 대하여 중성을 띄는 선으로 'Neutral'이라고 한다.

예를 들어, 전원이 3상4선식, 380V/220V라고 할 때, R과 S는 380V, S와 T도 380V, T와 R 또한 380V이다. 그리고 R과 N은 220V, S와 N도 220V, T와 N 또한 220V로 출력된다. 3상의 380V 동력과 220V 단상을 동시에 쓸 수 있는 이점이 있다.

2단 셀렉터 스위치는 송풍기와 유인 팬이 모두 자동 운전되도록 'AUTO'에 맞춰져 있지만, 현재는 운전되고 있지 않아 초록색 푸시버튼 스위치에 불이 들어와 있음을 알 수 있다.

[분전반(원 안은 전압 지시계)]

분전반 문을 열고 내부를 살펴보자.

내부에는 송풍기를 작동시킬 수 있도록 배선차단기, EOCR 등 전기 기구들이 배치되어 있으며, 분전반 문 뒷면에는 문 앞면에서 송풍기와 유인 팬을 조작할 수 있도록 여러 계전기가 연결되어 있다.

- **전자식 과부하 계전기(電子式 過負荷 繼電器, EOCR, Electronic Over Current Relay)**: 전자식 과전류 계전기라고도 한다. 부하가 많이 걸리면 그만큼 전류도 많이 흐르기 때문이다. 예전에는 OCR(Over Current Relay)이라고 과전류가 발생하면 열이 발생하여 접점을 떨어뜨리는 방식이 사용되었으나, EOCR은 OCR보다 좀 더 미세하게 세팅할 수 있어 최근에는 EOCR을 많이 사용한다.

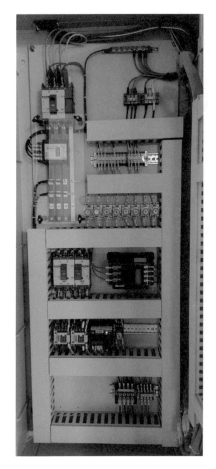

[분전반 내부] [분전반 문 안쪽]

[EOCR]

팬 룸 안 벽면에는 급·배기 팬, 댐퍼가 설치되어 있고, 지하주차장 천장에는 유인 팬이 설치되어 있다.(165쪽 **그림 [급·배기 팬, 댐퍼, MCC 패널, 유인 팬]** 참고) MCC 패널의 조작 스위치를 통해 운전하게 되면, 건물 밖의 신선한 공기가 급기(송풍) 팬을 통해 지하주차장 안으로 들어오게 되고, 넓은 주차장의 원활한 공기 순환을 위해 천장 곳곳에 유인 팬이 설치되어 있어 오염된 공기를 마지막 배기 팬을 통해 건물 밖으로 빼내게 되는 구조이다.

앞서 살펴보았듯이 이 MCC 패널은 스위치가 모두 자동으로 세팅되어 있으므로 방재실에 있는 자동제어 감시반에서 운전할 수 있다. 덧붙이자면 현장에 설치된 설비들의 조작 스위치를 자동으로 놓아야만 방재실의 자동제어 감시반을 통해 원활하게 제어할 수 있다는 것이다.

자동제어 감시반에서는 지하주차장의 일산화탄소(CO)량에 따라 자동운전을 하거나, 시간을 정하여 스케줄링을 통하여 운전할 수도 있고, 때에 따라서는 수동으로 운전할 수 있도록 설계되어 있다.

이런 급배기 팬과 유인 팬은 지하주차장 모든 층에 설치되어 있으니 확인해 보기 바란다. 보통 하루에 두세 차례 가동하여 자동차 매연으로 인한 지하주차장의 탁한 공기를 빼내주면 좋을 것이다.

7 배수·패키지 펌프

이제 건축물 맨 아래 지하층으로 내려가 보자.

'MCP-B3-E1'이라는 분전반이 설치되어 있는데, 명판을 보니 배수펌프이다. 빗물이나 생활하수 또는 지하수 등을 모으는 집수정(集水井)에 배수펌프가 설치되어 있는데, 이는 집수정에 일정 수위 이상의 물이 차면 배수펌프가 작동되어 배수하고, 그렇게 물을 퍼내고 나면 일정 수위 아래로 내려가게 되는데 이때는 배수펌프가 작동을 멈추게 된다.

[배수펌프 분전반]

분전반 앞면은 선간전압을 볼 수 있는 전압계와 상전류를 확인할 수 있는 전류계가 위에 자리 잡고 있다. 아래쪽에는 스위치를 자동과 수동으로 전환할 수 있는 셀렉터 스위치가 모터 각각에 설치되어 있다. 현재는 자동으로 세팅되어 있지만 운전되고 있지 않으므로 푸시버튼 'OFF'의 초록색에 불이 들어와 있다.

또, 모터는 두 개를 설치하여 교대로 운전할 수 있게 하였으며, 하나가 고장 날 때도 예비 펌프로 쓸 수 있게 하여 배수에 문제가 없도록 하였다.

이 분전반에도 속을 들여다보면 배선차단기와 EOCR, 콘덴서(condenser)[23], 릴레이[24] 등 전기기기와 전선들로 빼곡하다. 분전반의 문짝 뒤에도 마찬가지다.

[분전반 내부]

[분전반 문 안쪽]

---

23) **콘덴서(condenser):** 전기 용량을 얻기 위한 장치. 보통 두 장의 서로 절연된 금속 또는 전기 전도율이 높은 도체를 전극으로 하고, 그 사이에 절연체를 넣어 이 사이에서 생긴 정전 용량(靜電 容量)을 이용한다.

24) **릴레이(relay, 계전):** 전압을 가한 회로의 전류 변동을 이용하여 다른 회로의 전류를 원격 조정하거나 자동으로 제어하는 전자기 장치. 전신, 전화 따위에서 통신 전류의 변화를 중계하는 일에 쓰인다.

여기에는 특별한 것이 설치되어 있는데, 앞서 배웠던 진상용 콘덴서가 모터마다 하나씩 연결되어 있음을 볼 수 있다. 역률을 높이기 위한 수단이며, 그만큼 부하가 많다는 이야기다. 그리고 EOCR도 두 개가 설치되어 있는데 특이하게 레벨 컨트롤러[25]가 설치된 것을 확인할 수 있다. 이는 집수정의 수위를 확인하여 모터를 동작시키거나 동작을 멈추게 하는 데 이용된다.

[콘덴서]

[EOCR]

[레벨 컨트롤러]

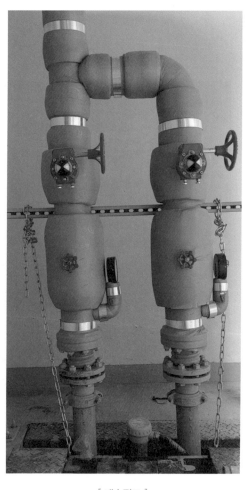

[배수펌프]

---

25) 레벨 컨트롤러(level controller): 레벨 센서 신호를 받아 디지털로 표시하며, 유니트(unit) 내 릴레이가 동작하여 'START 1', 'START 2', 'HIGH ALARM', 'BUZZER'를 출력한다.

또 다른 배수펌프장이 있는데 패키지 펌프(packagepump)이다. 이 또한 지하 맨 아래 층에 설치되어 있는데, 패키지라는 의미는 탱크와 펌프가 하나의 세트(set)로 시공된다 는 뜻이다. 건물 지하에 하수 및 오수의 집수정 용도로 사용하며, 설치가 간편하고, 기존의 집수정에서는 악취가 나며 벌레가 서식하는 데 비해 패키지 펌프는 그런 단점 을 보완하였다.

배수하는 방식은 위의 배수펌프와 똑같다.

정화조 제어반을 살펴보자.

여기에는 상가와 아파트의 정화조가 따로따로 설치되어 있으니 분전반도 두 개다. 분전반 패널을 살펴보면 전압계와 전류계가 정상에 있고, '비상 정지' 버튼도 보인다. 블로어[26] A, B와, 배수 A, B, 배기 팬, 청소 등의 푸시버튼이 있고 현재 블로어 A가 동작하고 있다는 것을 '빨간색' 버튼이 점등되어 있어 알 수 있다. 셀렉터 스위치는 모 두 '자동 모드'에 세팅되어 있다.

[정화조 제어반]

분전반의 속을 들여다보면 아래와 같이 여러 가지 전기기기들로 빼곡히 차 있음을 확인할 수 있다. 다른 분전반에서와 같은 배선차단기, 진상용 콘덴서, 릴레이 등이 보 인다.

---

26) 블로어(blower) : 정화조에 공기를 불어 넣어 주는 펌프를 말한다.

특히 여기서는 타이머(timer)가 두 개 설치되어 있는데, 하나는 블로어 타이머이고 나머지 하나는 배기 팬 타이머로 사용되고 있다. 설정된 특정 시간에만 블로어와 배기 팬이 가동되도록 한 것이다.

[정화조 제어반—내부]   [정화조 제어반—문 안쪽]   [정화조 타이머]

지금까지 수변전실과 수변전실 배전반에 연결된 지하의 분전반들에 대해 알아보았다. 사실 처음 보는 도면과 시설이 어렵지, 하나씩 찾아서 따라가다 보면 그리 어려울 것도 없을 것이다.

다만, 처음 입주하는 단지라면 신경 써서 봐야 한다. 상가 급수배관인데도 불구하고 버젓이 아파트 급수배관이라고 적혀있기도 하니 말이다. 전기도 마찬가지 경우가 심심치 않게 발견된다. 상가 에어컨 전기 사용량 원격 검침이 홀수 호수는 정상인데 짝수 호수는 엉터리인 경우도 있고, 어떤 대형 호실은 추가로 공사하면서 검침이 아예 안 되도록 결선한 곳도 있어 애를 먹기도 한다.

어쨌거나 이런 것들은 담당 직원의 관심이 동반되어야만 이른 시일 내에 발견하고 바로잡을 수 있으니, 입주 단지라면 더욱 세심하게 신경 쓸 부분이라 하겠다.

지하층을 다 둘러봤으니 이번에는 지상으로 올라가 보자.

근린생활시설이라고 하는 상가가 지하 1층과 지상 1, 2층에 입점해 있으니, 각층의 분전반에는 각 호실로 들어가는 계량기와 원격검침기가 설치되어 있다. 그리고 화재 시 사용되는 가스 소화 설비가 갖추어져 있다.

지상의 EPS·TPS실도 지하의 EPS·TPS실과 크게 다르지 않다. 아래 그림은 EPS·TPS실의 문을 열었을 때 정면의 모습과 좌·우측의 사진이다.

[EPS · TPS실—정면]　　　[EPS · TPS실—왼쪽]　　　[EPS · TPS실—오른쪽]

수변전실에서 보내진 전기가 천장 버스 덕트(bus-way duct)를 타고 이곳 EPS·TPS실로 연결된 것을 확인할 수 있다.

■ 버스 덕트: 버스 덕트의 구조는 구리나 알루미늄으로 된 나도체(裸導體)를 난연성(難燃性), 내열성(耐熱性), 내습성(耐濕性)이 풍부한 절연물로 지지하는 것과, 절연한 도체를 강판이나 알루미늄판으로 만든 덕트 안에 수용한 것이 있다. 버스 덕트는 건축물의 저압 대용량 배선 설비나 이동 부하에 전원을 공급할 목적으로 많이 사용된다.

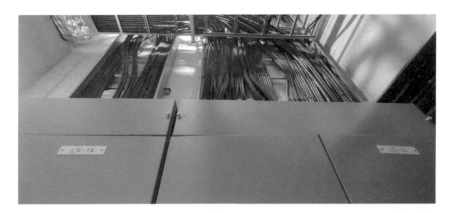

[버스 덕트]

3층에는 주민 공동 시설이 있는데 여기도 함께 살펴보자.

전열과 전등, TV 전원, 동파 방지 전원, CCTV 전원, 홈네트워크(home network) 전원, 시스템 박스[27], 로비 폰(lobby phone), 실외기[28], 자동문, 전열교환기[29] 등에 전원을 공급해주고 있다.

이제 아파트의 각층 복도에 설치된 EPS·TPS실로 가보자. 층별로 모두 같은 형식으로 설비가 되어 있다. 물론 세대수가 적거나 크거나의 차이는 있을 수 있겠다.
먼저 'LN-3A'라는 분전반인데 층으로 들어가는 배선차단기가 설치되어 있다.

그리고 분전함에서 나온 전기선은 세대별로 설치된 세대 내 분전반으로 연결되어 있다.

잘 살펴보면 세대를 방문하지 않고도 검침할 수 있도록 전력용 계량기가 원격 검침기와 나란히 붙어있음을 볼 수 있다.

또, 수도시설에 대한 동파 방지 컨트롤 패널에도 전원을 공급하고 있다.

---

27) 시스템 박스(system box): 바닥에 전기 플러그를 꽂을 수 있도록 설치한 콘센트 함을 말한다.
28) 실외기(室外機, outdoor fan): 에어컨이 작동하면서 생기는 뜨거운 바람을 실외로 빼내는 장치로 실외에 설치한다.
29) 전열교환기(全熱交換器, total heat exchanger): 열교환 형식의 하나이다. 공기 조화에서 환기를 실행할 때 실내의 열을 놓치지 않고 그 열을 외부로부터의 급기로 옮겨 실내로 되돌아오게 하는 열교환기이다.

한편 옆으로는 TV 단자함이나 인터넷 등 통신 케이블과 구내 전송 증폭기, 광대역 증폭기, 통신 3사의 안테나 연결 케이블, IDF 단자함과 방송 단자함이 설치되어 있다.

마지막으로 EPS·TPS실 옆으로는 통신 3사를 위한 통신 장비들이 설치되어 있는데, 세대에서 인터넷이나 전화 가입 신청 시 처리하는 방이다.

이렇게 해서 세대를 위한 전력 공급도 마쳤다. 이제 옥탑 층과 옥상으로 올라가 보자.

옥탑 층에는 'PP-PH-A'라는 분전반이 있는데 전실 제연 급기 팬[30]을 제어하는 곳이다. 전실 제연이란 승강기에서 문을 열고 나와 복도나 비상계단을 나가기 전의 공간으로, 화재 발생 시 그곳 전실을 안전한 임시 대피 공간으로 사용하기 위해 전실에 있는 연기를 빼주고 깨끗한 공기를 불어 넣어 주게 된다. 이 분전반에서도 마찬가지로 배선차단기와 누전차단기가 설치되어 있다.

그리고 승강기를 제어하는 승강기 기계실이 있는데 'ELEV-A'라는 분전반이다. 여기서는 단순하게 승강기 제어반에 전원만 공급하므로 배선차단기와 누전차단기가 설치되어 있다.

옥상층에는 태양광발전[31] 설비가 설치되어 있으며, 거기서 발전한 전기를 수변전실에서 부하에 우선 사용하는 구조로 설계되어 있으며, 태양광 발전으로 얻어진 전기만큼 한전의 전기를 덜 사용하는 것이라 그만큼 전기요금이 절약된다.

---

30) 전실 제연 급기 팬(前室 制煙 給氣 —): 비상용 승강기의 승강장이나 특별 피난 계단에 설치하는 설비로, 전실에 화재로 생긴 연기가 들어오지 못하도록 하는 설비이다. 또, 송풍기의 유입 풍속을 통해서도 전실에 연기가 들어오지 못하게 한다.

31) 태양광발전(太陽光發電, solar photovoltaic): 태양에너지에 의한 발전 기술의 한 가지로, 태양의 빛 에너지를 태양전지라는 광전 변환기를 써서 직접 전기에너지로 변환시켜 이용하는 것이다. 이는 부분적으로 빛을 이용하는 것이기 때문에 흐린 날에도 이용이 가능하여 태양 에너지 이용 효율이 열 발전에 비해 높다.

8 전기 시설물 유지·관리 주의 사항

- 수변전실의 변압기에서 평상시와 다른 소음이 나는지 확인한다.

- 수변전실에서 전선이 타는 냄새가 나는지 확인한다.

- 수변전실 바닥은 깨끗하게 청소하고, 배수로는 깔끔하게 정비한다.

- 수변전실의 변압기 온도가 너무 높지 않은지 확인한다.

- 수변전실의 모든 조작 스위치는 자동(AUTO)으로 놓여있는지 확인한다.

- 수변전실은 순찰할 때를 제외하고 평상시에는 반등[32] 상태로 유지하여 에너지를 절약한다.

- 수변전실에 설치된 가스 소화 설비의 조작 스위치는 자동(AUTO)으로 놓여있는지 확인한다.

- 수변전실에 배치된 소화기는 제 위치에 있는지 확인한다.

- 수변전실의 계량기는 제대로 동작하고 있는지 확인한다.

- 수변전실, 비상 발전기실, EPS실, TPS실, MDF실은 외부인이 출입할 수 없도록 반드시 잠가두고 사용한다. 단, 수변전실과 비상 발전기실이 붙어있을 때는 비상 발전기실은 문은 닫되 잠그지 않는다.

- 비상 발전기 운전반의 조작 스위치는 자동(AUTO)으로 놓여있는지 확인한다.

- 비상 발전기에 누유된 부분은 없는지 확인한다.

- 비상 발전기에 연료는 적정하게 채워져 있는지 확인한다.

- 비상 발전기실에 설치된 가스 소화 설비의 조작 스위치는 자동(AUTO)으로 놓여있는지 확인한다.

---

32) 반등(半燈): 전체 등의 반이나 그 이하의 등만을 켜놓아 평상시에 에너지를 절약하기 위한 것인데, 완전히 꺼놓은 것이 아니므로 비상시에도 시설물을 확인할 수 있다.

- 비상 발전기실에 배치된 소화기는 제 위치에 있는지 확인한다.

- 배전반이나 분전반의 배선차단기는 사용하는 것이나 예비용(spare) 모두 올려진(ON) 상태인지 확인한다.

- 전기 공사를 할 때는 반드시 이중삼중으로 전원을 차단한 후 작업하도록 한다.

- 반드시 '2인 1조'로 작업한다.

9 변압기 온도 관리

한여름철에는 바깥 기온이 40℃에 육박할 정도의 타는듯한 더위로 뜨거워지고, 그 뜨거운 열기를 식히기 위해 각 세대에서는 에어컨을 강하게 켜게 된다. 그러다 보니 변압기는 쉴 새 없이 돌아가고, 부하가 많이 걸리다 보니 변압기는 많은 열을 뿜어내게 된다. 더운 날씨에 열까지 많이 나니 잘 관리해주어야 한다는 얘기다.

냉방 시설이 잘 갖춰진 전기실(수변전실)이라면 모르겠지만, 그렇지 않다면 변압기의 온도 상승에 촉각을 곤두세워야 하는 이유다. 고가(高價)의 전기설비 보호뿐만 아니라 세대에 안정적인 전기 공급을 위해서 말이다.

아래와 같은 방법으로 변압기 온도를 낮춰보자.
- 변압기가 설치된 큐비클의 환풍기를 가동한다.
- 변압기가 설치된 큐비클의 문을 활짝 열어둔다.
- 변압기 앞에 대형 선풍기를 틀어 놓는다.
- 전기실의 공조 시스템[33]을 가동한다.
- 전기실에 에어컨을 설치하여 시원하게 가동한다.

아래 그림은 800kVA 변압기 온도가 60℃에 육박하여 점검한 자료로서, 기온이 가장 높을 때 1주일간 측정한 것이다. 실제 변압기 온도는 74.5℃까지 상승하고 있음을 확인할 수 있다. 물론 측정 부위가 권선인지, 철심인지에 따라 다를 수는 있다.

---

33) 공조 시스템(空調 —, heating, ventilation, air conditioning system): 뜨겁거나 차가운 공기를 천장 배관을 통해 작업장 등 실내에 유입시켜 온도를 조절하거나 환기를 통해 먼지를 제거하는 설비이다.

수변전실 변압기 온도 추이 현황

현장명 : 행복플러스 아파트 　　　　　　　　　　　　　　　단위 : ℃

no	날짜	기상청 온도	변압기1 200KVA	변압기2 350KVA	변압기3 800KVA	비고
1	2021.08.09	33	50.3	51.2	58.3	
2	2021.08.10	32	53.1	51.9	56.4	
3	2021.08.11	32	50.8	51.9	57.1	
4	2021.08.12	32	51.4	52.1	57.5	
5	2021.08.13	31	51.2	52.3	56.7	
6	2021.08.14	30	51.2	51.6	57.3	
7	2021.08.15	31	51.5	51.6	57.5	

[변압기 온도 측정]

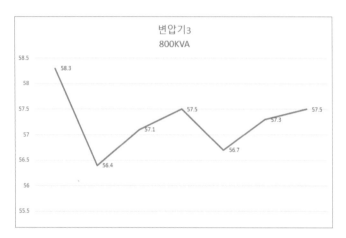

[변압기 온도 추이]

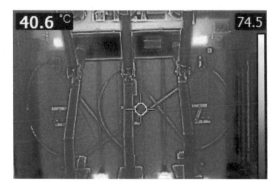

[변압기 열화상 사진 ①]

[변압기 실화상 사진 ②]

님아, 그 오솔길 놓치지 마오!

지난주 21구간인 우이령길을 마지막으로 총연장 72.5km의 북한산 둘레길을 모두 걸었다.

올해 2월, 동장군이 채 물러가기도 전에 시작한 나의 두 번째 완주는 겨울을 지나 봄과 여름을 아우르도록 계획했으며, 시작과 끝 지점의 근처 '맛집 기행'을 곁들이기로 했다.

사실 첫 번째 걸을 때는 단체로 움직이느라 시간적으로나 정신적으로 여유가 없었는데, 이번에 제대로 걸어보자는 다짐이었다. 핵심은 여유롭게 걸으며, 일상에 지친 몸과 마음을 달래는 데 초점을 맞췄다. 느림의 미학을 실천하고, 오솔길 낭만도 맘껏 즐겨보기로 했다.

정상만 바라보면서 수직으로 걷던 우리에게 '둘레길'은 발상의 전환이 가져다준 좋은 예다. 십여 년 전 산악회 총무를 맡아 산행을 기획하던 바로 그 생각이 수평으로 걷는 지금의 둘레길이 아닌가 싶다. 천천히 걸으며, 자연과 하나 되어 보고, 듣고, 느끼며, 숲속에 오랫동안 머물다 쉬고 오자는 그 생각.

북한산 국립공원은 '단위 면적당 가장 많은 탐방객이 찾는 국립공원'으로 기네스북에 등재돼 있다. 숲길, 흙길, 물길로 이어져 있으며, 이따금 마을을 지나가기도 한다. 좀 걸어본 사람이라면 걷기가 왜 신이 인간에게 준 가장 아름다운 선물로 불리는지를 알 것이다.

휑하던 2월과는 달리 지금은 온통 싱그러움이 일렁이는 초록 물결이다. 숲길을 나와 땀에 젖은 옷을 짠다면 푸른 물이 뚝뚝 떨어질 것 같다. 그 숲은 온갖 생명을 잉태하며 키우고 있고, 그 속에 나도 있다.

산 벚꽃이 듬성듬성 하얀 속살을 드러내며 산자락을 수놓던 때가 엊그제 같은데, 벌써 까만 버찌는 밤하늘의 별들처럼 아롱아롱 매달려 있다.

깎아 지르는 듯 웅장함을 자랑하는 도봉산의 자운봉과 만장봉, 선인봉은 한 폭의 수묵화가 따로 없기에 걷는 내내 고개가 절로 돌아간다. 뒤질세라 백운대와 인수봉, 만경대는 '삼각산'이라 부를 만큼 빼어난 모습으로 북한산의 자태를 뽐내고 있다.

길은 총 21개 구간으로 구성돼 있는데, 같은 길이 하나도 없다. 숲이 주는 피톤치드를 마음껏 마시면서 편안하게 걷기에는 순례길과 소나무숲길, 우이령길이 좋다. 약간의 산행 기분을 느끼고 싶다면 명상길과 옛성길, 산너미길을, 짧게 산책을 즐기고 싶다면 왕실묘역길과 마실길이 안성맞춤이다.

그중에서 세 손가락만 꼽으라면 산너미길과 구름정원길 그리고 우이령길을 추천하고 싶다.

'산너미길'은 숲속 깊은 곳까지 굽이굽이 이어지는 오솔길에다, 시원하게 흐르는 계곡물을 건너는 작은 다리도 있어 산행에 재미를 더한다. 턱까지 차오르는 숨을 참고 고개를 넘으면 앞이 탁 트인 전망대가 나오는데 땀 흘린 보람이 있다. 거북바위에 앉아 바라보는 수락산과 천보산이 손에 잡힐 듯 가깝고, 의정부와 멀리 양주까지 한눈에 들어와 가슴이 뻥 뚫리는 느낌이다.

'구름정원길'은 늘 사람들로 북적인다. 불광역에서 시작해 진관사 입구까지 이어지는 데다 마을과 가깝게 있어 접근성이 좋기 때문이다. 처음 둘레길이 만들어졌을 때부터 인기가 좋은 구간으로 소문이 났다. 평평한 길은 하나도 없이 좁은 길을 오르내리기를 반복하는데 전혀 지루하지 않다. 울퉁불퉁 오솔길을 따라 걷다 보면 숲이 보이고, 새소리, 바람 소리가 들리며, 꽃 내음을 느끼기 시작한다. 그리고 얼마 지나지 않아 현재 상태의 내 모습을 보게 된다.

'우이령길'은 강북구 우이동에서 양주시 교현리에 이르는 넓은 길로, 미 공병부대가 1965에 완공한 신작로다. 박정희 대통령 암살을 위해 넘어온 무장 공비 김신조 사건으로 문이 닫혔다가 폐쇄 41년만인 2009년 개방되어 시민들의 품으로 돌아왔다. 나는 개인적으로 이 길을 자주 걷곤 한다. 신발 벗고 맨발로 걷는 재미도 쏠쏠하거니와 볼 때마다 신비로운 오봉은 덤이다.

북한산 둘레길은 서울 도심에 있어 시민들의 사랑을 듬뿍 받고 있다. 완주증을 보니 올해도 벌써 1,300여 명이나 완주했다. 도심에 있지만, 원시림 못지않은 숲으로 둘러싸여 있어 공기도 도시의 그것과는 사뭇 다르다.

하반기의 시작과 함께 곁에 있는 북한산 둘레길을 걸어보는 건 어떨까?

—《한국아파트신문》(제1225호, 2021. 7. 6.)

Memo

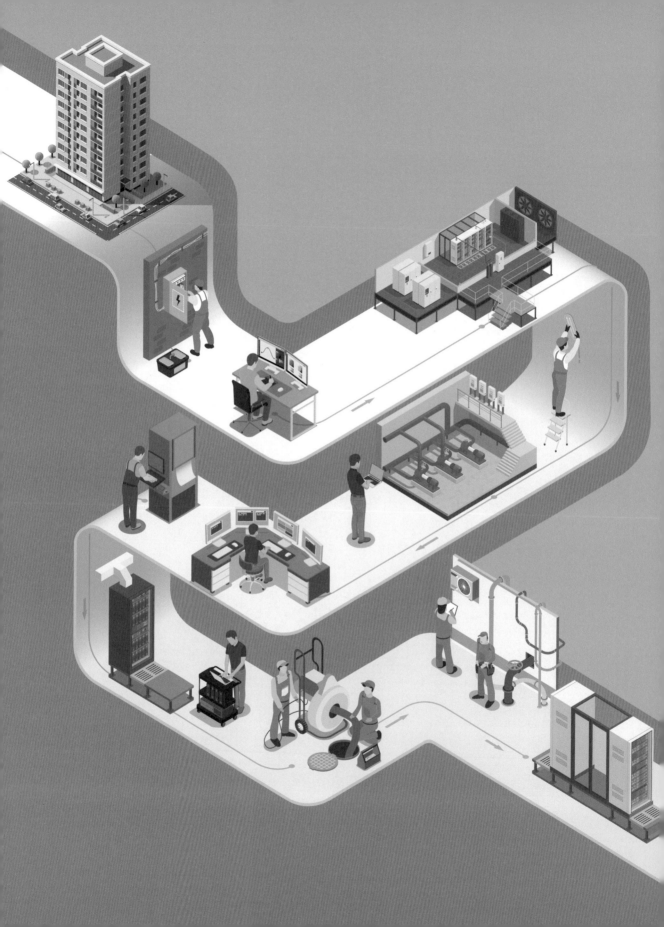

제4장

소방 시설물 유지·관리

| 행복남의 행복 충전소 | 당신은 누구십니까

제4장 소방 시설물 유지·관리

관리사무소 직원이라면 다 느꼈을 것이다. 소방 시설물로 인한 스트레스가 이만저만이 아니라는 사실을…. 시도 때도 없이 울려대는 감지기 오작동으로 인한 경종 소리는 얼마나 날카롭고 크게 들리던지 정말이지 더는 듣고 싶지 않은 소리다.

쇠로 만든 종을 후려쳐 나오는 소리라 그런지 '지금 불이 났으니 빨리 대피하라'는 방송 문구보다 더 강렬한 전파 효과가 있다. 그러기에 이 소리를 들으면 몸은 무조건 반사적으로 방재실로 뛰어가고, 화재 수신기에 뜬 정보를 스캔(scan)하기에 여념이 없다. 그리고 직원에게 몇 층 어디로 가서 확인하고 전화하라고 말한 뒤 초조하게 기다린다.

그런 와중에도 불이 났으니 빨리 대피하라는 방송은 계속해서 나가니 몸이 달 수밖에 없다. 이런 이벤트(event)가 몇 번 있고 나면 정말 기운이 다 빠져 기진맥진하기 일쑤다. 그러니 소방안전관리자로 선임이 되었거나, 단지를 책임지는 소장이라면 그 무게는 가중될 수밖에 없을 것이다.

〰〰〰〰〰

새로운 단지에 부임하게 되면 가장 먼저 챙기는 것이 화재 수신기다. 소홀히 했다가는 자칫 대형 사고로 이어져 재산 피해는 물론 인명 피해까지 입힐 수 있으니 여간 신경 쓰이는 게 아니다.

따라서 소방 시설만큼은 완벽에 가까울 만큼 정석대로 관리하는 습성을 가지는 것이 좋다. 사람은 거짓말을 해도 기계는 거짓말을 못 하지 않는가! 문제가 되지 않은 때야 상관없다지만, 문제가 터지고 나면 그동안 소방 시설물을 어떻게 관리했느냐에 따라 사고에 대한 책임을 몽땅 떠안을 수도 있고, 그렇지 않을 수도 있다.

화재 수신기는 수신기에서 일어나는 모든 이벤트 그러니까 화재가 발생했거나, 누군가 기기를 조작한 사실을 날짜와 시간과 함께 상세하게 기록하여 저장하게 된다. 그러니 새삼 '기계는 거짓말을 못 한다'는 얘기를 하는 것이다.

여러분은 어느 쪽을 택하겠는가? 당연히 사고에서 벗어나 자유로울 수 있는 후자를 택할 것이다. 그렇다면 지금부터라도 설명서대로 점검하고 관리하도록 하자. 굳이 소방 기기들을 꺼놓고 불이 나지 말라고 불안하게 요행을 바랄 필요는 없지 않은가?

소방 시설은 1년에 두 차례 '소방 시설 종합 정밀 점검'과 '소방 시설 작동 기능 점검'을 법적으로 하게 되는데, 이때도 점검에 앞서 점검업체 팀장에게 하나에서 열까지 사소한 것이라도 빠짐없이 체크해 달라고 당부해야 한다. 그리고 점검한 내용을 가감 없이 소방서에 그대로 보고하라고 얘기한다. 이는 소방 시설만큼은 안전하게 관리하자는 의미이다.

소방 시설의 공사는 되도록 소방시설공사업법에 따른 공사업자에게 맡기는 게 상책이다. 그리고 공사를 하기 위해 화재 수신기를 조작하거나, MCC 패널을 조작하는 등 공사 전반에 걸친 작업은 그들이 직접 하게 하는 것이 좋다. 공사를 하다 보면 예기치 않은 문제 내지는 사고가 발생하는 경우가 종종 있어 그에 따른 시시비비를 다툴 여지를 아예 없애자는 것이다.

〰〰〰

여기서는 소방 시설에 대한 전반적인 이야기를 살펴볼 것이다.

1 화재 수신기 알아보기

화재 수신기는 방재실 안에 설치되어 있다. 방재실(central monitoring center)은 소방 설비 수신기, 방송 앰프(amplifier), TV 증폭 설비, CCTV[1] 모니터 및 DVR[2] 설비 등을 설치하여 재해를 감시하는 곳이다.

화재 수신기는 감지기(感知機)와 발신기(發信機)로부터 화재 신호를 수신하여 경보 장치를 기동(起動)시키고 화재 발생 및 화재 발생 위치를 표시하는 기능을 한다. 또, 화재 시 자동으로 작동되어야 하지만 그렇지 않을 경우, 자체적인 화재 감지 기능이 없는 비상 방송 설비, 자동 화재 속보 설비, 3선식 유도등 설비 등을 기동시키는 기능도 한다.

■ P형 수신기(Proprietary)

P형 수신기는 화재 신호를 접점 신호인 공통 신호로 수신하기 때문에 경계 구역마다 별도의 실선 배선(hard wire)으로 연결한다. 그러므로 경계 구역 수가 증가할수록 회선 수가 증가하게 된다. 대형 건물은 많은 회선이 필요하므로 설치, 유지, 보수에 문제가 되므로 소규모 건물에 설치된다.

■ R형 수신기(Record)

감지기 또는 발신기에서 보내는 접점 신호를 중계기를 사용하여 고유 신호로 전환하여 수신기에 전달하는 방식과, 통신 신호를 발신할 수 있는 주소형 감지기를 사용하여 직접 고유 신호를 수신기에 전달하는 방식이 있다. R형 수신기는 통신 신호 방식으로 신호를 주고받기 때문에 하나의 선로를 통하여 많은 신호를 주고받을 수 있어 배선 수

---

1) CCTV(폐쇄회로 텔레비전, Closed Circuit Television): 일반 방송 텔레비전과는 달리 특정 수신자를 대상으로 화상을 전송하는 텔레비전 방식이다.
2) DVR(Digital Video Recorder): 아날로그 영상 감시 장비인 CCTV를 대체하는 디지털 방식의 영상 감시 장비이다. CCTV에 비해, 화질이 뛰어나고 컴퓨터의 하드디스크를 저장 매체로 사용한다는 점이 특징이다.

를 획기적으로 감소시킬 수 있으며, 경계 구역 수가 많은 대형 건물에 많이 사용된다.

　여기서는 ㈜세이프 시스템사의 GR(Gas-Record)형[3] 복합 수신기인 'SFT-FA-S10'을 기반으로 설명하기로 한다.

　아래 그림은 'SFT-FA-S10' GR형 복합 수신기의 모습으로 자세히 살펴보면, [전원 표시등]의 상시등에 초록불이 점등되어 있어 정상을 나타내고 있다. 또, [펌프 제어반]의 소화 주펌프, 소화 예비 펌프, 소화 충압 펌프 모두에 '자동'이라는 초록불에 점등되어 있어 정상으로 유지하고 있음을 알 수 있다.

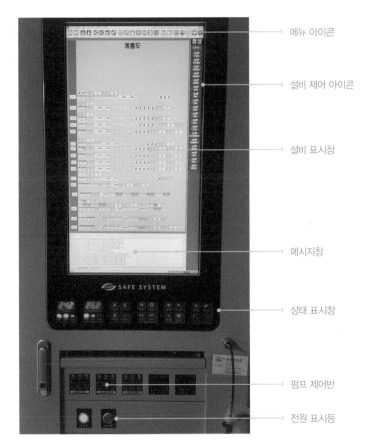

메뉴 아이콘

설비 제어 아이콘

설비 표시창

메시지창

상태 표시창

펌프 제어반

전원 표시등

[GR형 수신기]

---

3) GR형 수신기: 가스 누설 탐지기의 수신기와 겸용으로 사용하는 수신기를 신호 방식에 따라 GP, GR형 수신기라고 한다.

화재나 소방 설비에 이상이 발생할 때 여기 수신기에서 각 펌프의 동작을 제어할 수 있는데, '정지' 버튼을 눌러 멈추게 할 수 있어 기계실까지 가지 않아도 된다.

또, [상태 표시창]의 주전원과 예비전원이 모두 정상적으로 작동하고 있음을 보여주고 있으며, 각종 메뉴와 자주 사용하는 아이콘을 따로 빼놓아 수신기의 편의성을 높였다.

■ 축적 표시

감지기가 동작 시 '축적' 모드(mode)로 들어가며 축적됨을 표시한다. 이때 감지기가 동작한 층의 평면도가 표시되며 '화재' 창에 축적이 점멸되고, 축적 시간이 지나도록 외부 입력이 있으면 '화재' 상태로 변경되고, 감지기가 축적 시간 동안 복구가 되면 다시 '정상' 상태로 복구된다.

■ 화재 표시

축적 시간 경과 후 계속 화재 신호가 입력되면 '화재' 창에 '화재'가 점등되며, 일단 한번 화재가 인정되면 다음 입력 신호부터는 축적하지 아니하고 화재 신호로 입력받는다.

화재 신호 입력 시 우측 제어 스위치에 의해서 각종 설비 및 경종 등이 연동하여 화재 경보를 발한다. 각종 경보음은 제어 스위치에 의해서 제어되며, 수신기에서 정지시켜 놓은 경우 외부에 경보를 발하지 않는다.

■ 경보 표시

경보는 펌프[4] 작동이나 소화 설비(댐퍼, 배연창, 방화셔터) 등의 작동에 의한 표시로, 감지기 등의 동작으로 인한 화재가 아닌 설비의 동작에 대한 경보를 표시하며, 경보 동작 시 버저('ON/OFF)로 수신기 내부 버저를 제어할 수 있다.

■ 설비 제어

화재나 경보 발생 시 각종 소방 설비를 연동 제어하는 장치로, 제어 스위치는 현장별로 설치된 설비에 따라 다를 수 있다.

---

4) 펌프(pump): 소화 주펌프, 소화 예비펌프, 소화 충압펌프를 말한다.

- 화재 복구: 화재 동작 시 외부 신호를 제거하였다가 다시 읽는다. 화재복구(reset) 시 현재 입력되는 신호만 화면에 표시된다.

- 주경종(主警鐘, main fire bell): 감지기 동작 시 수신기 내부의 경종을 제어하는 장치로, 감지기 및 스프링클러(sprinkler) 동작 시 작동한다. 주경종은 수신기에 부착되어 있다.

- 지구 경종(地區 警鐘, section fire bell): 감지기 동작 시 소화전 내부 경종을 제어하는 장치로 감지기 및 스프링클러 동작 시 작동한다. 지구 경종은 각 지구별로 설치된 발신기에 붙어있는 경종을 말한다.

- 시각 경보: 감지기 동작 시 시각 경보기를 제어하는 장치로 감지기 및 스프링클러 동작 시 작동한다. 시각 경보기는 청각장애인을 위한 것으로서, 화재가 발생하면 경종과 사이렌, 비상 방송이 출력되지만 청각장애인은 들을 수가 없으므로, 이 시각 경보기를 통해 청각장애인도 불이 났음을 알 수 있도록 한 것이다.

- 비상 방송: 감지기 동작 시 방송 앰프로 화재 연동 신호를 제어하기 위한 장치로 감지기 및 스프링클러 동작 시 작동한다. 화재 시 불이 났으니 빨리 대피하라는 방송을 말한다.

- 사이렌(siren): 스프링클러 동작 시 해당 구역의 사이렌을 제어한다. 화재 시 불이 났으니 빨리 대피하라는 사이렌 소리를 말한다.

- 버저(buzzer): 각종 소화 설비 동작 시 수신기 내부 버저를 제어한다. 수신기의 스위치를 꺼(OFF) 놓았거나, 화재 대피 공간인 옥상 등의 출입문이 열리면 버저음을 내어 알려주는 기능이다.

- SVP(Supervisory Panel): 스프링클러 설비 중 프리액션 밸브(pre-action valve)의 기동 신호를 제어하기 위한 장치이다.

- 셔터(shutter): 방화셔터의 연동을 제어한다.

- 댐퍼(damper): 제연 구역(부속실 제연, 거실 제연) 댐퍼의 연동을 제어한다.

- 팬(fan): 제연 팬의 연동을 제어한다.

- 창문: 창문 자동 폐쇄 장치의 연동을 제어한다. 복도 또는 전실에 설치된 창문을 말하며, 복도의 창은 화재 시 열리는 구조이며, 전실의 창은 화재 시 닫히는 구조이다.

- 도어(door): 도어 자동 폐쇄 장치의 연동을 제어한다. 각 층에 설치된 방화문을 말하며, 비상계단으로 통하는 방화문, 복도로 통하는 방화문이 있다.

- 에스컬레이터: 화재 시 에스컬레이터의 연동을 제어하여 멈추게 한다.

- 엘리베이터: 화재 시 엘리베이터의 연동을 제어하여 가장 가까운 층에 세워 승객이 안전하게 내릴 수 있도록 한다.

- 출입문: 지하층, 1층, 옥상층의 자동문 연동을 제어한다. 화재 시 대피할 수 있는 공간이 여럿 있는데, 옥상, 10층, 8층, 3층 등에 설치된 출입문을 말하며, 평상시에는 닫혀있다가 화재 시 열리는 구조로 되어 있다.

- 지속: 입력된 신호가 제거되어도 계속 표시가 필요할 때 제어한다.

- 축적: 감지기의 감지 신호를 축적/비축적으로 제어한다. 축적이란 수신기에 설정한 시간만큼 화재 경보를 지연시켜주는 기능이다. 불이 나서 축적 기능이 동작하면 '축적'이라는 표시가 나오면서 주경종이 출력된다. 축적하는 동안에는 주경종만 출력되며 지구 경종이나 다른 설비는 출력되지 않는다. 축적 기능이 있는 이유는 감지기의 오작동이 많이 일어나기 때문이며, 그 오작동을 방지하기 위한 것이다. 차동식 감지기는 온도 변화로 감지되는데 담배 연기나 습기에도 반응하여

오작동하는 경우가 많다. 그래서 축적 기능이 필요한 것이다.

• 부표시기(副表示器): 경비실의 부표시기 화재 연동을 제어한다. 부수신기(副受信器)라고도 한다.

• 속보기(速報器): 화재 속보기 장치의 연동을 제어한다. 화재의 발생을 자동으로 소방서에 통보하는 설비이다. 자동 화재 탐지 설비와 연동되어 소방서에 경보를 전달하며, 누름 스위치는 바닥에서부터 0.8~1.5m 이내에 설치한다.

• 비상 조명등: 비상 조명등의 연동을 제어한다. 비상 조명등은 화재 발생 등에 따른 정전 시에 안전하고 원활한 피난 활동을 할 수 있도록 거실 및 피난 통로 등에 설치되어 자동 점등되는 조명등을 말한다.

• 수신기 연동: 여러 대의 수신기끼리 상호 간의 연동을 제어한다.

• ALL: 모든 버튼을 동시에 'ON/OFF' 할 수 있게 제어한다.

■ 메시지창: 수신기에서 일어나는 모든 이벤트(화재, 조작 등)가 날짜 및 시각과 함께 표시되고, 여기에 나타나는 내용은 출력할 수 있으며, 날짜별로 기록되어 파일로도 저장된다.

■ 로그(log) 관리: 수신기에 저장되어 있는 모든 상황을 프린터 및 확인하는 기능으로 로그 파일(log file) 저장 일수는 보통 100일 정도이다. 하지만 현장 요청 시 100일 이상 설정이 가능하다.

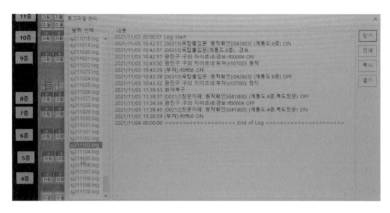

[로그 파일]

- **화재 상황**: 수신기에서 일어나는 화재 상황(감지기 동작 및 스프링클러 동작)을 날짜와 시각과 함께 표시되며, 여기에 나타나는 내용은 출력이 가능하다. 날짜별·위치별로 기록되어 파일로도 저장된다.

- **경보 상황**: 수신기에서 일어나는 경보 상황[(댐퍼 동작 확인 및 스프링클러 템퍼 스위치(T/S, Temper Switch))]를 날짜와 시각과 함께 표시되며, 여기에 나타나는 내용은 출력이 가능하다. 날짜별·위치별로 기록되어 파일로도 저장된다.

- **설비 현황**: 수신기에 입력된 모든 회로(자동 화재 탐지 설비, 소화, 기타 설비) 등 모든 회로를 볼 수 있도록 구성되어 있으며, 스크롤 바(scroll bar)를 이용하여 종류별 회로를 손쉽게 파악할 수 있다.

- **채널(channel) 구성**: 현장에서 사용된 중계기 또는 중계반의 입출력과 채널 구성을 보여준다.

- **단자 명세**: 수신기에 입력되는 모든 중계기의 회로를 채널별·중계기별로 구분하여 입력·출력 회로를 확인할 수 있도록 구성되어 있다.

- **단선 확인**: 수신기에 입력되는 모든 중계기의 회로 중 단선이 있을 때 중계기 입력 포인트별로 단선을 확인할 수 있다.

- **통신 상태**: 수신기에 입력되는 모든 중계기의 통신 상태를 상시 확인하여 통신 이상이 있을 때 이상 위치를 확인할 수 있도록 구성되어 있다.

- **밸브 상태**: 수신기에 입력되는 모든 소화 설비(스프링클러, 펌프, 저수위 등)의 템퍼 스위치 상태를 한눈에 보여줄 수 있도록 구성되어 있다.

- **소화전 펌프**: 소화전 펌프(주펌프) 기동 시 소화전 상단의 파일럿 램프(pilot lamp)에 소화전 기동 표시 램프가 점등되는데, 그 램프의 기동을 확인할 수 있는 기능이다.

- **설비 제어**: 설치된 각 소화 설비(댐퍼, SVP, 방화셔터, 배연창)를 자동 및 수동으로 기동시킬 수 있는 기능이다.

- **회로 분리**: 설비에서 회로를 분리하여 정보를 받지 않도록 한다. 원인을 찾지 못한 설비의 오작동으로 인해 계속 버저가 울리는 경우 회로를 분리하여 버저의 울림을 차단할 수 있다.

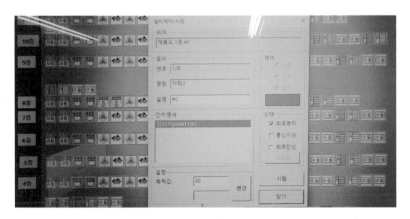

[회로 분리]

- **유도등 제어**: 유도등을 동별, 구역별 자동 및 수동으로 제어할 수 있는 기능이다.

- **비상등 제어**: 비상 조명등을 동별·구역별 자동 및 수동으로 제어할 수 있는 기능이다.

■ **시간 설정**: 수신기 내부의 시간을 설정하여 설비 동작 시각 등을 정확히 확인할 수 있다.

지금까지 화재 수신기에 대해 알아보았다.

화재 수신기는 평소 사용법을 잘 익혀두었다가 비상시에 적절하게 대처해야 한다. 그렇지 않으면 비상시 갈팡질팡하다 시간을 다 허비하는 바람에 신속한 대처가 어렵다. 따라서 잘 모르는 부분은 수신기 설치 업체나 계약한 소방 시설 유지·보수 업체에 전화로 문의하거나 방문을 요청하여 해결하여야 한다. 그리고 사용 설명서를 수신기 곁에 두고 언제든지 볼 수 있도록 한다.

화재 수신기 곁에는 중계기 전원반, 시각 경보 전원반, 차폐 전원반, 댐퍼 전원반 등이 설치되어 있는데, 현재 전압이 표시되며, 교류 전원이 정상적으로 들어오고 있음을 표시해준다. 전압은 23~28V이면 정상이다.

어쨌거나 화재 수신기는 주경종이나 화재 비상 방송, 버저음 없이 조용한 것이 최고다. 매일매일 아무 일 없이 'Log Start'만 뜨면 좋겠다. 그런 바람이다.

2

스프링클러 이설 또는 증설 공사

상가나 사무실이 입점할 때 보통 실내장식(인테리어) 공사를 하게 되는데, 이때 많이 하는 공사가 스프링클러[5] 이설(移設)이나 증설(增設) 공사이다.

이설은 말 그대로 스프링클러를 옮기는 것이고, 증설은 칸막이 등을 설치함으로써 소방법에 맞게 스프링클러를 더 설치해주는 것이다.

이때 인테리어 공사업체에서는 관리사무소에 방문하여 협조를 요청하게 되는데, 어떻게 해야 하는지 지금부터 알아보자.

먼저, 펌프실에 설치되어 있는 소방용 MCC[6] 패널에 가서 소화 주 펌프, 소화 예비 펌프, 소화 충압 펌프의 셀렉터(selector) 스위치를 자동('AUTO')에서 수동('MANU')으로 바꿔줘야 한다.

[소화 펌프 MCC 패널]

---

5) **스프링클러(sprinkler)**: 물에 높은 압력을 걸어 노즐에서 물보라처럼 분사하는 장치이다.

6) **MCC(Motor Control Center)**: 우리말로 표현하면 '전동기 제어반'이다. 전동기 제어, 즉 전동기를 기동시키거나, 정지시키며, 모터의 이상 상태를 파악하는 장치이다.

왜냐하면, 스프링클러 공사를 하기 위해서는 해당 층 또는 해당 소방 구역의 소방 배관에 가득 찬 물을 다 빼줘야 하는데, 물이 빠지면 그 빠진 압력을 감지하여 소화 충압 펌프가 기동하여 빠진 압력을 채우려 하기 때문이다.

다음은 화재 수신기로 가서 혹시나 올릴지 모를 주 경종, 지구 경종, 비상 방송, 사이렌, 버저 등의 스위치를 'ON'에서 'OFF'로 돌려 꺼준다. 스프링클러의 물을 빼거나 공사 중에 혹시 잘못 작동하게 될 것을 대비하는 것이다.

이렇게 화재 수신기에서 스위치를 잡아놓게 되면, 즉 꺼놓게 되면, 화재 수신기에서는 이런 행위들을 고스란히 기록하게 되는데, 이는 사고 시 책임 소재를 따지기 위함이니 유의해야 한다.

이번에는 현장으로 가보자.

'유수 검지 장치실(流水 檢知 裝置室)'이라고 있는데, 말 그대로 물이 흐르고 있는지를 검사하고 알아보는 방이다.

그럼, 문을 열고 들어가 보자.

맨 왼쪽부터 설명하면,

① 해당 층 스프링클러의 알람 밸브 배관으로 입상배관[7]에서 분기되어 있으며, 이 배관을 통해 수평 배관과 가지 배관으로 소화 용수를 공급하여 스프링클러 헤드에 이른다.

② 생활 오수관이다.

③ 소화전으로 소화 용수가 공급되는 소화전 입상배관이다.

④ 드레인 밸브(drain valve)를 열었을 때 물이 아래로 빠지는 드레인 배관인데, 드레인 밸브와 연결된 작은 관도 보인다.

⑤ 지하 소화 펌프실부터 연결된 소화 용수 입상배관이다.

---

7) 입상배관(立像配管): 서 있는 모습처럼 관이 수직으로 세워진 형태의 배관을 말한다. 보통 '입상관'이라고 줄여서 부른다.

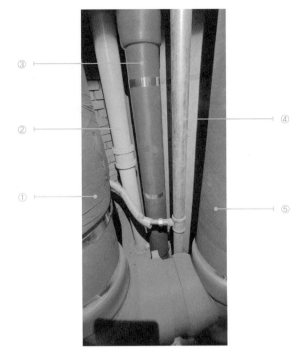

[배관 설명]

이제 본격적으로 작업을 해보자.

앞에 보이는 커다란 것이 1차 개폐 밸브로 주 배관에서 해당 층으로 오는 소화 용수를 막는 역할을 한다. 현재 램프에 초록색 불이 들어와 있어 정상 상태임을 보여주고 있다. 그리고 1차 압력계와 2차 압력계 모두 1.2MPa[8]을 가리키고 있음을 확인할 수 있다.

게이트 밸브를 좀 더 자세히 살펴보면, 왼쪽 위에 개폐를 확인하는 곳에 'OPEN'과 'CLOSE'가 있는데 'OPEN'에 초록색 불이 들어와 있고, 노란색 눈금이 'OPEN'과 'CLOSE' 중 'OPEN'을 가리키고 있음을 확인할 수 있다.

---

8) Pa(파스칼, Pascal): 국제단위계의 압력 단위로 1제곱미터당 1뉴턴의 힘이 작용할 때의 압력에 해당한다. 따라서 M(메가, mega)Pa이니 1Pa의 1,000,000배에 해당하는 압력이다.

[1차 개폐 밸브 상태]

전원
표시 등

밸브 상태
표시

밸브

밸브 손잡이

이제 1차 개폐 밸브를 오른쪽으로 돌려 더는 돌아가지 않을 때까지 잠가야 한다. 조금만 잠가도 램프에 빨간불이 들어오는데, 이는 현재 이상이 있음을 나타내주는 경고 표시이다.

이렇게 개폐 밸브를 잠갔으니, 이제 해당 층의 스프링클러 가지 배관과 수평 배관에 가득한 소화 용수를 빼주면 된다.

그림에 보이는 주황색 손잡이가 드레인 밸브인데, 이 밸브를 배관과 직각 방향으로 천천히 돌려 개방해주면 밸브 아래 붙어있는 유리관으로 물이 빠지고 있음을 확인할 수 있다. 또, 물 빠지는 소리도 함께 들을 수 있다.

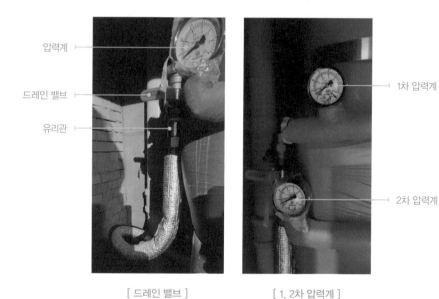

압력계

드레인 밸브

유리관

1차 압력계

2차 압력계

[드레인 밸브]   [1, 2차 압력계]

그러면 1차 압력계와 2차 압력계의 눈금이 서서히 내려오고 있음을 확인할 수 있다.

이런 상태로 시간이 흐르다 보면 물이 다 빠지고, 1, 2차 압력계의 눈금도 0 가까이 떨어짐을 알 수 있는데, 지금부터 스프링클러 공사를 하면 된다.

주의할 것은, 많은 양의 물을 흘려보냈기 때문에 지하 집수정의 배수 펌프가 정상적으로 작동하고 있는지를 확인해 주는 것이 좋다.

아울러 물을 빼고 있는 동안 한 사람은 펌프실과 방재실의 화재 수신기에 위치하여 펌프가 작동하는지 또는 수신기에 이상이 있는지를 살펴 유수 검지 장치실에서 물을 빼고 있는 사람과 소통하는 것이 좋다.

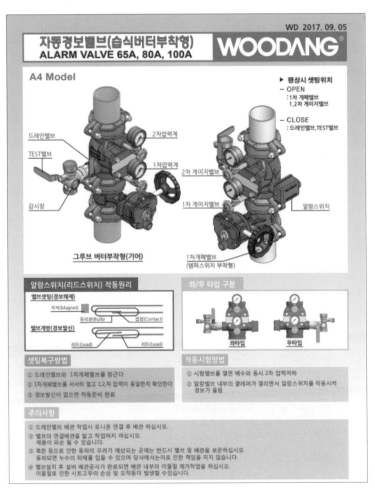

[자동 경보 밸브 사용 설명서]

혹시 이런 작업이 처음이라 서툴다면, 소방 시설 유지·보수 업체와 통화하면서 진행해도 되고, 개폐 밸브 손잡이에 걸려있는 설명서를 참고해도 된다.

다만, 소방이라는 매우 조심스러운 시설물을 다루는 것이니, 미리 알아두고 작업하는 것이 좋겠다.

이제 스프링클러 공사를 다 마쳤다면 원래대로 원상복구해야 하는데, 상당히 조심스럽게 접근해야 한다. 왜냐하면 스프링클러 헤드의 불량이나 덜 조임 등의 이유로 인해 물을 채우고 나서 스프링클러가 터져버려 작업장이 물바다가 되는 경우가 종종 있기 때문이다.

따라서 이런 공사를 할 때는 MCC 패널 조작뿐만 아니라, 화재 수신기 조작, 유수검지 장치실에서의 조작 등 작업을 반드시 공사업자가 처음부터 끝까지 조작하게 해야 한다. 혹시 사고가 발생할 경우 조작자에게 책임을 지울 수 있기 때문이다. 그러니 관리사무소에서는 참관만 하면 좋겠다.

그럼, 지금부터는 복구 작업을 해보자.

잘 아는 바와 같이 복구 작업은 좀 전에 했던 작업을 거꾸로 하면 된다.

팁(tip)을 하나 드리자면 작업하기 전 항상 휴대전화로 사진을 찍어두면 참 좋다. 왜냐하면 사람이 기억하는 데는 한계가 있을 뿐더러 당황하게 되면 기억해내기 어렵기 때문이다. 또, 작업을 마친 다음에는 처음 사진과 비교해 검사해보는 습관을 들이면 실수로 인한 사고를 예방할 수 있어 좋다.

먼저 물을 빼기 위해 열어두었던 드레인 밸브를 잠근다.

그리고 잠갔던 게이트 밸브를 서서히 열어 초록 불이 들어올 때까지 열어준다. 그러면 물이 차는 소리가 들리게 되는데 이때 기계실에 설치된 소화 충압 펌프가 돌고 있음을 확인할 수 있다.

물론 MCC 패널에서 소화 주 펌프와 소화 예비 펌프의 셀렉터 스위치는 '수동'으로 놓고 소화 충압 펌프만 '자동'으로 놓아야 한다.

이렇게 해서 해당 층의 스프링클러 수평 배관과 가지 배관에 물이 다 차게 되면 충압 펌프는 자동으로 멈추게 된다. 이때 1, 2차 압력계의 눈금이 처음 그 값을 가리키고 있을 것이다. 반드시 확인해야 하는 포인트다.

이렇게 물이 채워지는 동안에는 혹시 공사한 스프링클러가 괜찮은지 유심히 살펴야 한다. 그리고 괜찮다고 해서 자리를 바로 뜨면 안 된다. 한두 시간 가량 공사장에 남아 혹시 모를 사고에 대비해야 한다.

다음은 화재 수신기에 가서 공사하느라 잡아두었던 스위치를 모두 'ON'으로 복구한다.

마지막으로 소방용 MCC 패널에 가서 소화 주 펌프, 소화 예비 펌프의 셀렉터 스위치를 수동('MANU')에서 자동('AUTO')으로 바꿔주면 작업이 모두 마무리된다.

3 MCC 패널과 펌프

화재 수신기에 대해 자세하게 알아보았으니 이제 거기에 딸린 소방 시설에 대해 하나씩 알아보기로 하자.

먼저, MCC 패널과 펌프를 알아보도록 하자. 앞서 배운 스프링클러 이설 또는 증설 공사에서도 많이 언급된 내용이니 여기서는 관리적인 측면에서 설명하기로 한다.

전기실 점검과 마찬가지로 눈과 귀, 코 등 모든 감각을 동원해 순찰하는데, MCC 패널에서 셀렉터 스위치가 'AUTO'를 가리키고 있는지 확인해야 한다.

소화 주 펌프와 소화 예비 펌프 그리고 소화 충압 펌프 셋 다 모두 해당한다. 그리고 315쪽 그림 [소화 펌프 MCC 패널]처럼 작동하지 않으니 'OFF'의 초록 불이 들어와 있으면 정상이다.

이번엔 펌프별로 명판을 살펴보자.

먼저, 소화 주 펌프의 용도는 옥내 소화전 및 스프링클러이며, 용량은 2,920LPM[9] ×110M[10]×110kW[11]이다. 보조 펌프도 주 펌프와 마찬가지로 용도는 옥내 소화전 및 스프링클러이며, 용량은 2,920LPM×110M×110kW이다. 하지만 충압 펌프는 용도는 주 펌프와 같지만, 용량은 60LPM×110M×2.2kW로 주 펌프에 한참 못 미친다.

각 펌프에는 명판을 달아놓아 누구든지 쉽게 알아볼 수 있도록 해놓았다.

---

9) LPM(Liter Per Minute): 전동기가 분당 퍼 올리는 물의 양을 말한다.
10) M(meter): 전동기가 물을 퍼 올리는 높이를 말한다.
11) kW(kilowatt): 전동기의 소비전력을 말한다. 실제로 소비동력은 그보다 작다.

[소화 펌프]

펌프에서 끌어 올린 물은 소화 배관을 통해 불이 난 곳으로 이동해야 하는데, 밸브가 닫혀있으면 모든 소화 설비는 무용지물이 되고 만다. 그러므로 각 펌프에서 나온 배관의 밸브가 열려있는지를 꼭 확인해야 한다.

이번엔 압력 스위치를 보자.
여기서는 ㈜대영방재산업사에서 생산한 'DY-PS20'이라는 전자식 압력 스위치를 예로 들어 살펴보기로 하자.
단지에 맞게 세팅된 값들을 확인하고, 현재 압력은 얼마인지를 살펴보자.
전원이 '공급 중'이라고 불이 들어와 있으며, 현재 압력은 1.05MPa로 정상임을 확인할 수 있다.

먼저, 소화 주 펌프는 0.90MPa일 때 기동하며, 1.00MPa일 때 정지하도록 세팅되어있음을 압력 스위치를 통해 확인할 수 있다.

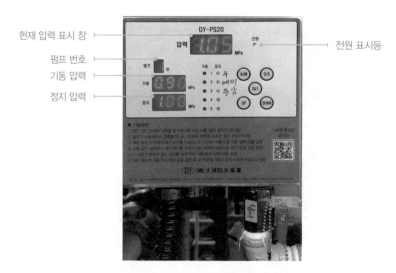

현재 압력 표시 창

펌프 번호

기동 압력

정지 압력

전원 표시등

[주 펌프 압력]

소화 예비 펌프는 0.75MPa일 때 기동하며, 0.90MPa일 때 정지하도록 세팅되어있음을 압력 스위치를 통해 확인할 수 있다.

소화 충압 펌프는 1.00MPa일 때 기동하며, 1.10MPa일 때 정지하도록 세팅되어있음을 압력 스위치를 통해 확인할 수 있다.

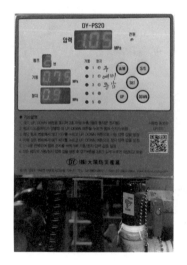

[예비 펌프 압력]

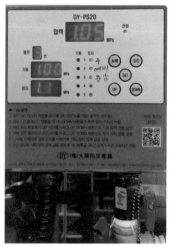

[충압 펌프 압력]

참고로, 압력 스위치는 펌프 표시창에 1번부터 3번까지 계속해서 반복 표시되는데, 3개 펌프의 압력을 실시간으로 검사하여 표시해주고 있다. 1번은 소화 주 펌프를, 2번은 소화 예비 펌프를, 3번은 소화 충압 펌프를 의미한다.

이를 통해 3개의 펌프가 모두 정상적으로 작동하고 있음이 확인되었다.

이 3개의 펌프에는 소화 저수조에 소화 배관으로 연결되어 있어야 하고, 밸브도 활짝 열려있어야 하며, 소화 저수조에는 적정량의 소화용수가 차 있어야 한다.

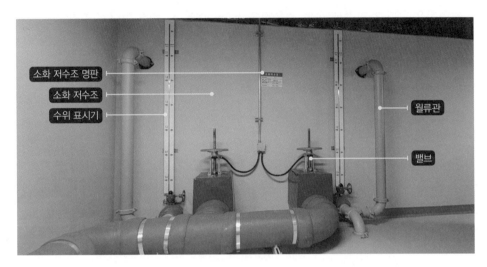

[소화 저수조]

소화 저수조에는 명판이 부착되어 있는데, 67.5ton의 탱크 용량과 58.4ton의 유효 용량임을 알 수 있다. 참고로 이곳은 아파트에서 사용하는 저수조와 따로 설치되어 있다.

이번에는 소화 저수조를 제어하는 패널을 보자.

여기서는 수덕레벨사에서 만든 수위 조절 장치로 'STI-4US'라는 제품을 예로 들어 설명한다. 현재 소화 저수조 용량의 82.5%가 차 있는 상태이며, 공급('SUPPLY') 중이지만, 현재는 정지('STOP') 상태이다.

4 소화전 살펴보기

소화전(消火栓, fire hydrant)은 불을 끄는 데 이용되는 수도의 급수 시설로 소화 호스를 연결하는 수도꼭지라 할 수 있다.

소화전은 옥내 소화전과 옥외 소화전으로 나누어진다. 보통 옥내 소화전에는 앵글 밸브(angle valve)[12], 호스(hose), 노즐(nozzle)[13], 호스 걸이를 갖추어 1.6mm 이상의 철판재로 벽에 삽입형으로 하고, 옥외 소화전은 건물의 외부에 설치한다. 소화전에 대한 설치 기준이나 규격 등에 대해서는 소방법에 규정되어 있다.

■ 옥내 소화전

화재 초기에 소방 대상물의 거주자가 소화전에 비치된 호스와 노즐(관창)을 이용하여 소화 작업을 하는 설비이다. 그 구조는 수원(水源), 가압(加壓) 송수(送水) 장치, 배관, 그리고 개폐 밸브·호스·노즐 등이 들어있는 상자로 구성되어 있으며, 소화 펌프 기동 방식 스위치를 기동하여 사용할 수 있게 되어있다.

---

12) 앵글 밸브(angle valve): 관로에 설치해서 유체의 유량을 조정 및 차단하는 정지판의 일종으로 밸브 입구와 출구에서 흐름의 방향이 90° 변화하도록 되어 있으며, 배관을 직접 직각으로 바꿀 필요가 있는 장소에 적합하다. 밸브의 개폐는 핸들 조작으로 수나사와 암나사의 작용을 통해 행해진다. 유체의 압력 손실은 약간 크지만, 작동이 확실하고 가격이 비교적 저렴하다.

13) 노즐(nozzle): 유체의 압력 에너지를 속도 에너지로 바꾸어 유체를 가속하는 데 쓰이는 장치이다.

발신기 ─── 발신기 위치 표시등

발신기 누름 버튼 ─── 경종 울림 창

발신기 응답 표시등 ─── 펌프 기동 표시등

소 화 전
FIRE HYDRANT

HOW TO USE

방 수 구

[소화전 전면]

■ 옥외 소화전

옥외 소화전의 주요 구성 요소는 옥내 소화전과 거의 같으나 방수 압력이 끝에서 2.5kg/cm^2 이상이고 방수량이 350L/min 이상이 되어야 한다.

다시 옥내 소화전을 들여다보면, 소방 배관에 소방 호스가 반드시 연결되어 있어야 하며, 앵글 밸브, 호스, 노즐이 가지런하게 정리된 것을 볼 수 있다. 예전에는 호수를 둥글게 말아서 보관했었지만, 현재는 불이 났을 때 노즐을 잡고 불이 난 곳으로 신속하게 이동하더라도 호스가 쉽게 풀리도록 그림과 같이 가지런하게 정돈하고 있다.

옥내 소화전을 사용할 때는 적어도 두 사람이 필요한데, 한 사람은 노즐을 들고 불이 난 곳으로 신속하게 이동하여 불이 난 곳에 다다르면 다른 한 사람이 소화전에서 앵글 밸브를 서서히 열도록 한다.

앵글 밸브를 갑자기 열게 되면 수압이 높아서 노즐을 잡은 사람이 갑자기 도착한 물의 압력을 이기지 못하고 넘어질 수 있기 때문이다. 참고로 노즐 끝의 방수 압력은 최소 0.17Mpa이고, 최대 0.7Mpa이다. 방수량은 130L/min 이상이 되는 성능의 것으로 하여야 한다.

따라서 물을 분사할 때는 소방 호스를 겨드랑이에 끼고, 무릎을 약간 굽혀 낮은 자세를 유지한 채 분사하는 것이 안전하다.

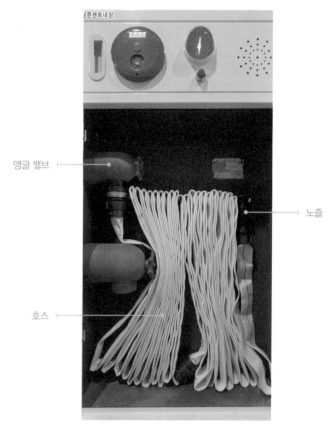

앵글 밸브

노즐

호스

[소화전 내부—아래]

　소화전 위쪽으로는 발신기가 붙어있어 불이 났을 경우 누구든지 발신기를 눌러 화재 수신기에 화재 신호를 보낼 수 있도록 하였다. 그뿐만 아니라 누구라도 쉽게 찾을 수 있도록 '발신기 위치 표시등'이라는 빨간 등화(燈火)의 표시등을 설치한다. 물론 '소화전'이라는 글씨도 소화전에 표시하여야 한다. 또, 옆으로는 지구 경종 소리가 잘 들릴 수 있도록 구멍을 뚫어 놓았다.

　발신기를 보면 '화재 시 강하게 누르시오'라고 씌어있는데, 지시대로 강하게 누르면 그 안에 있는 '발신기 응답 램프'에 불이 들어와 발신기의 신호가 수신기에 제대로 전달되었음을 알려준다.

　그리고 '발신기 위치 표시등' 아래 작은 파일럿 램프(pilot lamp)가 보이는데, 이것은 '펌프 기동 표시등'으로서 펌프가 작동되고 있음을 나타내주는 등화이다.

열어서 안을 들여다보면, 화재 시 전기용품을 꽂아 사용할 수 있도록 비상 콘센트[14]
와 경종이 설치되어 있다.

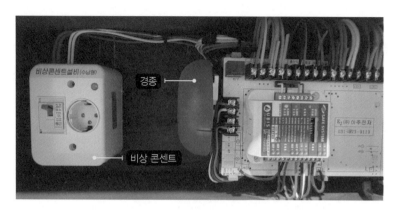

[소화전 내부—위]

소화전 바로 곁에는 방수 기구함이 설치되어 있는데, 여기에는 소방 호스의 길이가
짧을 때를 대비해 약 25m짜리 소방 호스 2개를 비치해 두었다. 때에 따라서는 소화전
위에 방수 기구함을 설치하는 곳도 있다.
아래 그림은 소화전과 방수 기구함이 매입형(埋入型)으로 설치되어 있고, 그 주위에
다양한 소방 관련 시설들이 설치되어 있는 것을 볼 수 있다.

[소화전 등]

---

14) **콘센트**(concentric plug): 전기의 옥내 배선에서, 실내에서 사용하는 코드에 접속하기 위해 배선에 연결하여 플러그
를 꽂는 기구를 말한다.

그림 왼쪽으로는 스프링클러 수동 조작함(SVP, Supervisory Panel)이 설치되어 있는데, 발신기와 마찬가지로 화재 시 조작함을 열고 버튼을 눌러주면 된다. 이때 스프링클러가 작동하여 초기 진화를 할 수 있는 것이다.

■ 속보용 전자 사이렌

보통 벽면 또는 천장에 노출형이 설치되어 있으며, 화재 발생 시 소화설비가 작동하게 되면 강력한 경보음으로 화재 발생 상황을 전파해 사람들이 신속하게 대피할 수 있도록 도와주는 소방용품이다.

■ 소방용 스피커

보통 벽면 또는 천장에 노출형이 설치되어 있으며, 화재 발생 시 대피 방송이 신속하게 송출되어 사람들이 안전하게 대피할 수 있도록 도와주는 소방용품이다. 또, 관리사무소에서 입주민에게 전달 사항을 방송할 때도 함께 사용된다.

■ 시각 경보기

불이 나면 감지기의 인식으로 인해 경종 및 사이렌, 비상 방송이 출력된다. 하지만 청각장애인인 경우는 경종이라든지 피난 방송을 들을 수가 없으므로 불이 났는지 안 났는지 알 방법이 없다. 그래서 이 시각 경보기를 설치하여 청각장애인도 불이 난 것을 눈으로 확인하여 알 수 있게 하였다.

추가로 소화 약제 수동 조작함과 댐퍼(damper) 수동 조작함도 그림으로 만나보자. 소화 약제 수동 조작함은 함부로 조작할 경우, 전기실과 EPS/TPS실에 이산화탄소 가스가 분출되어 위험하니 '절대 만지지 말 것!'이라고 뚜껑에 붙여놓아 사고 위험을 예방하였다.

5 감지기·유도등

화재 감지기는 아파트 세대 내나 상가 세대 내, 건물의 복도, 지하 주차장 등에 설치되어 있으며, 화재 발생 시 화재를 감지하여 불을 끌 수 있도록 해주는 말단(末端) 설비이다. 우리 주변에서 주로 볼 수 있는 감지기[15]로는 정온식(定溫式) 스포트형(spot—) 감지기, 차동식(差動式) 스포트형(spot—) 감지기, 광전식(光電式) 감지기가 있다.

- **정온식 스포트형 감지기:** 열감지기로서 정해진 온도(70℃)에 도달했을 때 바이메탈[16]이 휘는 성질을 이용하는 것으로서 주로 화기를 다루는 주방이나 보일러실에 설치한다.

- **차동식 스포트형 감지기:** 열감지기로서 작동 원리는 분당 온도 차가 15℃ 이상 나면 작동되며, 차동식은 외부의 열에 의해 감지기 내부가 열팽창이 되며, 팽창된 부분의 접점이 붙어서 감지하는 온도 감지 방식이다. 설치 장소는 룸이나 실내 화장실, 복도 등이다.

- **광전식 감지기:** 연기 감지기로서 작동 원리는 한쪽 레이저 센서를 반대편으로 쏘아 연기나 미세먼지가 그 사이를 가려서 되어 광량(光量)이 15% 감소하면 작동된다. 설치 장소는 홀이나 복도 등이다.

---

15) 감지기(感知器): 소리, 빛, 온도, 압력 등 여러 가지 물리량을 검출하는 소자(素子). 또는 그 소자를 갖춘 기계 장치를 말한다.

16) 바이메탈(bimetal): 열팽창률이 다른 두 가지의 얇은 금속 조각을 맞붙여 만든 것이다. 온도가 높아지면 팽창률이 작은 쪽으로 굽고, 온도가 낮아지면 다시 원래대로 돌아와 전기를 자동으로 연결, 차단시킨다. 화재 경보기나 온도 조절기 등에 쓰인다.

[정온식 감지기]

[차동식 감지기]

[광전식 감지기]

지하 주차장 입구 쪽에는 정온식과 광전식 감지기를 모두 설치하기도 한다.

[감지기 2개 설치]

이번엔 유도등에 대해 알아보자.

불이 났을 때 어디로 대피해야 하는지를 나타내주는 등이 유도등이다. 즉, 화재로 인하여 정전과 연기 때문에 앞이 보이지 않을 때 24시간 불이 들어와 있어서 안전하게 피난처로 유도하여 대피를 도와준다. 평상시에는 상용 전원으로 켜지고 상용 전원이 정전될 때는 비상 전원으로 자동 전환되어 켜지게 되어있다.

- **피난구 유도등**(emergency exit sign): 비상시에 안전하게 대피하도록 유도하는 조명등이다. 녹색 바탕에 백색 글자로 비상구, 비상 계단, 계단 등에 설치한다.

[유도등 ①]

[유도등 ②]

- **통로 유도등**(path exit light, path exit sign): 통로에 설치하는 유도등이다. 통로 또는 복도의 경우 2m 이하마다 구부러진 모퉁이에 바닥으로부터 1m 미만의 벽 또는 바닥에 설치하며, 0.5m 떨어진 바닥 면에서 1lux 이상의 조도를 가져야 한다. 계단 통로 유도등, 복도 통로 유도등, 실내 통로 유도등이 있다.

- **복도 통로 유도등**: 화재 등의 비상시에 피난 경로를 알리는 통로 유도등이다. 인파가 몰리는 복도에서 안전한 출구의 방향을 선명하게 나타내는 조명등이다.

- **거실 통로 유도등**: 화재 따위와 같은 비상시에 피난 경로를 알리는 통로 유도등이다. 거실이나 주차장 같은 열린 공간에서 안전한 출구의 방향을 선명하게 나타낸다.

- **피난구 유도 표지**: 피난구 또는 피난 경로로 사용되는 출입구를 표시하여 피난을 유도하는 표지를 말한다.

- **계단 통로 유도등**: 피난 통로가 되는 계단이나 경사로에 설치하는 유도등을 말한다.

- **객석 유도등**: 극장 따위의 객석 내에 설치하여 관객들을 안전하게 유도하는 등을 말한다. 직선 통로 길이 4m 미만마다 1개씩 통로의 바닥, 벽 또는 의자에 설치한다. 통로 바닥 중심선의 1m 높이에서 측정하였을 때 0.2lux 이상의 조도를 유지해야 한다.

- **바닥 통로 유도등**: 피난 통로가 되는 바닥에 설치하는 유도등을 말한다.

- **비상등**: 불이 나거나 정전이 되었을 때는 전등이 모두 꺼지게 되는데, 이때 천장에 설치되어 비상 발전기의 운전으로 최소한의 조명을 밝혀주는 등을 말한다.

[통로형 유도등]

[유도등 와이드]

[계단형 유도등]

[객석 유도등]

[바닥 통로형 유도등]

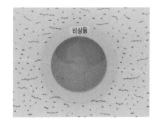

[비상등]

이와 같은 유도등은 평상시에도 항상 점검하여 소등된 곳은 없는지 살펴야 한다. 그래야 화재 시 유도등을 보고 피난을 할 수 있기 때문이다. 점검은 유도등 아래 오른쪽에 축전지로 전환하는 버튼이 있는데, 이 버튼을 눌러 축전지 상태에서도 소등이 잘 되는지 보면 된다.

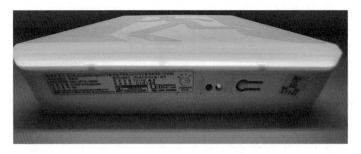

[유도등 점검]

6 소화기의 종류

화재는 무엇보다 그 발생 초기에 진압하는 것이 가장 중요하며, 화재를 초기에 진압할 수 있는 기구가 소화기이다. 소화기는 화재 발생 시 건물 내에 있는 사람이 가장 손쉽게 사용할 수 있는 소방 기구 중의 하나이다.

소화기는 화재가 발생하면 단 한 번 사용하게 되는 것이므로 그 중요성을 잊어버리고 내버려 두는 일이 많으나 만일의 경우를 대비하여 항상 소화기를 양호하게 관리하여 사용에 지장이 없도록 해야 한다.

화재는 연소 물질의 성질에 따라 분류된다. A급(일반 화재) 화재는 연소 후 재가 남는 화재로서 나무, 종이, 섬유류, 플라스틱 등 일반 가연물의 화재를 말하며, B급(유류 화재) 화재는 연소 후 재가 없는 화재로서 가연성 액체인 가솔린, 석유 등과 프로판가스 등 기체가 타는 것을 말한다. 즉, 유류 또는 가스의 화재이다.

C급(전기 화재) 화재는 전기 기구 및 기계에 의한 화재로서 변압기, 개폐기, 전기다리미 등의 전기 관련 화재를 말한다.

■ 물: 물은 가장 널리 사용되는 소화 물질이지만, 단지 A급 화재에만 사용된다.

■ ABC 분말 소화기: 다목적 소화기로 가장 일반적인 소화기 중 하나이며, 불을 덮어 질식하게 하는 질식 소화이다. 분말 소화기는 전기 도체가 아니라 액체나 가스 화재로 연쇄 반응을 효과적으로 깰 수 있어서 A, B, C급 화재에 효과적이다.

일정한 거리를 두고 복도, 거실 등에 비치하는데, 지하 주차장 같은 곳에서는 벽에 부착하기도 한다.

[이동식 ABC 소화기]　　　　[ABC 소화기]

소화기
점검표

■ 이산화탄소(CO$_2$) 소화기: 고압가스 용기에 이산화탄소를 액화하여 충전한 것으로, 가스가 용기에서 방출되면 좁은 공간에도 잘 침투되고 전기절연성으로 오염과 훼손이 전혀 없으므로 통신 기기실, 컴퓨터실 또는 전기실 등의 적당하다.(281쪽 그림 [가스 소화기] 참고)

■ 축압식(縮壓式) 소화기: 축압식 소화기는 소화기 몸체에 별도의 게이지가 부착되어 있어 가스 충압 여부를 확인할 수 있으며, 저장 용기 본체 내에 분말 약제와 가압 가스를 함께 축압시키고 있다가 안전핀을 제거한 후 손잡이를 누르면 가압 가스에 의해 약제를 밖으로 방출하는 구조다. 축압식 소화기는 손잡이를 누를 때만 소화 약제가 방출되므로, 조작이 쉬운 장점이 있는 반면에 충압이 빠지게 되면 약제를 방출할 수 없는 단점이 있다.

현재 우리나라에 가장 많이 보급된 소화기이며, 예전에 사용되던 가압식 소화기[17]는 사용 시 부상 위험이 있어 지금은 사용하고 있지 않다.

---

17) 가압식 소화기: 가압 가스를 충전한 용기의 봉판(封版)을 깨뜨려 발생하는 가스 압력을 이용하여 소화 약제를 내보냄으로써 화재를 진화하는 기구이다.

제4장

■ 가스계(gas係) 소화기: 가스계 소화 약제로서 타 소화 약제(물, 분말, 포말)와 달리 화재 진압 후 소화 대상물이 더럽혀지거나 부식 등 2차 피해가 발생하지 않는다. 소화력이 우수하여 적은 양으로 화재 진압이 가능하며, 소화 약제는 반영구적으로 변질하지 않으므로 약제를 정기적으로 교체할 필요가 없다. 전기 절연성이 좋아 전기, 통신 설비의 소화에 적합하며, 클린룸(clean room), 연구소, 박물관, 전시실, 도서관, 은행, 호텔, 대형 쇼핑몰, 데이터 저장소, 주유소, 대중교통 등에도 사용된다.(264쪽 그림 [청정 소화기] 참고)

■ 소화기 사용 방법
① 안전핀을 뽑는다. 이때 손잡이를 누른 상태로는 잘 빠지지 않으니 침착하도록 한다.
② 바람이 불 경우, 바람을 등지고 소화기를 사용한다.
③ 호스걸이에서 호스를 벗겨내어 잡고 끝을 불 쪽으로 향한다.
④ 가위질하듯 손잡이를 힘껏 잡아 누른다.
⑤ 불의 아래쪽에서 비를 쓸 듯이 차례로 덮어 나간다.
⑥ 불이 꺼지면 손잡이를 놓는다.(약제 방출이 중단된다.)

*한 달에 한 번 정도 지시 압력계의 바늘 위치를 확인하여 정상 압력 범위인 초록색을 가리키고 있는지 점검한다. 소화기 점검표에 점검 날짜와 점검자 성명, 이상 유무를 적도록 한다. 그리고 점검할 때 걸레로 소화기를 깨끗이 닦도록 한다. 이렇게 하면 누가 보더라도 소화기가 잘 관리되고 있다는 인상을 주어 입주민이 안심하게 된다.

7 소방 시설물 유지·관리 주의 사항

소방 시설물 유지·관리에 있어 언제 어디서든지 불은 일어날 수 있다는 생각으로 경각심을 가지고 아래의 사항을 신경 써서 관리하면 좋겠다.

- 화재 수신기의 작동 스위치는 모두 켜서 'ON'에 놓는다.
- 화재 수신기의 작동 스위치는 모두 자동('AUTO')으로 놓는다.
- 소방 MCC 패널의 작동 스위치는 모두 자동('AUTO')으로 놓는다.
- 피난구인 복도나 비상 계단에 적치물은 없는지 확인하며, 가구, 자전거 등 적치물이 있으면 안내문 등을 붙여 치울 수 있도록 한다.
- 방화문은 항상 닫혀 있어야 하지만, 상시 개방하기 위해 도어 체크(door check) 체결(締結) 장치가 손상되었는지 확인한다.
- 방화문을 상시 개방하기 위해 소화기나 물건 등으로 문을 괴어놓았는지 확인한다.
- 소화전 앞에 주차된 차량이 있으면 즉시 이동할 수 있도록 안내한다.
- 소화전 사용에 많은 불편을 주는 주차면은 없애도록 한다.
- 방화셔터 구역 즉, 방화셔터가 내려오는 것을 방해하는 적치된 물건은 즉시 치우도록 한다.
- 각종 소화 펌프에서 소화 배관에 이르는 밸브가 열려('OPEN')있는지 확인한다.
- 보조 전원(배터리)의 전압이 정상인지 확인한다.
- 옥내 소화전 및 스프링클러 연결 송수구를 언제든지 사용할 수 있도록 한다.
- 옥외 소화전은 언제든지 사용할 수 있도록 한다.
- 소화 저수조의 수위는 적정한지 확인한다.
- 유도등이 꺼진 곳은 없는지 확인한다.
- 옥내 소화전 소방 호스는 사용이 쉽도록 가지런히 정돈되었는지 확인한다.
- 비상구 등 안전 관리에 대한 안내문은 승강기 또는 복도에 상시 붙여놓는다.
- 소화기는 '소화기'라는 표지와 함께 제자리에 놓여있는지 확인한다.

제4장

- 방염[18] 소재를 사용하여 실내 장식(커튼, 버티칼, 블라인드, 소파, 벽지 등)을 했는지 확인한다.
- 화재 시 피난할 수 있도록 옥상 등 대피 공간을 관리한다.
- 자위소방대를 편성하여 자위소방대 편성표를 관리사무소에 게시하며, 각자 임무에 대해 꾸준하게 교육한다.

소방 시설물 종합 정밀 점검[19] 및 작동 기능 점검[20]시 철저하게 점검하도록 점검업체에 지시한다.

- 소방 계획서를 작성하여 비치해 놓는다.
- 방재실은 언제든지 화재 수신기의 조작이 가능하도록 불을 켜 놓는다.
- 펌프실이나 기계실은 순찰할 때를 제외하고 평상시에는 반등 상태로 유지하여 에너지를 절약한다.
- 방재실, 펌프실, 기계실은 외부인이 출입할 수 없도록 반드시 잠가두고 사용한다.
- 소방 시설물의 보수 작업은 반드시 허가받은 공사업체에서 하도록 한다.

---

18) **방염(防炎)**: 화재의 위험이 큰 유기고분자 물질에 난연 처리를 하여 불에 잘 타지 않게 하는 것으로, 화재 초기 연소의 확대를 방지하거나 지연시키기 위한 것이다. 방염은 불에 타는 것을 어렵게 하여 화재 진압이나 대피를 위한 시간을 확보하기 위한 것이지 불에 타지 않는다는 불연(不燃)의 개념이 아니다.

19) **종합 정밀 점검**: 소방 시설 등의 작동 기능 점검을 포함하여 소방 시설 등의 설비별 주요 구성 부품의 구조 기준이 화재 안전 기준 및 건축법 등 관련 법령에서 정하는 기준에 적합한지를 점검하는 것으로, 점검 시기는 매년 해당 건축물의 사용 승인일이 속하는 달 중에 실시한다.

20) **작동 기능 점검**: 소방 시설 등을 인위적으로 조작하여 정상적으로 작동하는지를 점검하는 것으로, 점검 시기는 매년 해당 건축물의 사용 승인일이 속하는 달의 말일까지 실시한다.

비상구 등 안전관리 안내

　건물 관계인의 자율적인 안전관리로 이용시민의 안전을 도모하고자, 비상구 등 피난·방화시설 관리에 필요한 준수사항 등을 안내하오니 적극 협조하여 주시기 바랍니다.

□ 관련법령

　○「화재예방, 소방시설 설치유지 및 안전관리에 관한 법률」제10조
　○「다중이용업소의 안전관리에 관한 특별법」제11조

□ 대상별 위반행위에 대한 벌칙

대 상	위반행위	과태료 부과금액		
소 방 대상물	• 피난시설·방화구획 및 방화시설을 폐쇄하거나 훼손하는 등의 행위 • 피난시설·방화구획 및 방화시설의 주위에 물건을 쌓아두거나 장애물을 설치하는 행위 • 피난시설·방화구획 및 방화시설의 용도에 장애를 주거나 소방활동에 지장을 주는 행위 • 그 밖에 피난시설·방화구획 및 방화시설을 변경하는 행위	1차 100	2차 200	3차 300
다 중 이용업소	• 비상구를 폐쇄·훼손·변경하는 등의 행위를 한 경우 • 영업장 내부 피난통로에 피난에 지장을 주는 물건 등을 쌓아놓는 경우 • 피난시설이나 방화시설을 폐쇄·훼손·변경하는 등의 행위를 한 자	50 ~ 300만원		

　※ 피난·방화시설 등의 범위 : 계단(직통계단·피난계단·옥외피난계단), 복도,
　　출입구(비상구포함), 옥상광장, 기타 피난시설, 피난통로, 방화구획(방화문 포함) 등
　※ 폐쇄 : 유사시 사용할 수 없도록 잠그거나 용접 등 개방이 불가능하도록 한 행위
　※ 훼손 : 제거하거나 고임장치 설치 또는 자동폐쇄장치를 제거하여 그 기능을 저해하는 행위
　※ 특히 백화점 등 대형판매시설에서 비상구 출입문에 래핑광고 부착은 비상구
　　인식장애가 되는 훼손 행위에 해당되어 적발시 과태료가 부과됩니다.

□ 위반사항(예시)

도어체크 탈락(미설치)　　말발굽 설치　　비상구 앞 장애물 적치　　래핑광고 부착

□ 기타 문의사항

　○ 광진소방서 예방과 ☎ 6981-6689, 6981-6679,　FAX 6981-6679

광 진 소 방 서 장

[비상구 등 안전 관리 안내문]

8 감지기 오작동 처리

화재 수신기에 화재가 발생했다고 주 경종이 시끄럽게 울리고, 대피 방송이 나가게 되면 누구든지 당황하기 마련이다. 하지만 관리사무소에 근무하는 분이라면 방재실의 화재 수신기를 먼저 찾아가 살펴야 한다.

그런 후 어디에서 화재가 발생하였는지를 파악해야 한다. 화재 수신기는 어디에서 화재 신호가 오는지를 보여준다. 발화 지점이 파악되었다면 신속하게 발화 지점으로 이동하여 정말 불이 났는지를 확인해야 한다.

그렇지 않고 오작동[21]이겠지라고 짐작하여 주 경종과 대피 방송을 꺼버리면 큰일 날 수 있다. 정말 불이 났다면 대피할 수 있는 시간을 놓쳐 커다란 인명 피해를 낼 수 있기 때문이다.

또, 시끄럽다며 주 경종과 대피 방송을 먼저 끈 후 발화 지점으로 이동해도 절대 안 된다.

발화 지점에 도착하였으면 불이 실제로 났는지를 확인하여 불이 났을 경우 가까이 있는 소화기로 화재를 초기에 진압하면 된다. 아니면, 소화전을 사용하여 화재를 진압하거나, 감당할 수 없을 정도로 불이 번졌다면 소방서에 신고하고 큰소리로 "불이야!"를 외쳐 피난할 수 있도록 한다.

실제 불이 난 것이 아니라, 감지기의 오작동으로 인한 것이라면, 한시름 놓아도 된다. 먼저, 방재실로 내려와 주 경종과 대피 방송을 멈추고, 일단 문제가 된 감지기 회로를 분리해 놓는다. 그런 다음 문제의 감지기를 교체해주면 된다. 감지기는 화재를 감지하게 되면 빨간 불빛을 내므로 쉽게 찾을 수 있다.

작업이 끝나면 화재 수신기를 처음처럼 정상으로 돌려놓아야 함을 잊지 말아야 한다. 그리고 방금 나갔던 대피 방송은 감지기의 오작동으로 인한 것이니 입주민은 안심

---

21) 오작동(誤作動): 기계가 잘못 작동되거나, 기계를 잘못 작동시키는 것을 말한다. 오동작(誤動作)과 섞어서 사용된다.

하시고 일을 보라는 안내 방송을 해주어야 한다. 그래야만 실제 상황인지 아닌지를 구별하여 '양치기 소년'이 되지 않는다. 이것 또한 입주민과의 신뢰의 문제로 매우 중요한 사항이다.

[점등된 수신기]

당신은 누구십니까

당신은 누구십니까.
내 마음 송두리째 뺏어버린
당신은 누구십니까.

당신 생각으로 하루 해가 지고
또 하루 해가 뜨게 하는
당신은 도대체 누구십니까.

당신은 어디서 왔나요.
당신을 처음 본 순간
숨 멎게 하던 아름다운
당신은 어디서 왔나요.

온통 당신 생각으로
날 사로잡은 그대
당신은 도대체 어디서 왔나요.

내 맘 설레고
심장은 두근두근

당신은 어디서 온 누구시랍니까.

사랑의 열병을 앓게 한 당신
하지만
그저 고맙고 기쁘기 그지없습니다.

하루가 어떻게 가는 줄 모르게 하는 당신이
곧 나의 사랑이고 행복인 것을
나는 세포 하나하나 구석구석에서
온몸으로 느낍니다.

—《은평문예》(제26호, 2017년)

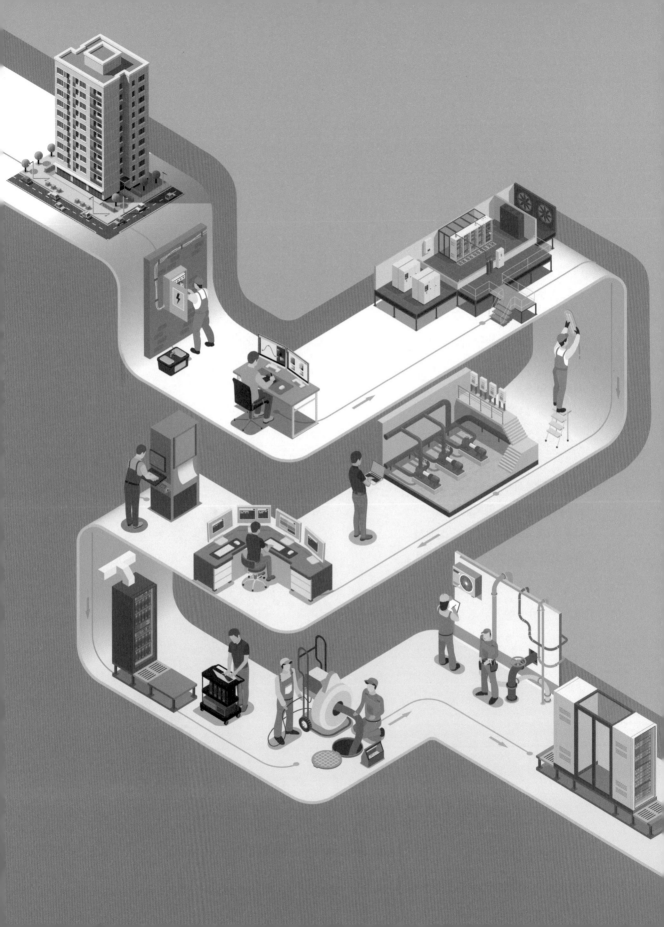

제5장

기계 설비 유지 · 관리

ㅣ 행복남의 행복 충전소 ㅣ 한여름 밤의 꿈

제5장 기계 설비 유지·관리

　최근에 관리사무소에서 할 일이 하나 더 늘었다. 아니, 그만큼 비용이 더 늘었다고 하겠다. 그동안은 전기안전관리자 선임과 소방안전관리자 선임, 승강기안전관리자 선임, 저수조관리자 선임 등이 있었는데, 이제는 기계설비유지관리자 선임이라는 항목이 추가되었다. 우리 관리사무소 종사자에게는 그만큼 부담이 더해진 것이다.

〰〰〰〰

　아파트나 상가, 오피스텔, 오피스 등 건축물에 설치되어 있는 기계 설비들을 안전하게 관리하자는 취지이니 그렇게 나쁘게 받아들일 필요는 없겠지만, 비용 최소화를 선호하는 대표 기구의 속성상 직원 수는 그대로인데 할 일은 늘었으니 하는 말이다.

■ 유지 관리 및 성능 점검 대상 기계 설비

순서	기계 설비의 종류	세부 항목
1	열원 및 냉난방 설비	냉동기, 냉각탑, 축열조, 보일러, 열교환기, 팽창 탱크, 펌프(냉난방), 신재생 에너지(지열, 태양열, 연료 전지 등), 패키지 에어컨, 항온·항습기
2	공기 조화 설비	공기 조화기, 팬코일 유닛
3	환기 설비	환기 설비, 필터
4	위생 기구 설비	위생 기구 설비
5	급수·급탕 설비	급수 펌프, 급탕 탱크, 고·저수조
6	오·배수 통기 및 우수 배수 설비	통기 배관, 우수 배관
7	오수 정화 및 물 재이용 설비	오수 정화 설비, 물 재이용 설비
8	배관 설비	배관 및 부속 기기
9	덕트 설비	덕트 및 부속 기기

10	보온 설비	보온 및 부속 기기
11	자동 제어 설비	자동 제어 설비
12	방음 · 방진 · 내진 설비	방음 설비, 방진 설비, 내진 설비

위의 표는 기계설비유지관리자가 성능을 점검해야 할 기계 설비 대상이다. 공동주택이나 오피스텔, 상가 등의 건축물도 지금은 중앙 집중식 냉난방에서 개별 냉난방으로 바뀌는 추세에 있다. 물론 대형 건축물에서는 아직도 냉난방 설비나 공기 조화 설비, 환기 설비, 급수·급탕 설비, 오수 정화 및 물 재이용 설비 그리고 자동 제어 설비 등을 설치하여 운전하고 있다.

〰〰〰〰〰

여기서는 기계설비유지관리자가 해야 할 기계 설비의 성능 점검 같은 전문적인 지식을 다루자는 것이 아니라 단지에서 흔히 볼 수 있고, 자주 접할 수 있는 기계 설비들에 관한 이야기들을 나누고자 한다.

예컨대, 승강기에 승객이 갇히는 사고가 발생했을 때 대처하는 요령이나, 겨울철 동파 방지 설비인 열선을 점검하는 방법, 여름철 폭우에 대비한 시설 점검 등이 그것이다.

또, 승강기에 중대한 사고 및 고장이 발생하였을 때 반드시 해야 할 업무가 있는데 그 대처 요령이나, 부스터 펌프의 고장 원인과 조치 방법, 자동 제어 감시반에 관한 내용, AC 클램프 미터기 사용 방법, 시스템 에어컨 제어하기, 저수조 청소 시 업무 등도 알아보기로 하자.

1 승강기 갇힘 사고 대처 요령

승강기 안전관리자로 선임이 되어 있든 아니든 간에 승강기는 신경 쓰이는 기계 설비이다. 품질이 좋은 승강기가 설치되어 있다면 그래도 사정이 나은 편이지만, 그렇지 않을 때 승강기 유지·보수 업체 전화통에 불이 날 경우도 생긴다. 이 말은 약간의 과장이 섞이긴 했지만, 승강기 사고나 고장으로 하루가 멀다고 출동을 요청하는 전화를 해야 한다면 무척이나 짜증 나는 일일 것이다.

그중에서도 승강기 사고로 인해 승객이 갇혀 있다면, 더욱 안전하고 신속한 조치와 더불어 갇힌 승객이 안심할 수 있도록 최선의 노력을 다해야 한다.

방법으로는 승강기 카 내부에 부착하게 되어 있는 '승강기 검사 합격 증명서' 옆에 나란히 '비상시 연락처'를 부착하여 사고 시 대비하면 좋겠다. 요즘 관리사무소 전화는 기능이 좋아서 전화를 건 상대방의 전화번호가 표시되고 있으니, 필요시에는 갇힌 승객과 전화 통화로 안심시킬 수 있겠다.

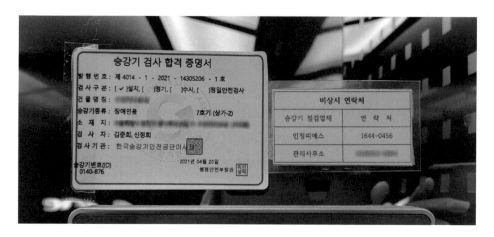

[승강기 검사 합격 증명서와 비상시 연락처]

비상 통화 장치로 전화가 걸려 온 경우에는 승객이 안전한지를 먼저 물어본 뒤, 승강기 유지·보수 업체 본사 또는 담당자에게 전화하여 빠른 출동을 요청한다. 그런 후에 갇힌 승객과 통화하여 현재 상황을 자세하게 설명하면서 안전하니 조금만 기다려 달라고 요청한다. 비상 통화 전화기에는 최근 통화한 곳과 통화할 수 있는 기능이 있는데 '99#'을 눌러 갇힌 승객과 통화할 수 있다.

[승강기 비상 통화 장치]　　　[비상 통화 장치]

갇힌 승객의 전화를 받고 유지·보수 업체에 출동을 요청하였다면, 직접 사고 승강기로 가서 문을 두드리며 빠른 출동을 요청하였으니 안심하시라고 말하는 등 승강기 안에 갇힌 승객이 안심할 수 있도록 한다. 더불어 승객의 상태를 물어 괜찮은지 확인하여야 한다.

갇힌 승객이 공포증 등으로 불안해한다거나 출동에 많은 시간 지체되면 119에 신고하여 신속하게 구출하는 방법도 있다.

하지만, 시간이 촉박하거나 갇힌 승객의 상태가 좋지 않을 때는 승강기 유지·보수 업체에서 준 키를 이용하여 승강기 기계실 문을 열고 숙지한 대로 간단하게 키 하나만 조작하면 현재 멈춘 곳에서 가장 가까운 층으로 승강기가 움직여 문이 열리면서 승객을 구출할 수 있다. 이 방법은 되도록 쓰지 않은 것이 좋지만, 어쩔 수 없는 경우에는 필요한 방법이기도 하다. 가운데 보이는 '정상/비상(AUTO/EOP)' 키가 그것인데, '비상' 쪽인 오른쪽으로 돌렸다가 다시 '정상' 쪽인 왼쪽으로 돌리면 된다.

[비상시 조작 키]

2 동파 방지 설비(열선) 점검하기

겨울철이 다가오면 관리사무소에서는 준비해야 할 것이 몇 가지 있다.

그중에서도 동파 방지 설비인 열선을 미리 점검해야만 한겨울에 동파로 인한 사고를 예방할 수 있다. 한겨울에 강추위가 몰아닥치면 외기에 노출된 소화 배관이나 수도 배관이 얼어 터질 수 있으니 세심한 관심이 필요하다. 동파는 동파 사고 그것만으로 끝나는 것이 아니라, 물이 흐르거나 새기 때문에 2차 사고를 동반한다.

그리고 동파 사고가 일어난다면 다른 단지도 마찬가지로 동파로 고생을 하고 있을 경우가 허다하므로 관련 업체들도 바쁘다 보니 시간을 낼 수 없어 애를 먹게 된다.

열선은 수도 배관과 소화 배관에 열선을 감고 온도를 유지할 수 있도록 보온재로 배관을 감아놓은 것인데, 최저 온도와 최고 온도를 설정하여 열선이 동작하도록 설정되어 있다.

[온도 센서]

[동파 방지 컨트롤 패널]

그리고 예를 들어 우리 아파트의 경우 옥상, 10층, 8층, 3층에는 녹색 건축물 인증을 받기 위해 화단을 조성해두었다. 여기에 조성된 화단에 물을 줄 수 있게 설치해놓은 수도관이 얼 수 있으니 미리 물을 빼내야 한다. 드레인 밸브는 수도꼭지가 설치된 층보다 보통 한층 아래나 같은 층에 있으니 찾기는 어렵지 않다.

[조경용 수도 시설]

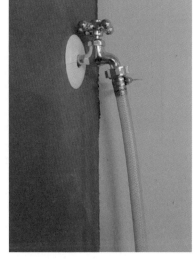

[주차장 수도 시설]

또, 지하 주차장에도 수도 설비가 되어 있는데, 맨 아래층이야 기온이 그렇게 많이 내려가지 않지만, 지하 1층이나 지하 2층은 얼 수 있으니, 이곳도 수돗물을 빼내야 한다.

1층에는 조경 시설과는 따로 일반 쓰레기나 음식물 쓰레기를 버리는 곳이 있는데, 여기에도 쓰레기를 버리고 오염된 손을 씻을 수 있도록 수도 시설이 설치되어 있다. 마찬가지로 날이 추워지기 전에 드레인 밸브를 열어 물을 빼내야 한다.

[쓰레기장 수도 시설]

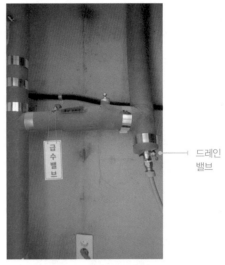

드레인
밸브

[급수관]

행복남과 함께하는 **관리사무소** 실무 **완전정복**

3 폭우 대비 시설 점검

　지구온난화 영향으로 국지적인 폭우가 지구촌을 위협하고 있는 가운데 여름철이면 우리나라도 예외일 수 없다.

　지구온난화 주범인 탄소 배출 가스를 줄이고, 대기 중으로 발생하는 CO_2 배출량과 대기에서 흡수되는 CO_2량을 동일하게 하여, 실질적으로 이산화탄소 배출량을 0에 수렴하도록 하여 지구온난화로 인한 피해를 줄이기 위해 노력하고 있다.

　최근에는 각국 지도자들이 모여 탄소 중립(carbon neutral)·온실가스 감축을 논하고 이행을 강제하고 있는 현실이다. 다른 말로는 탄소 제로(carbon zero)라고도 부른다.

　아무튼 이런 영향으로 관리사무소에서도 폭우에 대비한 여름철 맞이 준비를 해야 한다. 먼저 배수로를 정비한다. 배수로 안에 토사나 낙엽 그리고 부유물을 깨끗하게 치워 물이 잘 빠지도록 해야 한다. 예를 들어 우리 아파트와 같이 옥상층, 10층, 8층, 3층, 1층 등 주변에 화단이 있는 곳이라면 더욱 신경을 써야 한다.

[배수구 ①]

[배수구 ②]

덮개를 들어내고, 트렌치(trench, 도랑) 안을 메우고 있는 쓰레기들도 치워야 한다.

단지로 들어가는 지하 주차장 입구에는 비상시 물막이판(차수판)을 설치하여 물이 건물 안으로 들어가지 못하도록 준비해야 한다. 그렇지 않으면 자칫 지하 주차장이 물바다가 되고, 최악의 경우 지하에 있는 전기실이 물에 잠기는 큰 사고가 일어나게 된다. 정말 생각하기도 싫은 끔찍한 일이다.

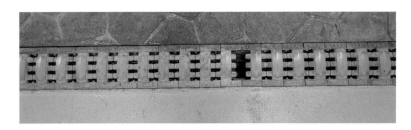

[트렌치]

[물막이판]

그리고 지하층에 마련된 집수정을 정비한다. 집수정에 많은 물이 한꺼번에 들이닥치더라도 펌프가 제 역할을 할 수 있도록 사전에 정비해 둔다. 집수정에는 항상 두 개의 펌프가 설치되어 있으니 평소 두 개를 번갈아 가며 운전해 주면 좋다. 요즘엔 A 펌프가 운전한 후 멈추면 자동으로 다음번 운전에서는 B 펌프가 운전하도록 설계되어 있어 두 대의 펌프가 교대로 운전한다.

배수 펌프 패널을 보면 현재 세팅된 값을 볼 수 있으며, 운전 상태도 확인할 수 있다. 어쨌든 배수 펌프에 각별히 신경을 써야 한다.

[배수 펌프 패널]

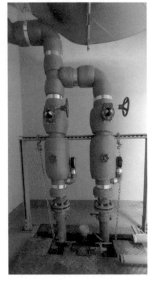

[배수 펌프]

4 승강기 중대 사고 및 고장 대처 요령

승강기(여기서는 엘리베이터와 리프트, 에스컬레이터를 모두 포함한 개념으로 사용함.) 안전관리자(관리 주체)는 승강기가 고장 나거나 사고가 났을 때 사고 보고 의무가 있다. 중대한 사고나 고장이 발생할 때 한국승강기안전공단에 보고해야 한다.

중대한 사고는 사망자가 발생한 경우, 사고 발생일로부터 7일 이내에 실시된 의사의 최초 진단 결과가 1주 이상의 입원 치료 또는 3주 이상의 치료가 필요한 상해를 입은 경우를 말한다.

중대한 사고는 아래 그림과 같다.

엘리베이터 및 휠체어리프트	에스컬레이터
· 출입문이 열린 상태로 움직인 경우 · 출입문이 이탈되거나 파손되어 운행되지 않는 경우 · 최상층 또는 최하층을 지나 계속 움직인 경우 · 운행하려는 층으로 운행되지 않은 경우(정전 또는 천재지변으로 인해 발생한 경우 제외) · 운행 중 정지된 고장으로서 이용자가 운반구에 갇히게 경우(정전 또는 천재지변으로 인해 발생한 경우 제외)	· 손잡이 속도와 디딤판 속도의 차이가 행정안전부장관이 고시하는 기준을 초과하는 경우 · 하강 운행 과정에서 행정안전부장관이 고시하는 기준을 초과하는 과속이 발생한 경우 · 상승 운행 과정에서 디딤판이 하강 방향으로 역행하는 경우 · 과속 또는 역행을 방지하는 장치가 정상적으로 작동하지 않은 경우 · 디딤판이 이탈되거나 파손되어 운행되지 않는 경우

[승강기 고장 ①]   [승강기 고장 ②]

사고 처리 절차는 아래 그림과 같다.

[사고 처리 절차]

통보는 사고, 고장 발생 후 바로 하여야 하며, 건물명, 소재지, 승강기 고유번호, 사고 발생 일시, 사고 내용, 피해 조치 및 응급 조치 내용을 포함하여야 한다.

통보 방법은 '중대한 사고, 고장 신고서' 서식을 내려받아 작성하여 담당 지사로 팩스, 이메일 등을 이용하여 보고하면 된다. 그리고 국가승강기정보센터에 접속하여 중대한 사고 또는 중대한 고장을 접수하면 된다.

접수를 한 한국승강기안전공단에서는 사고·고장 현장 조사를 위해 관리사무소에 일정을 통보하게 되며, 1차 조사로 만족스러운 결과를 도출하지 못하면 더욱 상세한 2차 조사를 하게 된다. 이 조사 자료는 행정안전부 승강기사고조사위원회에 제출되어 심의되며 그 후 관리 주체에 심의 결과를 통보하게 되는데, 보통 석 달 정도가 걸린다.

5 자동 제어 감시반

자동 제어 감시반(自動 制御 監視盤, automatic control supervisory panel)은 물체, 기계, 장치 등의 외부 또는 내부 조건의 변화에 따라 제어 장치를 자동으로 조작할 수 있게 한 패널을 말한다.

즉, 시설이 설치된 현장에 직접 가지 않고도 감시반이 설치된 방재실에서 각 시설들을 자유자재로 제어할 수 있게 한 것이다.

그뿐만 아니라, 설정된 값에 따라 그 조건이 충족되었을 때 운전되고, 다시 조건이 충족되지 못할 때 정지되는 시스템이므로 자동 제어라는 단어를 붙였다.

또, 직관적으로 한눈에 쉽게 파악할 수 있도록 그림과 함께 자료가 표시되어 있어, 자동 제어를 감시하면서 실제로 시설을 조작할 수 있는 곳이 감시반이다.

[자동 제어 감시반]

여기서는 저수조(아파트용, 판매 시설용) 감시, 우수조(빗물 이용 시설) 감시, 소화 수조 감시, 환기 감시, 배수·정화조·열선 감시로 나누어져 있다.

■ 저수조(아파트용) 감시: 그림에서 보듯 왼쪽 위에서 시수[1]가 들어와 2개의 저수조에 수돗물을 공급하고 있다. 저수조[2]에는 물이 담긴 만큼 파란색으로 칠해져 직관적으로 물이 얼마만큼 차 있는지를 쉽게 파악할 수 있다.

두 개의 저수조에는 부스터 펌프에 이르는 관이 연결되어 있으며, 펌프에서 퍼 올린 물은 급수용 배관을 따라 각 세대에 공급된다.

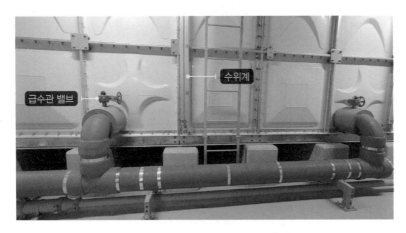

[저수조와 펌프를 연결하는 급수관]

부스터 펌프를 제어해주는 패널이 따로 설치되어 있는데, 그 패널이 정상적으로 작동되고 있는지 아닌지를 나타내주는 '부스터 패널 상태'에 파란 불이 들어와 있어 정상임을 알 수 있다. '부스터 패널 경보'에는 불이 꺼진 상태로 정상임을 알 수 있다.

---

1) 시수(市水): 서울특별시(市)에서 공급해주는 물(水)이라는 뜻이다.
2) 저수조(貯水槽, water tank): 물을 저축하는 시설·설비이다. 수도 용수 외에 공업 용수, 소화 용수 등의 용도가 있다. '물탱크'라고도 하는데, 개인적으로는 '물통'이라고 칭하고 싶다.

[부스터 펌프]

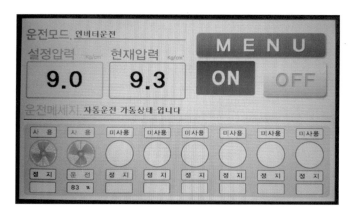

[부스터 펌프 상태 표시창]

　　저수위 경보와 고수위 경보 램프에 불이 꺼져있어 정상적으로 운전되고 있음을 확인할 수 있다.

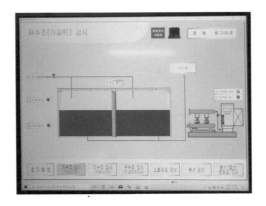

[저수조 감시(아파트용)]

[저수조 조작 패널]

- **저수조(판매 시설용) 감시**: 저수조(아파트용) 감시와 꼭 같은 구조이다. 저수조(판매 시설용)도 2개가 설치되어 있으며, 현재 저수조는 49%가 채워진 상태이다.

- **우수조 감시**: 우수조(빗물 이용 시설)는 자원을 순환하고자 만들어진 시설이다. 비가 오면 그대로 하천으로 흘러가는데, 그렇게 흘려보내지 말고, 그 빗물을 나무에 물을 주는 조경용수로 사용하자는 의미이다.

위에서 설명한 저수조와 같은 시스템으로 물이 이동하지만, 물의 공급원은 시수가 아닌 옥상의 빗물이다.

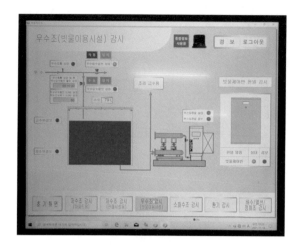

[우수조 감시]

■ **소화수조 감시**: 소화수조는 불이 날 때를 대비하여 불을 끄는 데 사용할 목적으로 물을 담아놓은 곳이다. 전극봉식 수위 조절기를 통해 저수위와 고수위를 감지해 물을 채우게 된다.

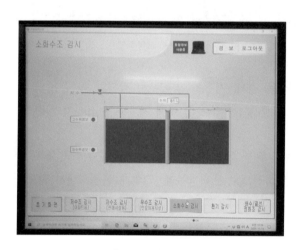

[소화수조 감시]

■ **환기 감시**: 전기실·발전기실·저수조실·펌프실에 설치된 급·배기 팬의 현재 운전 상태를 보여주며, 이곳 감시반에서 자동을 수동으로 바꿔서 직접 운전할 수 있다. 또, 스케줄링을 통하여 어느 요일 어느 시간에 얼마 동안 운전할 것인지를 세팅하면 그에 따라 자동으로 운전된다.

팬이 운전 상태일 때는 팬이 돌아가는 그림으로 바뀌어 직관적으로 팬이 작동하고 있는지를 확인할 수 있다.

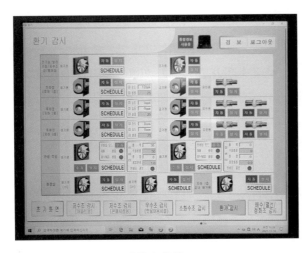

[환기 감시]

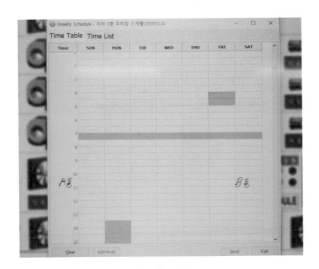

[스케줄링]

- 배기 감시: 마찬가지로 층별 지하 주차장에 설치된 급·배기 팬과 유인 팬의 현재 운전 상태를 보여주며, 이곳 감시반에서 자동을 수동으로 바꿔서 직접 운전할 수 있다. 또, 환기 감시와 마찬가지로 스케줄링을 통하여 통하여 어느 요일 어느 시간에 얼마 동안 운전할 것인지를 세팅하면 그에 따라 자동으로 운전된다.

여기서는 CO(일산화탄소)[3]의 농도를 세팅하여 자동으로 운전되도록 하였는데, 지하 1층의 경우 CO의 농도가 12PPM[4]일 때 운전된다.

또, 넓은 주차장을 고려하여 유인 팬을 달아 공기 순환이 잘 이뤄지도록 하였다.

근린생활시설[5] 주방에는 배기 팬만 설치되어 있는데, 주방에서 나오는 연기를 안전하게 건축물 밖으로 빼내기 위한 시설이다. 인버터 방식으로 운전되고 있는데, 주방에 연결된 덕트 안의 공기 흐름을 감지하여 그 흐름이 강한지 약한지에 따라 배기 팬의 강약이 조절되도록 설계되어 있다.

마찬가지로 자동, 수동, 스케줄링으로 배기 팬을 운전할 수 있다.

화장실의 배기 팬이나 지하 1층 실내 배기 팬도 자동, 수동, 스케줄링으로 운전할 수 있다.

■ 배수·정화조·열선 감시: 집수정 고수위 경보 감시는 지하층에 설치된 5개의 집수정에 담긴 물이 고수위가 되었을 때 고수위 경보에 불이 들어오면서 버저가 울리게 된다.

정화조 패널 상태·경보 감시는 정화조의 상태를 나타내주며, 열선 패널 상태·경보 감시는 열선의 상태를 보여주고 있는데, 현재는 온도가 설정값보다 높아 열선이 가동(운전)되지 않고 있다.

---

3) CO(일산화탄소): 무색, 무취의 유독성 가스로서 연료 속의 탄소 성분이 연소 시 산소가 부족하거나 연소 온도가 낮아 불완전 연소하였을 때 발생한다. 일산화탄소의 주요 배출원은 자동차이며, 혈액의 산소 운반 기능을 저하시켜 건강에 해로운 영향을 미친다.

4) PPM(Parts Per Million): 100만분의 1을 나타내는 단위. 1g의 시료 중에 100만분의 1g, 물 1t 중의 1g, 공기 $1m^3$ 중의 $1cm^3$가 1PPM이다.

5) 근린생활시설(近隣 生活 施設, neighbourhood living facility): 주택가와 인접해 주민들의 생활 편의를 도울 수 있는 시설물이다. 그 용도와 시설 면적 등에 따라 구분되는데, 제1종 근린생활시설로는 면적 $1000m^2$ 이하의 슈퍼마켓과 일용품 소매점, 면적 $300m^2$ 미만의 대중음식점과 다방, 이·미용원과 목욕탕, 양·한의원, 예체능 학원과 독서실 등이 있다. 제2종 근린생활시설로는 일반음식점과 제과점, 서점과 기원, 면적 $500m^2$ 미만의 운동 시설, 금융업소와 부동산중개업소, 노래연습장 등이 있다.

AC 클램프 미터 사용법

6

관리사무소에서 교류 및 직류의 전압을 재거나 전류 소비량을 측정할 때 많이 사용하는 전기 기기로 AC 클램프 미터(AC clamp meter)가 있는데, 이 기기의 사용 방법에 대해 알아보자. 여기서는 히오키(HIOKI)사의 '3280-10F' 제품을 예로 들어 설명한다.

아래 그림은 리드선을 본체에 연결한 상태이다.

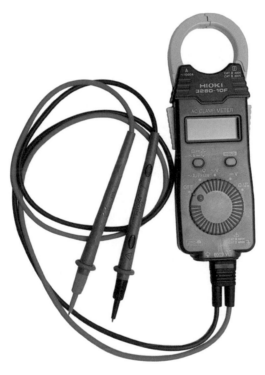

[클램프 미터]

로터리 스위치를 '~A/Flexible'로 돌린다.

아래 그림은 3상 4선(R상, S상, T상, N상)식에서 R상의 전류 소비량을 측정한 값(2.029A)으로 오른쪽 노란색 버튼인 'HOLD' 키를 눌러 측정된 값을 액정 표시창에 그대로 보여주게 했다. 전류를 측정할 때는 반드시 하나의 선에만 조(jaw)를 끼워 측정하여야 한다. 하나 이상의 선을 측정할 수는 없기 때문이다. 따라서 R상, S상, T상, N상을 각각 측정하여야 한다.

[교류 전류 측정]

아래 그림은 로터리 스위치를 '~V'로 돌린 후, R상과 S상 간의 선간 전압[6]을 측정한 값(374.5V)으로 오른쪽 노란색 버튼인 'HOLD' 키를 눌러 측정된 값을 액정 표시창에 그대로 보여주게 했다. 380V의 오차 범위는 380±38V이므로 정상 상태이다. 교류 전압을 측정할 때는 본체에 연결된 리드선 중 하나는 R상에 꽂고, 다른 하나는 S상에 꽂아 선간 전압을 측정하면 된다.

또, S상과 T상 간의 선간 전압을 측정할 수 있고, R상과 T상의 선간 전압도 측정할 수 있는데 위 세 가지로 측정한 전압은 보통 선간 전압으로 380V이다.

그리고 R상과 중성선[7]인 N상 간의 선간 전압은 보통 220V가 나오는데 S상과 N상 간의 선간 전압이나, T상과 N상 간의 선간 전압도 220V로 측정될 것이다. 이를 단상[8]이라 칭한다. 리드선의 색깔과는 상관없이 측정할 수 있다. 220V의 오차범위는 220±13V이므로 정상 상태이다.

---

6) 선간 전압(線間 電壓): Y결선 회로에서 선간 전압은 각 상간의 120도 위상 차이를 가지므로 상전압의 3배를 해줘야 한다.

7) 중성선(中性線): 3상 회로에서 중성점으로부터 나간 도선이다. 발전기의 중심점과 부하의 중심점을 잇는 도선으로, 삼상 결선 회로에서 이 도선을 꺼내면 상도선과 이 도선 사이에는 상전압이 걸린다.

8) 단상(單相): 가정에서는 단상을 사용하며, 1개의 상과 중성점을 통해 220V 전압이 발생한다.

[3상 교류 전압]　　　　[단상 교류 전압]

　로터리 스위치를 자세히 보면 'OFF', '~A/Flexible', '~V', '═V', 'Ω/→〈─'가 있는데, 'OFF'는 기기를 사용하지 않을 때 사용하면 된다. 하지만 30분 동안 기기를 조작하지 않으면 자동으로 표시 램프가 꺼진다.

　'~A/Flexible'와 '~V'는 앞에서 설명하였듯이 각각 전류 소비량과 교류 전압을 측정할 때 사용한다.

　'═V'는 직류 전압을 측정할 때 사용하는 것으로, 주로 배터리의 전압을 잴 때 사용한다.

　'Ω/→〈─'는 저항값을 측정할 때 사용하는 것으로, 콘덴서나 마그네틱 스위치 등 제품의 고장 유무를 확인할 때 사용한다. 'Ω/→〈─'는 통전 테스트할 때도 사용하는데, 좌측 상단의 스위치를 눌러 전환한다. 전선, 스위치 등의 단선 유무를 확인할 때 사용하는데 단선 없이 통전될 경우 '삐' 소리가 난다. 간선 작업이 끝난 후 같은 선을 찾을 때 유용하다.

　아래 그림은 소방 설비에서 사용되는 종단저항으로 측정된 저항값은 9.94kΩ이다.

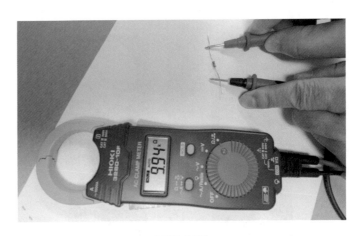

[저항 측정]

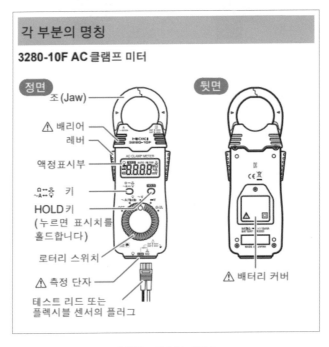

[클램프 각 부분 명칭]

7 시스템 에어컨 제어하기

시스템 에어컨(system air conditioner)은 실외기 한 대에 실내기를 여러 대 연결하여 건물의 형태와 각 방의 특성에 맞게 최적 설계하여 실내외 공간을 효과적으로 활용할 수 있는 차세대 공조 시스템이다. 학교, 관공서, 병원, 상가, 오피스텔, 아파트, 쇼핑몰, 사무실, 공장 따위에 설치한다.

공간 활용도 및 인테리어 효과가 좋을 뿐만 아니라, 천장에 매립되어 있어 보기에도 좋다는 장점이 있지만, 이전 및 이사를 할 때 떼어갈 수 없다는 단점도 있다.

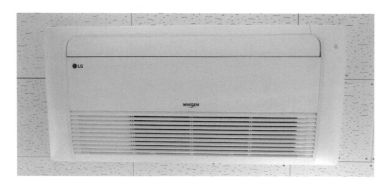

[실내기]

시스템 에어컨은 실외기 한 대에 여러 대의 실내기가 연결되어 있으므로 어떤 곳에서는 난방을 하고, 다른 곳에서는 냉방을 할 수 없다. 왜냐하면 같은 실외기를 사용하기 때문이다. 물론 서로 다른 실외기를 사용한다면 문제는 없다.

따라서 보통 환절기 때 상가에서 접수되는 민원으로 우리 가게는 냉방이 안 된다거나 난방이 안 된다고 할 때가 있다.

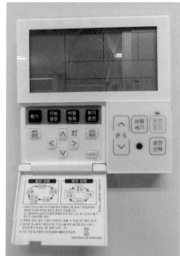

[조작 스위치 ①]　　　　　　　　[조작 스위치 ②]

　　이럴 때는 실외기실로 가서 민원이 발생한 가게가 어느 가게와 함께 실외기를 사용하고 있는지를 확인한 후, 에어컨을 제어하는 프로그램에서 그 실외기를 사용하고 있는 가게를 모두 난방 또는 냉방으로 전환해주면 된다.

　　물론 현재 실내기를 사용하는 곳이 없도록 모두 꺼('OFF') 버린 다음 적어도 5분 정도 기다린 후에 전원을 켜('ON')야 한다.

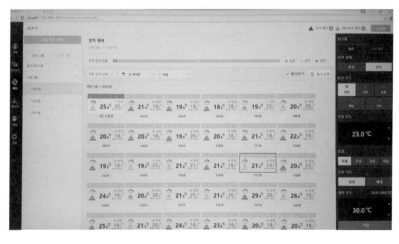

[시스템 에어컨 제어반]

8 저수조 청소 시 업무

저수조 청소는 1년에 두 차례 상반기와 하반기로 나누어 반드시 해야 하는 업무이다.

고가 저수조는 물을 건물 옥상이나 별도로 높은 위치에 설치된 저수조에 양수하여 급수에 중력을 이용하기 위하여 설치한 저수조로서, 예전 건축물에 주로 설치되어 있다. 저수조의 구성은 양수관[9], 급수관[10], 월류관[11], 배수관[12], 맨홀(manhole) 등으로 되어 있다.

고가 저수조를 이용하는 방식은, 먼저 지하에 설치된 대용량의 저수조에 물을 담아 저장한 뒤 물 사용량의 일부를 간헐적으로 고가 저수조로 끌어올려 공급하는 방식이다. 하지만 수돗물이 물탱크에 장시간 저장하면 잔류 염소량이 줄어들고, 수질 악화의 우려가 있으며, 지하 저수조에서 고가 저수조로 물을 끌어 올릴 때 많은 동력이 소모되는 단점이 있다.

최근에는 지하 저수조와 고가 저수조를 거치지 않고 부스터 펌프를 이용해 직접 각 세대로 수돗물을 보내는 방식인 직결 급수 방식이 도입되면서, 수질 개선은 물론 에너지 절약, 수압 상승 등의 효과가 나타나고 있다.

저수조 청소에 앞서 작업하기 전날에는 버리는 수돗물을 아끼기 위해 될 수 있는 대로 저수조 수위를 최소에 맞추어 수량을 관리한다. 청소하려면 어쩔 수 없이 저수조에 담긴 물을 모두 빼내고 해야 하기 때문이다.

저수조는 보통 A와 B 두 개로 구분되어 설치하는데, 청소하거나 수리가 필요할 때 급수가 멈추어서는 안되기 때문이다.

---

9) 양수관(揚水管, pumping-up pipe): 시수를 저수조에 담을 수 있도록 한 관을 말한다.

10) 급수관(給水管, water supply pipe): 저수조에서 급수 장치로부터 물을 끌어들이기 위하여 세대 내로 배관되는 관을 말한다.

11) 월류관(越流管, overflow pipe): 수위가 기준 수위보다 높아져 한계에 다다르거나 넘어서게 될 때 자연 배수가 가능하도록 설치되는 관을 말한다.

12) 배수관(排水管, drain pipe): 저수조의 불필요한 물을 외부에 배출하기 위한 관을 말한다

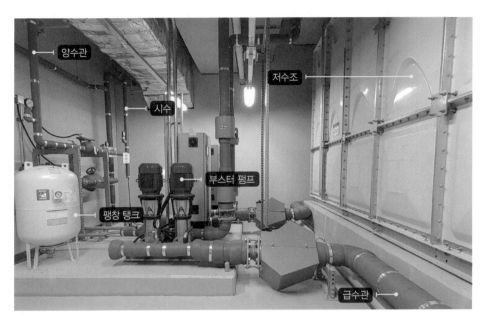

[저수조실]

① 먼저, 청소할 A 저수조에 시수의 물이 더는 들어 가지 않도록 제어반의 셀렉터 스위치를 'B'로 전환한다. 그렇게 되면 B 저수조에 설치된 수위 감지기와 제어반의 설정값에 의해 수돗물이 공급 또는 정지하게 된다. 한마디로 A 저수조는 사용하지 않고 B 저수조만 사용하겠다는 뜻이다.

[저수조 제어반]

설정값은 단지마다 다르며, 여기서는 저수위는 20%로 고수위는 60%로 설정하였기에, 세대에서 물을 사용하여 20%밖에 남지 않을 때는 시수가 양수관을 통해 들어오게 되고, 60%가 되었을 때는 더는 시수가 들어오지 않게 된다.

② 그리고 두 개의 저수조 중 청소할 A 저수조의 급수관 밸브를 잠가 이 저수조를 통해서 더는 급수가 안되도록 한다. 그렇다고 단수가 되는 것은 아니다. 왜냐하면 급수관은 두 개의 저수조가 연결되어 있으므로 물은 계속 공급된다. 이는 두 개의 부스터 펌프에 대해서도 마찬가지이다. 어느 펌프 하나라도 가동을 멈추게 하면 안 되며, 따라서 부스터 펌프에는 아무런 조작도 하지 않아야 한다.

③ 청소할 A 저수조에 담긴 현재의 물을 모두 드레인 밸브를 통하여 버리기는 아까우니, 부스터 펌프가 아닌 새로운 펌프를 이용하여 A 저수조에서 B 저수조로 물을 이동시켜준다. 이때 물을 아낀다고 모조리 다 옮겨주면 안 된다. 아무래도 저수조 하단부에는 더러운 찌꺼기가 있을 수 있으니 말이다. 따라서 어느 정도 남기고 펌프질을 멈춰야 한다.

④ 이제 청소할 A 저수조의 배수관 드레인 밸브를 열어 물을 빼준다. 이때 물은 청소할 양만큼만 남긴다. 드레인 밸브를 열면 지하에 설치된 집수정으로 물이 모이게 되는데 이때 집수정의 펌프가 정상적으로 작동되는지를 살펴야 한다. 그리고 물이 한꺼번에 너무 많은 양이 쏟아지게 되면, 펌프가 빼내는 물보다 드레인시키는 물의 양이 많게 되어 집수정이 넘칠 수도 있으니 주의해야 한다. 그럴 때는 드레인 밸브를 조절하여 빼내는 물의 양을 조절하면 된다.

[배수관]

⑤ 청소가 끝나면 청소한 A 저수조의 배수관 드레인 밸브를 잠가 물이 빠지지 않도록 한다. 사실은 청소하기 전 청소에 필요한 양의 물을 남기기 위해 드레인 밸브를 잠가 놓은 상태다.

⑥ 청소하기 전에 잠가두었던 A 저수조 급수관 밸브를 서서히 연다. 그러면 청소하지 않은 B 저수조의 수위가 높고 청소한 A 저수조의 수위는 0이기 때문에 중력에 의해 자연적으로 청소한 A 저수조로 물이 이동하게 된다.

['0'을 가리키고 있는 수위계]

⑦ 두 개의 저수조 수위가 같아 수평을 이루게 되면 더이상 물의 이동이 없게 된다.

⑧ 청소를 해야 할 B 저수조의 급수관 밸브를 잠가 더는 청소한 옆 A 저수조로 물이 이동하지 않도록 한다. 그리고 수평을 이뤄 물이 넘어가지 않으니 별도의 펌프를 이용하여 B 저수조에서 A 저수조로 물을 펌프질해준다. 이때 청소에 필요한 만큼 적당히 물을 남긴다.

⑨ 청소할 B 저수조에 시수의 물이 더는 들어가지 않도록 제어반의 셀렉터 스위치를 'A'로 전환한다. 그렇게 되면 A 저수조에 설치된 수위 감지기와 제어반의 설정값에 의해 수돗물이 공급 또는 정지하게 된다.

⑩ 청소할 B 저수조의 배수관 드레인 밸브를 열어 물을 빼준다. 이때 물은 청소할 양 만큼만 남긴다.

⑪ 청소가 끝나면 청소한 B 저수조의 배수관 드레인 밸브를 잠가 물이 빠지지 않도록 한다.

⑫ 청소하기 전에 잠가두었던 B 저수조 급수관 밸브를 서서히 연다. 그러면 전에 청소했던 A 저수조의 수위가 높고 방금 청소한 B 저수조의 수위는 '0'이기 때문에 중력에 의해 자연적으로 청소한 B 저수조로 물이 이동하게 된다.

⑬ 두 개의 저수조 수위가 같아 수평을 이루게 되면 더이상 물의 이동이 없게 된다.

⑭ 청소를 모두 마쳤다. 이제 셀렉터 스위치 A 또는 B의 선택은 큰 의미가 없어진 것이다. 왜냐하면 두 개의 저수조는 저수조 맨 아랫부분에 설치된 급수관으로 서로 연결되어 있어서 어느 한쪽의 저수조에 물을 채우면 두 개 저수조 수위가 같아지기 때문이다.

한여름 밤의 꿈

바람이 시원합니다.
살랑대며 불어오는 바람이
참 시원합니다.

한여름 밤의 더위도 잊게 하는 바람이지만,
당신을 향한 내 마음은
태양처럼 더 뜨거워집니다.

늘 산책하며 앉던 벤치지만
오늘은
더 허전하기만 합니다.

보고픈 마음에 전화기 속 사진을
만지작거려도 보지만
갈증만 더해갑니다.

벤치에 앉아
당신과 오순도순 나눌 생각에
쉬이 자리를 뜨지 못합니다.

바람이 불어옵니다.
당신의 음성 실어올 것 같은
시원한 바람이.

―《은평문예》(제26호, 2017년)

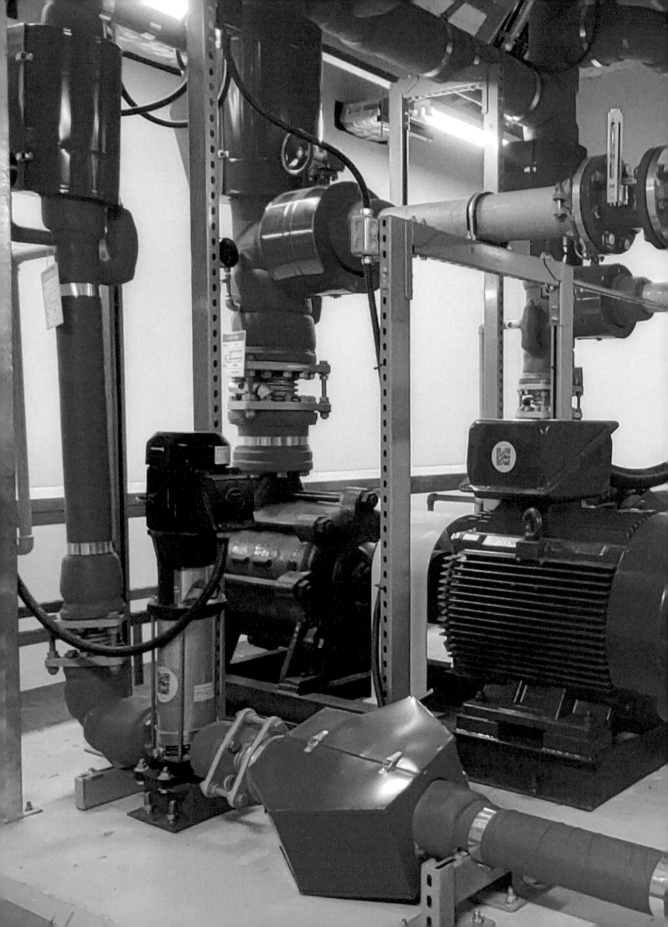

III

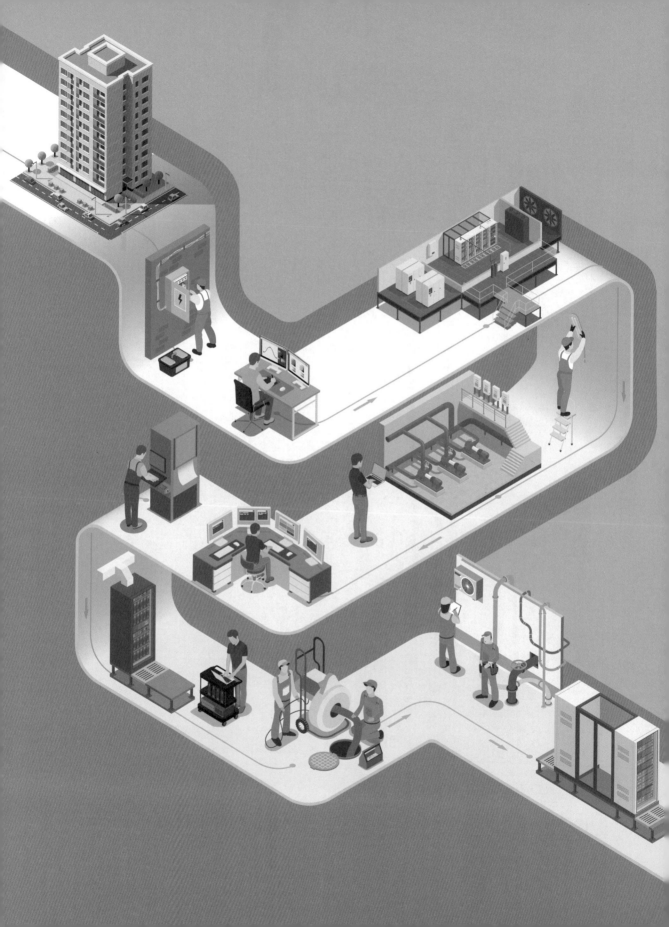

제6장

자격증 따고 선임하기

| 행복남의 행복 충전소 | 전기산업기사 단박에 따기

제6장 자격증 따고 선임하기

관리사무소에서 근무하시는 분들의 면면을 보면 정말 다양한 일을 하시다 오신 분들이 많다. 정년퇴직을 앞두고 관리사무소에 근무하기 위해 준비하시는 분들도 계시고, 다른 직종에서 이직을 준비하시는 분도 계신다. 또, 사업을 하시다 안정적인 벌이를 위해 오시는 분도 계시고, 교대 근무하시는 분들 중에는 겹벌이(two job)를 하고 계신 분들이 의외로 많다.

ᨆᨆᨆᨆᨆ

아래에서 소개할 자격증은 필수인 것도 있고 선택인 것도 있다. 하지만 기왕 관리사무소에서 일할 거라면 일정 자격을 갖추고 일하는 것이 좋지 않겠냐는 것이다. 저자도 부족한 점이 많지만 적어도 이 정도는 갖추어야 비교적 원만하게 일 처리를 할 수 있을 것으로 생각되어 소개하는 것이다.

먼저, 주택관리사(보) 자격증은 아파트가 아닌 곳에서는, 다시 말해 상가전용건물이나 지식산업센터, 업무용 건물 등에서는 꼭 필요하지는 않다. 다만, 관리사무소장 채용공고에 주택관리사(보) 자격증이 있는 분을 우대하는 경우가 흔하다 보니 없으면 그만큼 경쟁력에서 밀릴 수밖에 없다. 운 좋게 위탁 또는 도급 관리 회사에 합격한다 해도 관리단 임원 면접이 기다리고 있어 맘 놓을 수는 없다. 합격을 장담하지 못한다는 이야기다. 이쪽에서 소장으로 일하시려면 꼭 따놓으시라 말씀드리고 싶다.

전기(산업)기사도 꼭 필요한데, 몹시 어렵다 보니 중도에 포기하는 분들이 상당히 많다. 이제는 필수 자격증이 되었다. 인건비 절약을 이유로 시설과장 겸직 관리사무소장을 선호하는 추세이기 때문이다. 전기 선임이 가능한 소장을 채용공고에서 흔하게 볼 수 있는 현실이다. 소장이나, 시설팀장 또는 전기과장이라면 꼭 따 두자. 그리고 시설 기사로 근무하고 있다면 앞으로 과장도 하고 소장도 해야 할 테니 차근차근 준비해두자.

전기기능사도 꼭 추천하고 싶다. 시설 업무 특히 전기에 대한 문외한이라면 꼭 권하고 싶다. 이 자격증 따고 나서 전기에 대한 트라우마나 무서움도 많이 없어졌기 때문이다. 사실 어찌 보면 관리사무소 근무하면서 전기기능사만큼 필요한 자격증이 없지 싶다. 그 정도로 쓸모있는 자격증이라는 것을 금방 알 수 있을 것이다.

전기기능사 시험은 이론과 실기 시험으로 치러지는데 실기시험이 작업형으로 꽤 매력 있다. 물론 필기시험도 전기에 대한 이론 지식을 쌓는 데 도움이 됨에는 틀림이 없다. 실기시험은 건축물에서 사용되는 여러 가지 전기설비들을 직접 만들어 운전할 수 있게 만들어야 하는데, 어느 하나라도 실수하게 되면, 운전이 안 되어 불합격 처리된다. 따라서 따놓으면 아주 유용하게 쓰일 것이다.

대체 실기시험에 어떤 문제들이 출제되기에 이렇게까지 강조하나 싶을 것이다. 살펴보자면, 급배수 제어회로, 전동기 제어회로, 전동기 제어 1개소 기동 정지, 전동기 제어 리밋, 전동기 제어 리밋-타이머, 전동기 제어 수동-센서, 전동기 제어 정역, 전동기 제어 정역 순차, 공장 동력 배선, 컨베이어 제어 정역, 컨베이어 제어 순차, 승강기 제어, 리프트 자동 제어, 자동 온도 조절 제어, 온실 하우스 간이 난방 운전, 전기설비의 배관 및 배선 공사 등이다. 관리사무소에서 근무하는 소장, 과장, 기사라면 모두 따 두자.

워드프로세서는 자판을 익혀 문서를 만드는 능력인데, 자신의 능력을 검증받는 데 아주 유용하다. 예를 들자면, 직원을 채용하기 위해 이력서를 받아 보면 자격증란에 이런 자격증이 없고 있고는 지원자의 능력을 평가하는 데 차이가 날 수밖에 없다. 채용공고를 보면 느낌이 확 올 것이다. '컴퓨터 활용 가능자' 이런 조건들이 붙어있으니 아무튼 따 두자. 소장, 과장, 경리, 서무 할 것 없이 모두.

컴퓨터활용능력도 마찬가지다. 관리사무소에서 일하다 보면 수치 작업할 일이 많을 텐데, 거기에 대비하자는 것이다. 엑셀을 활용하지 않고 계산기로 수치 작업을 한다면 그 작업 결과를 어떻게 믿을 수 있을 것인가? 아마 불안해서 직원이 올린 결재를 쉽게 하지 못 할 것이다. 실제로 그런 일도 가끔 벌어지곤 한다. 소장을 비롯한 관리사무소 전 직원이 해당한다고 하겠다.

파워포인트는 이제 대중화되었다. 자유자재로 활용할 줄 알아야 두려움 없이 어떤 자료도 척척 만들어 낼 수 있다. 특히 관리사무소장이라면 입주자대표회의나 관리위원회에 발표 또는 보고하여야 할 일이 많을 테니 꼭 필요할 것이다. 소장, 경리, 서무 정도면 좋을 것 같다.

가스안전관리자는 그렇게 많이 찾는 자격증은 아니다. 호텔 등 일정 이상의 도시가스를 사용하는 건축물에서 필요한 것이니 시간이 여유롭다면 한번 따두는 것도 좋을 것 같다.

XpERP(아파트 인사·회계 실무)는 경리나 서무는 필수이고, 소장도 필수에 가깝다고 하겠다. 관리사무소의 업무를 총괄하는 사람이 소장이니 좀 알아야 하지 않을까 싶다.

소방안전관리자는 시설 쪽에 일하는 분이나 소장도 해당한다. 연면적이 큰 건물은 주선임과 보조선임이 필요하니 시설 기사 채용할 때 '수첩' 보유 여부를 따진다.

기계설비유지관리자는 2021년부터 시행하여 적용되고 있는데. 국가기술자격증인 신재생에너지발전설비(태양광) 자격증을 취득하기 위해 많은 분이 도전하고 있다. 그렇다 보니 예전보다 많이 어려워졌다고 불만이 많다. 그래도 기계설비유지관리자 선임을 위해 준비가 필요한 자격증이다.

〰〰〰〰

　이유야 어찌 됐든 관리사무소에 근무하기 위해서는 직책에 따라 필요한 자격증이 몇 있다. 소장도 아파트냐 아니냐에 따라 다를 테고, 과장이나 기사도 다 다를 테지만, 한 가지 중요한 것은 일을 무리 없이 하기 위해서는 꼭 따야 할 필수 자격증이 몇 있다. 가령 일정 세대 이상의 아파트에 관리사무소장으로 근무하고 싶다면 주택관리사보나 주택관리사 자격증을 따야 하고, 마찬가지로 전기안전관리자를 선임한다면, 거기서도 자격증 또는 경력에 따라 선임할 수 있는 '용량(범위)'이 다를 테니 자격증이 필요한 것이다. 어찌 아파트 인사·회계 실무도 배우지 않고 경리를 할 수 있겠냐는 말이다.

1 주택관리사보

주택관리사보 시험은 국토교통부 주관으로 한국산업인력공단에서 시행한다. 그동안 많은 인력이 배출되어 있고, 적절한 수요와 공급을 위해 현재는 상대평가로 전환된 상태이다. 응시 자격에는 제한이 없고, 시험은 1년에 한 차례 치러지며, 1차와 2차로 나눠 시험이 진행된다.

1차 시험 과목에는 '회계 원리'와 '공동주택시설개론', '민법' 이렇게 세 과목이며, 2차 시험은 '주택관리 관계 법규'와 '공동주택관리실무'로 두 과목이다.

아래 그림은 시험에 대한 정보를 확인할 수 있는 곳으로, 시험 접수 및 합격자 발표를 하는 한국산업인력공단 Q-Net의 홈페이지이다.

[큐넷(Q-Net) 홈페이지]

주택관리사보에 대한 2022년 제25회 시험 일정으로 최종 합격자 발표는 2022년 11월 30일이다.

[주택관리사보 시험 일정]

주택관리사보 응시 자격에는 제한이 없지만, 결격 사유에 해당하는 사람은 응시할 수 없으니 살펴볼 필요가 있다.

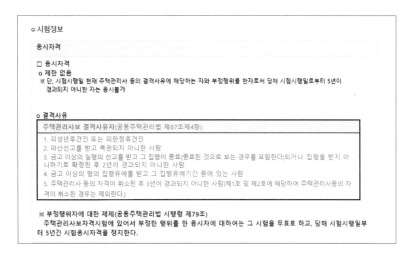

[주택관리사보 응시 자격 및 결격 사유]

제1차 시험과 제2차 시험의 교시별 시험 과목에 대한 설명이 나와 있는데, 시험시간은 과목당 50분이며, 시험 방법은 5지 선택형 객관식과 단답형 또는 기입형 주관식으로 치러진다.

시험과목 및 배점

□ 시험과목 및 방법

구분	시험과목		시험시간	시험방법
제1자 시험	1교시	1.회계원리	과목당 50분	객관식 5지선택형
		2. 공동주택시설개론 (목구조·특수구조를 제외한 일반건축구조와 철골구조, 홈 네트워크를 포함한 건축설비개론 및 장기수선계획수립등을위한건축적산을 포함한다)		
	2교시	3. 민법 (총칙, 물권, 채권 중 총칙·계약총칙·매매·임대차·도급·위임·부당이득·불법행위)		
제2자 시험	1. 주택관리 관계법규 「주택법」,「공동주택관리법」,「민간임대주택에 관한 특별법」,「공공주택특별법」,「건축법」,「소방기본법」,「화재예방, 소방시설설치유지 및 안전관리에 관한 법률」,「승강기시설 안전관리법」,「전기사업법」,「시설물의 안전 및 유지관리에 관한 특별법」,「도시및주거환경정비법」,「도시재정비촉진을위한특별법」,「집합건물의 소유 및 관리에관한법률」,중주택관리에 관련되는 규정 2.공동주택관리실무 [시설관리,환경관리,공동주택회계관리,입주자관리,공동주거관리 이론대와업무,사무·인사관리,안전·방재관리 및 리모델링,공동주택 하자 관리(보수공사 포함) 등]		과목당 50분	객관식 5지택일형 및 주관식 (단답형 또는 기입형)

※ 배점: 1,2자 공통으로 과목당 40문제, 문제당 2.5점씩이며 주관식 단답형 문제는 부분점수 있음. 자세한 사항은 시행공고문 참조

[주택관리사보 시험 과목 및 배점]

아래 그림에서는 주택관리사보 시험의 과목별 출제 비율에 관한 내용으로 상세하게 나와 있다.

□ 과목별 출제비율

구분	시험과목	시험범위별 출제비율
1차	1. 민법	- 총칙: 60% 내외
		- 물권, 채권 중 총칙·계약 총칙·매매·임대차·도급·위임·부당이득·불법행위: 40% 내외
	2. 회계원리	- 세부과목 구분 없이 출제
	3. 공동주택시설개론	- 목구조·특수구조를 제외한 일반건축구조와 철골구조, 장기수선계획 수립 등을 위한 건축적산: 50% 내외
		- 홈네트워크를 포함한 건축설비개론 : 50% 내외
2차	1. 주택관리 관계법규	- 「주택법」, 「공동주택관리법」, 「민간임대주택에 관한 특별법」, 「공공주택 특별법」: 50% 내외
		- 「건축법」 - 「소방기본법」, 「화재예방, 소방시설설치유지 및 안전관리에 관한 법률」 - 「승강기시설 안전관리법」 - 「전기사업법」 - 「시설물의 안전 및 유지관리에 관한 특별법」 - 「도시 및 주거환경정비법」 - 「도시재정비 촉진을 위한 특별법」 - 「집합건물의 소유 및 관리에 관한 법률」 중 주택관리에 관련되는 규정: 50% 내외
	2. 공동주택관리실무	- 공동주거관리이론 - 공동주택회계관리·입주자관리, 대외업무, 사무·인사관리 : 50% 내외
		시설관리, 환경관리, 안전·방재관리 및 리모델링, 공동주택 하자관리(보수공사 포함) 등: 50% 내외

※ 시험과 관련하여 법률, 회계처리기준 등을 적용하여 정답을 구하여야 하는 문제는 시험시행일 현재 시행 중인 법령 등을 적용하여 정답을 구해야 함

[주택관리사보 시험 과목별 출제 비율]

1차 시험은 과목당 100점을 만점으로 하여 모든 과목 40점 이상, 전 과목 평균 60점 이상 득점한 자를 합격을 결정하는 기준으로 삼고 있으며, 2차 시험은 선발 예정인원의 범위 내에서 합격자 결정 점수(과목당 100점을 만점으로 하여 모든 과목 40점 이상, 전 과목 평균 60점 이상 득점한 자) 이상을 얻은 사람으로서 전 과목 총득점의 고득점자순으로 결정한다.

□ 합격기준

구분	합격 결정기준
1차시험	과목당 100점을 만점으로 하여 모든 과목 40점 이상, 전 과목 평균 60점 이상 득점한자
2차시험	선발예정인원의 범위내에서 합격자 결정점수(과목당 100점을 만점으로 하여 모든 과목 40점 이상, 전 과목 평균 60점 이상 득점한자. 다만, 모든 과목 40점 이상이고 전 과목 평균 60점 이상의 득점을 한 사람의 수가 선발예정인원에 미달하는 경우에는 모든 과목 40점 이상을 득점한자로 함.) 이상을 얻은 사람으로서 전과목 총득점의 고득점자 순으로 결정 ＊ 동점자로 인하여 선발예정인원을 초과하는 경우에는 그 동점자를 모두 합격자를 결정. 이 경우 동점자의 점수는 소수점 이하 둘째자리까지만 계산하며, 반올림은 하지 않음.

□ 면제 대상자

ㅇ 제1차 시험에 합격한 자에 대하여는 다음 회의 시험에 한하여 제1차 시험을 면제함

응시수수료

□ 응시수수료(공동주택관리법 시행규칙 제32조제2항)
1차 수수료: 21,000원
2차 수수료: 14,000원

[주택관리사보 합격 기준]

주택관리사보 자격증은 300세대 이상의 아파트나 150세대 이상으로서 승강기가 설치된 아파트, 그리고 150세대 이상으로서 중앙집중식난방 방식(지역난방 방식을 포함한다)의 아파트 등에서 필요하며, 500세대 이상의 아파트에서는 주택관리사 자격증이 필요하다. 또, 의무관리대상 아파트에서는 관리사무소장 배치 의무가 있으니 해당 지방자치단체장에게 신고해야 한다.

관리사무소장의 자격

- 의무관리대상 아파트의 관리사무소장은 주택관리사로 하며, "주택관리사"란 다음의 요건을 갖추고 특별시장·광역시장·특별자치시장·도지사 또는 특별자치도지사로부터 주택관리사 자격증을 발급받은 사람입니다(규제「공동주택관리법」 제64조제1항 및 제67조제2항).
  - 주택관리사보 합격증서를 발급받았을 것
  - 주택 관련 실무 경력이 있을 것

※ **의무관리대상 아파트**: 해당 아파트를 전문적으로 관리하는 자를 두고 자치 의결기구를 의무적으로 구성하여야 하는 등 일정한 의무가 부과되는 아파트를 말하며, 그 범위는 다음과 같습니다(규제「공동주택관리법」 제2조제1항제2호 및 규제「공동주택관리법 시행령」 제2조).

1. 300세대 이상의 아파트
2. 150세대 이상으로서 승강기가 설치된 아파트
3. 150세대 이상으로서 중앙집중식 난방방식(지역난방방식을 포함한다)의 아파트
4. 규제「건축법」 제11조에 따른 건축허가를 받아 주택 외의 시설과 주택을 동일건축물로 건축한 건축물로서 주택이 150세대 이상인 건축물
5. 1.부터 4.까지에 해당하지 않는 공동주택 중 전체 입주자등의 3분의 2 이상이 서면으로 동의하여 정하는 아파트

[관리사무소장의 자격]

아래는 의무관리대상 아파트의 관리사무소장 배치 의무에 관한 내용이다.

- 500세대 미만의 아파트에는 주택관리사를 갈음하여 주택관리사보를 해당 아파트의 관리사무소장으로 배치할 수 있습니다(규제「공동주택관리법」 제64조제1항 단서 및 규제「공동주택관리법 시행령」 제69조제1항).

※ "주택관리사보"란 규제「공동주택관리법」 제67조제1항에 따라 주택관리사보 합격증서를 발급받은 사람을 말합니다(「공동주택관리법」 제2조제1항제11호).

의무관리대상 아파트의 관리사무소장 배치 의무
의무관리대상 아파트를 관리하는 다음의 어느 하나에 해당하는 자는 주택관리사를 해당 아파트의 관리사무소장으로 배치해야 합니다. 다만, 500 세대 미만의 아파트에는 주택관리사를 갈음하여 주택관리사보를 해당 아파트의 관리사무소장으로 배치할 수 있습니다. √ 입주자대표회의(자치관리의 경우에만 해당) √ 규제「공동주택관리법」 제13조제1항에 따라 관리업무를 인계하기 전의 사업주체 √ 주택관리업자 √ 임대사업자 (규제「공동주택관리법」 제64조제1항 본문)

[관리사무소장 배치 의무]

다음은 공동주택관리법 제73조(주택관리사 자격증의 발급 등)에 대한 내용으로 주택관리사보 시험에 합격한 후 의무관리대상 아파트의 관리사무소장 등으로 일한 경력을 산출하는 규정이다.

공동주택관리법
제73조(주택관리사 자격증의 발급 등) ① 법 제67조제2항제2호에 따라 특별시장 · 광역시장 · 특별자치시장 · 도지사 또는 특별자치도지사(이하 "시 · 도지사"라 한다)는 주택관리사보 자격시험에 **합격하기 전**이나 **합격한 후** 다음 각 호의 어느 하나에 해당하는 **경력을 갖춘 자에 대하여 주택관리사 자격증을 발급한다.**

1. 「주택법」 제15조제1항에 따른 사업계획승인을 받아 건설한 **50세대 이상 500세대 미만의 공동주택**(「건축법」 제11조에 따른 건축허가를 받아 주택과 주택 외의 시설을 동일 건축물로 건축한 건축물 중 주택이 50세대 이상 300세대 미만인 건축물을 포함한다)의 **관리사무소장으로 근무한 경력 3년 이상**

2. 「주택법」 제15조제1항에 따른 사업계획승인을 받아 건설한 **50세대 이상의 공동주택**(「건축법」 제11조에 따른 건축허가를 받아 주택과 주택 외의 시설을 동일 건축물로 건축한 건축물 중 주택이 50세대 이상 300세대 미만인 건축물을 포함한다)의 **관리사무소의 직원**(경비원, 청소원 및 소독원은 제외한다) 또는 **주택관리업자의 직원**으로 **주택관리업무에 종사한 경력 5년 이상**

3. **한국토지주택공사 또는 지방공사의 직원**으로 **주택관리업무에 종사한 경력 5년 이상**

4. 공무원으로 **주택관련 지도 · 감독 및 인 · 허가 업무 등에 종사한 경력 5년 이상**

5. 법 제81조제1항에 따른 주택관리사단체와 국토교통부장관이 정하여 고시하는 **공동주택관리와 관련된 단체의 임직원**으로 **주택 관련 업무에 종사한 경력 5년 이상**

6. **제1호부터 제5호까지의 경력을 합산한 기간 5년 이상**

② 법 제67조제2항에 따른 주택관리사 자격증을 발급받으려는 자는 자격증발급신청서(전자문서로 된 신청서를 포함한다)에 제1항 각 호의 실무경력에 대한 증명서류(전자문서를 포함한다) 및 사진을 첨부하여 주택관리사보 자격시험 합격증서를 발급한 시 · 도지사에게 제출해야 한다. <개정 2016. 12. 30., 2020. 4. 24.>

[공동주택관리법에 따른 경력 산출 규정]

아래 그림은 2020년 12월 31일을 기준으로 주택관리사와 주택관리사보 배치 현황을 보여주고 있으며, 자치 관리 또는 위탁 관리로 나뉘는 공동주택 관리 방법 현황을 볼 수 있다. 또, 점점 대단지화되는 경향이 있어 500세대 이상 공동주택도 총 25,140개 중 8,137개나 된다.

고용현황

■ 주택관리사 배치 현황

(단위: 명)(2020. 12. 31)

구분	계	150세대 미만	150세대 이상 500세대 미만	500세대 이상
계	17,813	658	9,421	7,734
주택관리사	14,746	300	6,713	7,733
주택관리사보	3,067	358	2,708	1

[주택관리사(보) 배치 현황]

위에서 설명한 바와 같이 일정 이상의 경력을 갖추게 되면 주택관리사보에서 '보'자를 땐 주택관리사 자격증을 신청할 수 있는데 업무 흐름을 알아보자.

▶ 신청(민원인) → 접수(민원실) → 결격 사유 조회(등록 기준지, 전체 시군구) → 검토 및 서면 심사(건축 도시과) → 기안 결재(건축 도시과) → 등록증 및 수첩 발급 → 교부(민원실)

자격 요건은 주택관리사 자격 인정 실무 경력은 공동주택에서 근무한 경력을 말하며, 상가나 오피스텔 등 공동주택이 아닌 경우 경력 인정이 불가하다. 또, 실무 경력은 관리사무소장의 경우 3년, 관리사무소 직원의 경우 5년이 충족되어야 하며, 관리사무소장과 관리사무소 직원의 경력을 합하여 5년이 되어야 충족된다.

구비 서류는 아래와 같다.

① 주택관리사보 자격증 발급신청서(주택법 시행규칙 별지 제41호 서식)
② 경력증명서·재직증명서 각 1부
③ 근로소득증명원 1부 ※경력·재직 기간 연도별로 준비할 것
④ 국민연금가입증명서·건강보험자격득실확인서·고용보험 또는 산업재해보상보험 가입증명서 각 1부
⑤ 사진 1매(3cm×4cm, 3개월 이내 촬영 사진)

▲ 한국산업인력공단 Q-Net(www.q-net.or.kr) 참고

주택관리사(보) 시험에 합격한 후 본인이 현재 살고 있는 지방자치단체의 장으로부터 다음의 자격증을 받는다.

[주택관리사(보) 자격증 수첩 ①-표지]

[주택관리사(보) 자격증 수첩 ②-내용]

2 전기기사

전기기사 시험은 산업통상자원부 주관으로 한국산업인력공단에서 시행한다. 해마다 많은 사람이 시험에 도전하고 있으며, 2020년을 기준으로 56,000여 명이 응시하였으며, 증가 추세를 나타내고 있다. 합격률은 10~20%대를 기록하고 있어 결코, 만만치 않은 자격증임을 입증하고 있는 셈이다. 그만큼 써먹을 곳이 많다는 얘기며, 그렇기 때문에 어렵기도 한 자격증이다. 응시 자격에 제한이 있으니, 본인이 기사 시험을 볼 수 있는 자격이 되는지를 먼저 파악해야 한다. 시험은 1년에 세 차례 치러지며, 1차 필기와 2차 실기로 나눠 시험이 진행된다.

아래 그림은 한국산업인력공단 Q-Net 홈페이지에서 전기기사에 대한 종목별 상세정보를 볼 수 있는데, 2022년 정기 1회부터 3회까지의 시험 일정이 나와 있다.

홈 | 정기시험 | 자격정보 | 국가자격 | **국가자격 종목별 상세정보**

국가자격 종목별 상세정보

종목명 [   ] 🔍

- **자격명** : 전기기사
- **영문명** : Engineer Electricity
- **관련부처** : 산업통상자원부
- **시행기관** : 한국산업인력공단

HRDK 한국산업인력공단

| 시험정보 | 기본정보 | 우대현황 | 일자리정보 | 수험자동향 |

o 시험일정 전기기사(※ 원서접수시간은 원서접수 첫날 10:00부터 마지막 날 18:00까지임)

구분	필기원서접수(인터넷)(휴일제외)	필기시험	필기합격(예정자)발표	실기원서접수(휴일제외)	실기시험	최종합격자발표일
2022년 정기 기사 1회	2022.01.24 ~ 2022.01.27	2022.03.05	2022.03.23	2022.04.04 ~ 2022.04.07	2022.05.07 ~ 2022.05.25	2022.06.17
2022년 정기 기사 2회	2022.03.28 ~ 2022.03.31	2022.04.24	2022.05.18	2022.06.20 ~ 2022.06.23	2022.07.24 ~ 2022.08.05	2022.09.02
2022년 정기 기사 3회	2022.06.07 ~ 2022.06.10	2022.07.02 ~ 2022.07.22	2022.08.10	2022.09.05 ~ 2022.09.08	2022.10.16 ~ 2022.10.28	2022.11.25

※ 2022년도 기사/산업기사 제1회 및 2회는 분리시행, 제3회 및 4회는 통합시행되며,
산업기사는 제3회 시험부터 기사로 통합 표기됩니다.

1. 원서접수시간은 원서접수 첫날 10:00부터 마지막 날 18:00까지 임.
2. 필기시험 합격예정자 및 최종합격자 발표시간은 해당 발표일 09:00임.
3. 주말 및 공휴일, 공단창립기념일(3.18)에는 실기시험 원서 접수 불가

[전기기사 시험 일정]

1차 필기시험 과목에는 '전기자기학'과 '전력공학', '전기기기', '회로 이론 및 제어공학', '전기설비기술기준 및 판단기준' 이렇게 다섯 과목이며, 2차 실기시험은 '전기설비 설계 및 관리'로 평가한다.

1차 필기시험은 객관식 4지 택일형으로 과목당 20문항으로 30분씩 주어지며, 합격기준은 100점을 만점으로 하여 과목당 40점 이상, 전 과목 평균 60점 이상이다. 2차 실기시험은 필답형으로 2시간 30분 동안 진행되며, 합격 기준은 100점을 만점으로 하여 60점 이상이다.

○ 시험정보

수수료

- 필기 : 19400 원 / - 실기 : 22600 원

출제기준

전기기사 출제기준 입니다.

메뉴상단 고객지원-자료실-출제기준 에서도 보실 수 있습니다.

(안내) 2021년 1월 1일부터 국가기술자격 종목의 검정 및 출제는
　　　한국전기설비규정(KEC)에 따름을 알려드립니다.
전기기사 출제기준(2020.1.1~2020.12.31).hwp 출제기준 다운로드
전기기사_출제기준(2021.1.1.~2023.12.31.)_등재용.hwp 출제기준 다운로드

취득방법

① 시 행 처 : 한국산업인력공단
② 관련학과 : 대학의 전기공학, 전기제어공학, 전기전자공학 등 관련학과
③ 시험과목
 - 필기 : 1. 전기자기학 2. 전력공학 3. 전기기기 4. 회로이론 및 제어공학 5. 전기설비기술기준 및 판단기준
 - 실기 : 전기설비설계 및 관리
④ 검정방법
 - 필기 : 객관식 4지 택일형, 과목당 20문항(과목당 30분)
 - 실기 : 필답형(2시간 30분)
⑤ 합격기준
 - 필기 : 100점을 만점으로 하여 과목당 40점 이상, 전과목 평균 60점 이상
 - 실기 : 100점을 만점으로 하여 60점 이상

[전기기사 시험 정보]

아래 그림은 전기기사의 연도별 응시 인원 및 합격률을 보여주고 있다. 2020년 필기 시험은 28.3%를 기록했으며, 실기시험은 16.9%에 그쳐 매우 어려운 시험이란 것을 한 눈에 알 수 있다. 필기시험 또한 2010년에는 16.5%를 기록하여 가장 낮은 합격률을 보였고, 실기시험도 2009년에 고작 6.3%에 그쳐 수험생들의 원성을 자아내기에 충분 했다.

○ 종목별 검정현황

종목명	연도	필기			실기		
		응시	합격	합격률(%)	응시	합격	합격률(%)
전기기사	2020	56,376	15,970	28.3%	42,416	7,151	16.9%
전기기사	2019	49,815	14,512	29.1%	31,476	12,760	40.5%
전기기사	2018	44,920	12,329	27.4%	30,849	4,412	14.3%
전기기사	2017	43,104	10,831	25.1%	25,309	9,457	37.4%
전기기사	2016	38,632	9,085	23.5%	23,089	4,676	20.3%
전기기사	2015	33,071	8,095	24.5%	18,636	3,060	16.4%
전기기사	2014	28,593	6,135	21.5%	15,426	3,299	21.4%
전기기사	2013	28,024	4,937	17.6%	14,362	2,251	15.7%
전기기사	2012	27,672	5,579	20.2%	11,336	1,752	15.5%
전기기사	2011	26,998	5,338	19.8%	10,935	5,146	47.1%
전기기사	2010	31,073	4,917	15.8%	16,140	1,550	9.6%
전기기사	2009	33,605	5,550	16.5%	15,286	969	6.3%
전기기사	2008	32,797	6,555	20%	20,050	4,130	20.6%
전기기사	2007	32,662	8,664	26.5%	18,635	3,814	20.5%
전기기사	2006	34,108	7,563	22.2%	12,962	4,806	37.1%
전기기사	2005	28,069	5,969	21.3%	9,832	3,616	36.8%
전기기사	2004	19,574	3,333	17%	7,295	3,340	45.8%
전기기사	2003	15,219	3,084	20.3%	5,575	1,985	35.6%
전기기사	2002	13,480	3,273	24.3%	6,681	3,164	47.4%
전기기사	2001	14,875	3,769	25.3%	8,488	1,687	19.9%
전기기사	1978~2000	168,800	48,324	28.6%	74,086	26,284	35.5%
소 계		801,467	193,812	24.2%	418,864	109,309	26.1%

[전기기사 검정 현황]

▲ 출처: 한국산업인력공단 Q-Net(www.q-net.or.kr)

요즘 추세가 인건비 절약이라는 명분 아래 관리사무소장에게 전기 선임을 맡기는 경우가 많다. 즉, 전기자격증이 있는 시설과장 또는 시설팀장을 뽑는 게 아니라, 전기 자격증이 있는 관리사무소장 한 사람으로 대체하고 있다는 얘기다. 그런 연유로 전기 기사와 전기산업기사에 대한 인기가 날로 높아가고 있다.

그러면 전기안전관리자 선임에 대해 알아보자. 전기안전관리자 선임과 해임에 대한 업무는 한국전기기술인협회(https://www.keea.or.kr)에서 하고 있다.

[한국전기기술인협회 홈페이지]

한국전기기술인협회 홈페이지에서 차례대로 알아보자.

경력 신청에 관한 내용으로 자격 인정 신청서나 수첩 발급 및 재발급에 대한 구비서류는 홈페이지에서 내려받을 수 있다. 앞으로 관리사무소에서 근무하기 위해 소장이나 과장으로 구직 활동을 하게 될 텐데 전기안전관리자로 선임하기 위해 경력 관리가 매우 중요함을 깨닫게 될 것이다. 왜냐하면 더 많은 경력을 인정받아야 더 큰 수전 용량을 선임할 수 있기 때문이다.

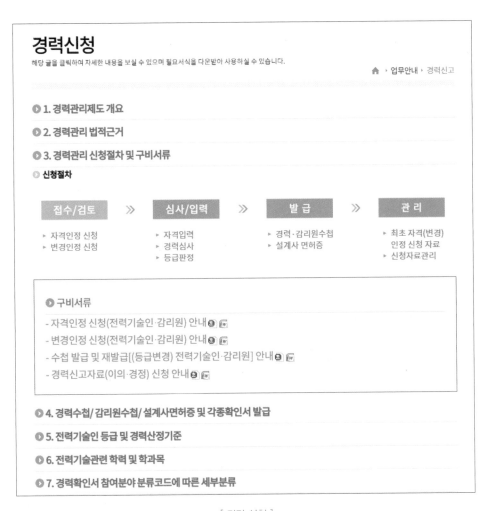

[경력 신청]

아래는 전기안전관리자 선·해임 신고에 대한 업무 개요이며, 신고 기한은 해임일로부터 30일 이내에 해당 시·도회 한국전기기술인협회에 하면 된다.

전기안전관리자 선·해임신고

해당 글을 클릭하여 자세한 내용을 보실 수 있으며 필요서식을 다운받아 사용하실 수 있습니다.

업무개요	선임대상	선임형태	선임자격 및 인력기준

선·해임 신고 제출서류	직무대행자 지정기준	전기안전관리자업무직무교육	벌칙 및 과태료	신고서식

⬇ 선해임신고 전체자료

▶ 1. 업무개요

1. 선임근거 및 목적

○ 법적근거 : 전기안전관리법 제22조(전기안전관리자의 선임 등)

○ 선임목적 : 전기설비의 공사·유지 및 운용에 관한 안전을 확보하기 위하여 전기사업자나 자가용전기설비의 소유자 또는 점유자에게 일정한 자격을 가진 자를 전기안전관리자로 선임하도록 의무를 부과하고, 전기안전관리자로 하여금 전기설비에 대한 안전관리업무를 수행하게 하기 위함

2. 선임시기·기한·신고기관

1) 신고시기
○ 법적근거 : 전기안전관리법 시행규칙 제25조제2항
  - 전기설비의 사용전검사 신청전 또는 사업개시전
2) 신고기한
○ 법적근거 : 전기안전관리법 제23조 및 시행규칙 제34조
  - 전기안전관리자 선임 또는 해임일로부터 30일이내
3) 신고기관 : 한국전기기술인협회 (해당 시·도회)

[전기안전관리자 선 · 해임 신고]

전기안전관리자 선임 대상은 아래와 같다.

▶ 1. 전기안전관리자 선임대상

○ 법적근거 : 전기안전관리법 제22조 및 같은법 시행규칙 제25조

구 분	전기설비 종류	선임대상 전기설비
전기사업용 전기설비	전기사업용 전기설비	모든 전기사업용 전기설비 (선임대상은 20㎾초과 발전설비)
자가용 전기설비	1. 전기수용설비	저압 75㎾이상
	2. 제조업 및 제조관련서비스업 또는 심야전력을 이용하는 전기설비	저압에 해당하는 전기수용설비 용량 제한 없이 선임대상제외
	3. 발전설비	저압 20㎾초과
	4. 자가용전기설비 설치장소와 동일한 수전장소에 설치 하는 전기설비	
	5. 위험시설에 설치하는 용량 20㎾이상 전기설비 - 총포.도검.화약류 등 단속법에 따른 화약류 제조 사업장 - 광산보안법에 따른 갑종탄광 - 도시가스사업법에 의한 도시가스사업장 - 액화석유가스의 안전관리 및 사업법에 따른 액화석유가스의 저장.충전 및 판매사업장 - 고압가스안전관리법에 따른 고압가스의 제조소 또는 저장소 - 위험물안전관리법에 따른 위험물의 제조소 또는 취급소	저압 20㎾이상
	6. 다중이용시설에 설치하는 전기설비 - 공연법에 의한 공연장 - 영화 및 비디오물의 진흥에 관한 법에 따른 영화상영관 - 식품위생법에 따른 유흥주점.단란주점 - 체육시설의 설치.이용에 관한 법에 따른 체력단련장 - 유통산업발전법에 따른 대규모점포 및 상점가 - 의료법에 따른 의료기관 - 관광진흥법에 따른 호텔 - 소방시설 설치유지 및 안전관리에 관한 법률에 따른 집회장 (現, 화재예방, 소방시설 설치유지 및 안전관리에 관한 법률)	저압 20㎾이상

[전기안전관리자 선임 대상]

전기안전관리자 선임 기준을 알아보면, 전기산업기사를 처음 취득하게 되면 10만 V 미만에 1,500kW 미만의 전기 수용 설비 및 비상용 예비 발전설비가 있는 단지에 선임 할 수 있다. 그리고 그림에서 볼 수 있듯, 산업기사보다는 기사와 기능장의 시험이 더 어려우므로 실무 경력도 산업기사와 비교해 반으로 줄어듦을 볼 수 있다. 보통 우리가 근무하는 단지는 22,900V이므로 10만 V 미만을 충족하며, 단지의 크기에 따라 수전 용량이 달라지므로 자격증과 경력을 겸비하는 게 중요하다.

| 전기수용설비및비상용예비발전설비 | ○ 모든 전기설비
- 전기 안전관리(전기안전)분야기술사
- 전기기사·전기기능장 자격취득 이후 실무경력 2년이상
○ 10만V미만 전기설비
- 전기기사·전기기능장 자격취득 이후 실무경력 2년이상
- 전기산업기사 자격취득 이후 실무경력 4년이상
○ 10만V미만/2,000㎾미만
- 전기기사·전기기능장 자격취득 이후 실무경력 1년이상
- 전기산업기사 자격취득 이후 실무경력 2년이상
○ 10만V미만/1,500㎾미만
- 전기산업기사 이상 | 1. 용량별 보조원 인원수
 ○ 1만㎾이상
 : 전기 2명
 ○ 5,000㎾이상~1만㎾미만
 : 전기 1명

2. 보조원 자격
 ○ 전기분야 기능사 이상 자격 소지자 또는 전기분야 5년이상 실무경력자 |

[전기안전관리자 선임 기준]

아래 그림은 한국전기기술인협회에서 발급하는 전력기술인 경력 수첩이다. 요즘엔 거의 모든 업무가 홈페이지에서 온라인으로 가능하기에 수첩의 최근 경력 사항 등이 업데이트되지 않았음을 알 수 있다.

[전력기술인 경력 수첩]

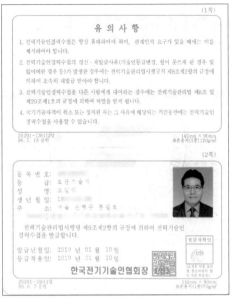

유 의 사 항

1. 전력기술인경력수첩은 항상 휴대하여야 하며, 관계인의 요구가 있을 때에는 이를
   제시하여야 합니다.
2. 전력기술인경력수첩의 갱신·재발급사유(기술인등급변경, 헐어 못쓰게 된 경우 및
   잃어버린 경우 등)가 발생한 경우에는 전력기술관리법시행규칙 제8조제2항의 규정에
   의하여 조속히 재발급 받아야 합니다.
3. 전력기술인경력수첩을 다른 사람에게 대여하는 경우에는 전력기술관리법 제8조 및
   제29조제1호의 규정에 의하여 처벌을 받게 됩니다.
4. 국가기술자격이 취소 또는 정지된 자는 그 사유에 해당되는 기간동안에는 전력기술인
   경력수첩을 사용할 수 없습니다.

29291-13811129
96. 7. 18 승인

145mm × 90mm
보존용지(1종)120g/㎡

(2쪽)

등 록 번 호:
등   급: 초급기술자
성   명: 조
생 년 월 일: 19
주   소:

전력기술관리법시행령 제9조제2항의 규정에 의하여 전력기술인
경력수첩을 발급합니다.

발급년월일: 2019 년 01 월 10일
등급적용일: 2019 년 01 월 10일

한국전기기술인협회장

29291-16011호
99. 6. 7 승인

145mm × 90mm
보존용지(1종)170g/㎡

(3쪽)

▲감리원수첩·설계사면허 현황

구 분	등 급	등 록 번 호	발급년월일

▲학 력

학 교 명	학 과 (전공)	학 위	졸업년월일

(4쪽)

▲국가기술자격

자격종목	등 록 번 호	합격년월일
전기		2018.11.16
전기		2016.12.16
무		1989.10.04

(9쪽)

▲근무처경력

근 무 처 명	근 무 기 간	비고
(주) 전반	2012.05.01-2012.11.12	
(주) 전반	2012.12.01-2014.07.31	
전기 산업(주)	2014.09.01-2016.08.16	
(주) (주)	2016.11.21-2018.05.20	

(10쪽)

▲근무처경력

근 무 처 명	근 무 기 간	비고

[전력기술인 경력 수첩 등록 정보]

제6장 자격증 따고 선임하기 2. 전기기사   405

3 전기산업기사

전기산업기사 시험은 산업통상자원부 주관으로 한국산업인력공단에서 시행한다. 해마다 많은 사람이 시험에 도전하고 있으며, 2020년을 기준으로 34,000여 명이 응시하였으며, 증가 추세를 나타내고 있다.

합격률은 전기기사와 마찬가지로 10~20%대를 기록하고 있어 결코 만만치 않은 자격증임을 입증하고 있는 셈이다. 그만큼 써먹을 곳이 많다는 얘기며, 그렇기 때문에 어렵기도 한 자격증이다. 응시 자격에 제한이 있으니, 본인이 산업기사 시험을 볼 수 있는 자격이 되는지를 먼저 파악해야 한다. 시험은 1년에 세 차례 치러지며, 1차 필기와 2차 실기로 나눠 시험이 진행된다.

아래 그림은 한국산업인력공단 Q-Net 홈페이지에서 전기산업기사에 대한 종목별 상세정보를 볼 수 있는데, 2022년 정기 1회부터 3회까지의 시험 일정이 나와 있다.

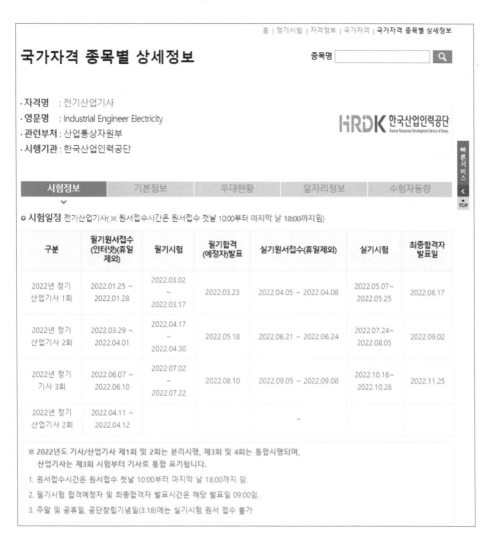

국가자격 종목별 상세정보

종목명 [　　　　] 🔍

· **자격명** : 전기산업기사
· **영문명** : Industrial Engineer Electricity
· **관련부처** : 산업통상자원부
· **시행기관** : 한국산업인력공단

HRDK 한국산업인력공단
Human Resources Development Service of Korea

| **시험정보** | 기본정보 | 우대현황 | 일자리정보 | 수험자동향 |

◎ **시험일정** 전기산업기사(※ 원서접수시간은 원서접수 첫날 10:00부터 마지막 날 18:00까지임)

구분	필기원서접수 (인터넷)(휴일 제외)	필기시험	필기합격 (예정자)발표	실기원서접수(휴일제외)	실기시험	최종합격자 발표일
2022년 정기 산업기사 1회	2022.01.25 ~ 2022.01.28	2022.03.02 ~ 2022.03.17	2022.03.23	2022.04.05 ~ 2022.04.08	2022.05.07~ 2022.05.25	2022.06.17
2022년 정기 산업기사 2회	2022.03.29 ~ 2022.04.01	2022.04.17 ~ 2022.04.30	2022.05.18	2022.06.21 ~ 2022.06.24	2022.07.24~ 2022.08.05	2022.09.02
2022년 정기 기사 3회	2022.06.07 ~ 2022.06.10	2022.07.02 ~ 2022.07.22	2022.08.10	2022.09.05 ~ 2022.09.08	2022.10.16~ 2022.10.28	2022.11.25
2022년 정기 산업기사 2회	2022.04.11 ~ 2022.04.12			~		

※ 2022년도 기사/산업기사 제1회 및 2회는 분리시행, 제3회 및 4회는 통합시행되며,
　산업기사는 제3회 시험부터 기사로 통합 표기됩니다.

1. 원서접수시간은 원서접수 첫날 10:00부터 마지막 날 18:00까지 임.

2. 필기시험 합격예정자 및 최종합격자 발표시간은 해당 발표일 09:00임.

3. 주말 및 공휴일, 공단창립기념일(3.18)에는 실기시험 원서 접수 불가

[전기산업기사 시험 일정]

　1차 필기시험 과목에는 '전기자기학'과 '전력공학', '전기기기', '회로 이론', '전기설비 기술 기준' 이렇게 다섯 과목이며, 2차 실기시험은 '전기설비 설계 및 관리'로 평가한다.

　또, 1차 필기시험은 객관식 4지 택일형으로 과목당 20문항으로 30분씩 주어지며, 합격 기준은 100점을 만점으로 하여 과목당 40점 이상, 전 과목 평균 60점 이상이다. 2차 실기시험은 필답형으로 2시간 동안 진행되며, 합격 기준은 100점을 만점으로 하여 60점 이상이다.

제6장

[전기산업기사 시험 정보]

아래 그림은 전기산업기사의 연도별 응시 인원 및 합격률을 보여주고 있다. 2020년 필기시험은 25.2%를 기록했으며, 실기시험은 27.4%에 그쳐 어려운 시험이란 것을 한 눈에 알 수 있다. 필기시험 또한 2012년에는 12.0%를 기록하여 가장 낮은 합격률을 보였고, 실기시험도 2009년에 고작 22.2%에 그쳤다.

○ 종목별 검정현황

종목명	연도	필기			실기		
		응시	합격	합격률(%)	응시	합격	합격률(%)
전기산업기사	2020	34,534	8,706	25.2%	18,082	4,955	27.4%
전기산업기사	2019	37,091	6,629	17.9%	13,179	4,486	34%
전기산업기사	2018	30,920	6,583	21.3%	12,331	4,820	39.1%
전기산업기사	2017	29,428	5,779	19.6%	12,159	4,334	35.6%
전기산업기사	2016	27,724	5,790	20.9%	11,031	2,933	26.6%
전기산업기사	2015	24,075	4,582	19%	10,837	3,528	32.6%
전기산업기사	2014	20,663	3,565	17.3%	7,352	2,187	29.7%
전기산업기사	2013	20,164	3,097	15.4%	6,030	1,649	27.3%
전기산업기사	2012	20,834	2,507	12%	5,388	2,576	47.8%
전기산업기사	2011	21,096	3,090	14.6%	7,152	1,969	27.5%
전기산업기사	2010	21,526	3,587	16.7%	8,332	2,776	33.3%
전기산업기사	2009	20,939	3,480	16.6%	8,082	1,797	22.2%
전기산업기사	2008	19,224	3,222	16.8%	6,129	1,868	30.5%
전기산업기사	2007	19,936	3,193	16%	6,355	1,881	29.6%
전기산업기사	2006	20,812	3,992	19.2%	6,887	3,090	44.9%
전기산업기사	2005	17,096	3,129	18.3%	4,740	2,100	44.3%
전기산업기사	2004	12,939	2,065	16%	3,399	1,022	30.1%
전기산업기사	2003	11,082	1,934	17.5%	3,330	1,413	42.4%
전기산업기사	2002	10,532	1,896	18%	3,325	1,286	38.7%
전기산업기사	2001	10,401	1,984	19.1%	3,515	1,365	38.8%
전기산업기사	1978~2000	245,064	49,544	20.2%	71,117	26,950	37.9%
소계		676,080	128,354	19%	228,752	78,985	34.5%

[전기산업기사 검정 현황]

▲ 출처: 한국산업인력공단 Q-Net(www.q-net.or.kr)

전기산업기사 시험에 합격한 후 한국산업인력공단 이사장으로부터 아래의 국가기술
자격증 수첩을 받는다. 예전에는 자격증마다 따로따로 수첩을 발급했었는데, 이제는 하
나의 수첩에 자격증 취득 내용을 담고 있어 훨씬 경제적일 뿐만 아니라 편의성도 높다.

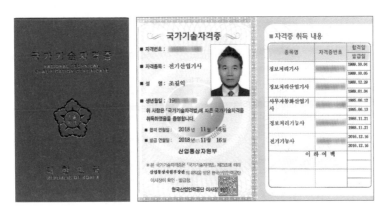

[국가기술자격증 수첩 표지 및 전기산업기사 자격증 외]

4 전기기능사

관리사무소에 근무하다 보면 전기설비와 부딪힐 일이 참으로 많다. 전기 없인 아무 것도 할 수 없는 세상이 되었기 때문이다.

보라! 아파트건 아파트가 아니건 전기에너지의 도움 없이 돌아가는 게 있는지를!

처음에는 아마 숨은그림찾기처럼 힘들 것이다. 그만큼 전기설비들이 많다는 얘기이 고 실무 경험이 필요하다는 이야기다. 따라서 전기기능사를 꼭 따도록 권하고 싶다. 일 부 소장님들은 "그것 뭐하러 따냐? 선임도 못 하는데…."라고 얘기하지만, 나는 선뜻 그 말에 동의하기 어렵다. 이론은 이론에 불과할 뿐 현장은 실무이기 때문이다.

전기기능사 시험은 건물에서 사용되는 거의 모든 설비에 적용되는 업무를 실제 작 업을 통해 평가받는 시험이다. 예를 들어, 저수조 급·배수 시스템이라면, 전원 공급에 서부터 설계 도면에 따라 회로를 구성하고 제어반을 만든 다음, 기기들을 연결하여 실 질적으로 정상 작동되게끔 작업해야 합격할 수 있다. 이를 위해서 퓨즈(Fuse), MCCB[1], 타이머(timer), 릴레이(relay), 셀렉터 스위치(selector switch), 푸시버튼 스위치(pushbutton switch), 파일럿 램프(pilot lamp), 버저(buzzer) 등 다양한 전기기구들을 결선하고 작동시키 다 보면 전기설비들을 다루는 데 많은 도움이 된다. 전기기능사를 반드시 따야 하는 이유가 여기에 있는 것이다.

전기기능사 시험은 산업통상자원부 주관으로 한국산업인력공단에서 시행한다. 해마 다 많은 사람이 시험에 도전하고 있으며, 2020년을 기준으로 49,000여 명이 응시하 였으며, 증가 추세를 나타내고 있다. 합격률은 20~30%대를 기록하고 있어 결코, 만만 치 않은 자격증임을 입증하고 있다. 그만큼 써먹을 곳이 많다는 얘기며, 그렇기 때문

---

1) MCCB(Molded Case Circuit Breaker): 배선용차단기를 의미하며, 주목적은 과부하 전류를 차단하는 것이다.

에 어렵기도 한 자격증이다. 응시 자격에는 제한이 없다. 시험은 1년에 네 차례 치러지며, 1차 필기와 2차 실기로 나눠 시험이 진행된다.

아래 그림은 한국산업인력공단 Q-Net 홈페이지에서 전기기능사에 대한 종목별 상세 정보를 볼 수 있는데, 2022년 정기 1회부터 4회까지의 시험 일정(산업 수요 맞춤형 고등학교 및 특성화 고등학교 필기시험 면제자 검정 포함)이 나와 있다.

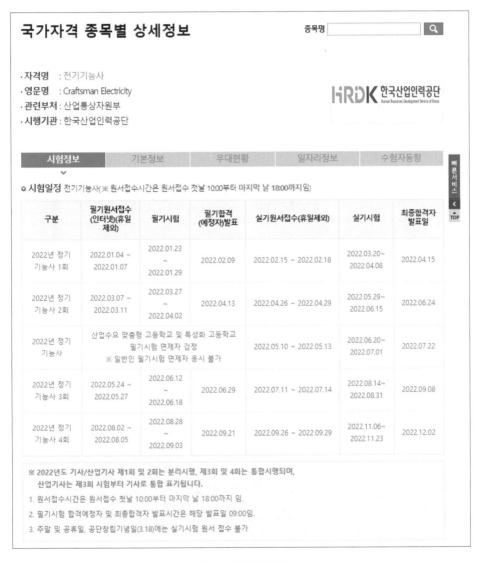

[전기기능사 시험 일정]

1차 필기시험 과목에는 '전기이론'과 '전기기기', '전기설비' 이렇게 세 과목이며, 2차 실기시험은 '전기설비 작업'으로 작업형이다.

또, 1차 필기시험은 객관식 4지 택일형 60문항으로, 합격 기준은 100점을 만점으로 하여 60점 이상이며, 2차 실기시험은 작업형으로 5시간 정도 시간에 전기설비 작업을 마치면 된다. 합격 기준은 100점을 만점으로 하여 60점 이상이다. 다만, 실기시험 평가에서 가장 중요한 것은 원하는 결과를 얻지 못한 경우 즉 동작이 제대로 되지 않을 때는 무조건 불합격이라는 사실이다.

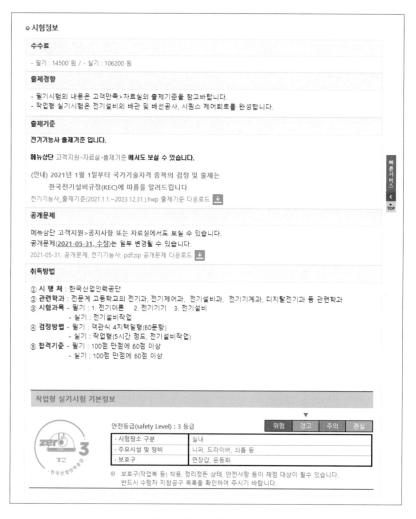

[전기기능사 시험 정보]

아래 그림은 전기기능사의 연도별 응시 인원 및 합격률을 보여주고 있다. 2020년 필기시험은 37.2%에 그쳐 어려운 시험이란 것을 한눈에 파악할 수 있으며, 실기시험은 67.1%를 기록했다. 특히 2001년에는 필기시험 합격률이 13.4%에 그쳤고, 실기시험도 2018년에 고작 63.7%를 기록하여 가장 낮은 합격률을 보였다.

○ 종목별 검정현황

종목명	연도	필기			실기		
		응시	합격	합격률(%)	응시	합격	합격률(%)
전기기능사	2020	49,176	18,313	37.2%	31,921	21,432	67.1%
전기기능사	2019	53,873	16,802	31.2%	29,957	19,832	66.2%
전기기능사	2018	48,832	15,176	31.1%	28,488	18,138	63.7%
전기기능사	2017	44,757	13,180	29.4%	25,694	17,725	69%
전기기능사	2016	43,469	12,036	27.7%	24,013	16,644	69.3%
전기기능사	2015	38,280	10,265	26.8%	19,507	15,262	78.2%
전기기능사	2014	33,443	8,194	24.5%	15,909	12,669	79.6%
전기기능사	2013	27,849	4,926	17.7%	12,496	10,873	87%
전기기능사	2012	23,502	5,418	23.1%	12,180	10,458	85.9%
전기기능사	2011	19,752	4,400	22.3%	10,945	9,271	84.7%
전기기능사	2010	17,700	3,259	18.4%	9,641	8,277	85.9%
전기기능사	2009	15,038	4,457	29.6%	10,821	9,205	85.1%
전기기능사	2008	12,285	4,081	33.2%	9,597	8,106	84.5%
전기기능사	2007	11,453	3,377	29.5%	8,771	7,513	85.7%
전기기능사	2006	9,861	2,281	23.1%	7,438	6,320	85%
전기기능사	2005	13,124	2,613	19.9%	8,491	7,449	87.7%
전기기능사	2004	734	103	14%	956	815	85.3%
전기기능사	2003	950	188	19.8%	1,503	1,384	92.1%
전기기능사	2002	1,655	306	18.5%	1,924	1,721	89.4%
전기기능사	2001	1,227	164	13.4%	2,713	2,542	93.7%
전기기능사	1978 ~2000	247,495	42,601	17.2%	154,779	126,083	81.5%
소계		714,455	172,140	24.1%	427,744	331,719	77.6%

[전기기능사 검정 현황]

▲ 출처: 한국산업인력공단 Q-Net(www.q-net.or.kr)

5 워드프로세서

워드프로세서 시험은 대한상공회의소 주관으로 대한상공회의소 자격평가사업단에서 시행한다. 아래 그림은 대한상공회의소 자격평가사업단 홈페이지의 첫 화면으로 거기서 시행하는 자격 종목들에 대한 정보들을 담고 있다.

[대한상공회의소 자격평가사업단 홈페이지]

관리사무소에서는 다량의 문서 처리가 이루어지면서 빠르고 정확한 문서 작성이 요구되고 있는데, 이 자격증은 컴퓨터의 기초 사용법과 효율적인 문서 작성을 위한 워드프로세서 운영 및 편집 능력을 평가하는 국가기술자격 시험이다. 응시 자격에는 제한이 없으며, 시험은 연중 수시로 응시할 수 있다.

1차 필기시험 과목에는 '워드프로세서 일반'과 'PC 운영체제', '컴퓨터와 정보 활용' 이렇게 세 과목이며, 2차 실기시험은 '문서편집 기능'으로 컴퓨터 작업형이다. 또, 1차 필기시험은 객관식 60문항으로 60분이 주어지며, 합격 기준은 매 과목 100점 만점에 과목당 40점 이상이고 평균 60점 이상이다. 2차 실기시험은 작업형으로 30분 동안 진행되며, 합격 기준은 100점 만점에 80점 이상이다.

[워드프로세서 시험 정보]

▲ 출처: 대한상공회의소 자격평가사업단(https://license.korcham.net)

워드프로세서 시험에 합격한 후 대한상공회의소 회장으로부터 아래의 국가기술자격증을 받는다. 예전에는 1급부터 3급까지 난이도와 글자 수 등에 따라 등급을 구분하여 자격증이 발급되었는데 이제는 하나로 통합되었다.

[국기기술자격증—워드프로세서]

6 컴퓨터활용능력(2급)

컴퓨터활용능력(2급) 시험은 대한상공회의소 주관으로 대한상공회의소 자격평가사업단에서 시행한다. 관리사무소에서 각종 검침 자료에 대한 데이터의 가공이 필수적으로 필요하고, 회계 전반에 걸쳐 수치 데이터의 처리가 필요한바, 이 시험은 사무자동화의 필수 프로그램인 스프레드시트(spread sheet) 활용 능력을 평가하는 국가기술자격 시험이다.

응시 자격에는 제한이 없으며, 시험은 연중 수시로 응시할 수 있다. 1차 필기시험 과목에는 '컴퓨터 일반'과 '스프레드시트 일반' 이렇게 두 과목이며, 2차 실기시험은 '스프레드시트 실무'로 컴퓨터 작업형이다. 또, 1차 필기시험은 객관식 40문항으로 40분이 주어지며, 합격 기준은 매 과목 100점 만점에 과목당 40점 이상이고 평균 60점 이상이다. 2차 실기시험은 작업형으로 40분 동안 진행되며, 합격 기준은 100점 만점에 70점 이상이다.

컴퓨터활용능력 국가기술자격

시험안내	시험문제	시험일정	관련자료	FAQ	자격활용사례

컴퓨터활용능력 종목소개

산업계의 정보화가 진전되면서 영업, 재무, 생산 등의 분야에 대한 경영분석은 물론 데이터 관리가 필수적입니다. <컴퓨터활용능력> 검정은 사무자동화의 필수 프로그램인 스프레드시트(SpreadSheet), 데이터베이스(Database) 활용능력을 평가하는 국가기술자격 시험입니다.

응시자격

○ 제한없음

시험과목

등급	시험방법	시험과목	출제형태	시험시간
1급	필기시험	컴퓨터 일반 스프레드시트 일반 데이터베이스 일반	객관식 60문항	60분
	실기시험	스프레드시트 실무 데이터베이스 실무	컴퓨터 작업형	90분 (과목별 45분)
2급	필기시험	컴퓨터 일반 스프레드시트 일반	객관식 40문항	40분
	실기시험	스프레드시트 실무	컴퓨터 작업형	40분

◆ 실기프로그램
  MS Office 2016

합격결정기준

○ 필기 : 매과목 100점 만점에 과목당 40점 이상이고 평균 60점 이상
○ 실기 : 100점 만점에 70점 이상(1급은 두과목 모두 70점 이상)

검정수수료

○ 필기 : 19,000원   실기 : 22,500원

[컴퓨터활용능력 시험 정보]

▲ 출처: 대한상공회의소 자격평가사업단(https://license.korcham.net)

컴퓨터활용능력(2급) 시험에 합격한 후 대한상공회의소 회장으로부터 아래의 국가기술자격증을 받는다.

[국기기술자격증─컴퓨터활용능력(2급)]

7 정보기술자격(ITQ)

정보기술자격(ITQ) 한글파워포인트(한쇼) 시험은 과학기술정보통신부에서 주관하고 한국생산성본부(KPC)에서 시행한다. 아래 그림은 한국생산성본부의 홈페이지 첫 화면으로 거기서 취급하고 있는 공인 민간자격증들에 대한 다양한 정보를 담고 있다.

[한국생산성본부(KPC) 자격증 홈페이지]

한글파워포인트(한쇼)는 관리사무소에서 각종 안내문 작성 및 관리단 회의나 입주자대 표회의 진행 시 꼭 필요하다. 이 시험은 정보 기술 관리 및 실무 능력 수준을 지수화·등급화하여 객관성을 높인 국가 공인 자격 시험이다.

정보기술자격(ITQ)

시험안내   시험출제기준   시험일정   도입기관   우수활용사례

ITQ 최고의 신뢰성, 최대의 활용도를 갖춘 국가공인자격 ITQ는 실기시험으로만 평가하는 미래형 첨단 IT자격시험입니다.

정보화 시대의 기업, 기관, 단체 구성원들에 대한 정보기술능력 또는 정보기술 활용능력을 객관적으로 평가하는 시험입니다. 정보기술 관리 및 실무능력 수준을 지수화, 등급화하여 객관성을 높였으며 과학기술정보통신부에서 공식 인증하는 국가공인자격 시험입니다.

ITQ는 산업인력의 정보경쟁력 강화를 통한 국가정보화 촉진을 목적으로 시행하고 있으며, 초등학생부터 대학생, 직장인, 노년층에 이르기까지 다양한 계층에서 ITQ시험을 통해 IT실력을 검증 받고 있습니다.

◎ 국가공인(민간) 등록번호

> 등록번호 : 2008-0191
> 공인번호 : 과학기술정보통신부 제 2020-01호 정보기술자격(ITQ) A등급, B등급, C등급
> 자격종류 : 공인민간자격

[정보기술자격(ITQ) 시험 안내]

◎ 자격특징

공정성, 객관성, 신뢰성이 확보된 첨단 OA자격 시험입니다.
• 2002년 1월 11일 정보통신부(현 미래창조과학부) 공인을 획득한 국가공인자격 시험입니다.
• 1957년 산업발전법에 의거하여 설립된 한국생산성본부에서 시행합니다.

현장실무 위주의 시험입니다.
• 실무중심의 작업형문제로 출제되어 현장 활용도가 높습니다.
• 단체 구성원의 정례화된 목표 지향이 용이하며, 개인의 변별력을 확보할 수 있습니다.
• 특히 구성원의 업무 차별화에 따른 과목 선택이 가능합니다.

발전성과 활용성이 탁월합니다.
• 동일 시험과목에 응시가 가능하며, 취득한 성적별로 A·B·C등급을 부여하여 업그레이드 할 수 있습니다.
• 많은 공공기관, 대기업, 중소기업, 대학 등에서 정보기술자격 제도로 ITQ를 채택하여 활용하고 있습니다.

학습이 용이합니다.
• 8과목 중 1과목만 취득하여도 국가공인자격이 부여됩니다.
• 쉽고 자세한 학습용 교재가 다양하게 개발되어 있으며, 교육 커리큘럼이 우수합니다.

실기시험만으로 평가합니다.
• 필기시험이 없습니다.
• 실질적으로 업무에 필요한 실무 작업형의 문제로 실기시험만으로 평가하는 미래형 첨단 IT자격입니다.

◎ 응시자격

제한 없음

[정보자격기술(ITQ) 자격 특징 및 응시 자격]

시험은 MS오피스의 한글파워포인트나 한컴오피스의 한쇼를 사용하여 60분간 치러지는데, PBT(Paper Based Testing) 방식으로 시험지를 통해 문제를 해결하는 방식이며, 점수에 따라 A등급, B등급, C등급으로 나눠진다.

○ 시험과목

자격종목(과목)	프로그램 및 버전		등급	시험방식	시험시간
	S/W	공식버전			
ITQ정보기술자격	아래한글 한셀 한쇼 HANCOM 한컴오피스	2010 / NEO(2020.7월 정기시험부터) *2021년까지 2010, NEO 병행하여 운영	A등급 B등급 C등급	PBT	60분
	MS워드 한글엑셀 한글액세스 한글파워포인트 Microsoft MS오피스	2010 / 2016(2020.7월 정기시험부터) *2021년까지 2010, 2016 병행하여 운영			
	인터넷	내장브라우저 IE8.0 이상			

* PBT(Paper Based Testing) : 시험지를 통해 문제를 해결하는 시험방식
› 동일 회 차에 아래한글/MS, 한글엑셀/엑셀, 한글액세스, 한글파워포인트/한쇼, 인터넷의 5개 과목 중 최대 3과목까지 응시가능
　단, 한글엑셀/한셀, 한글파워포인트/한쇼, 아래한글/MS워드는 동일 과목군으로 동일 회차에 응시 불가
　(자격증에는 "한글엑셀(한셀)", "한글파워포인트(한쇼)"로 표기되며 최상위등급이 기재됨)
› 한셀, 한쇼 시험일은 시험일정 참조
› 과목별 시험응시 가능한 시간
　- 1교시 : 아래한글, 한글엑셀, 한글파워포인트, MS워드, 한쇼
　- 2교시 : 아래한글, 한글엑셀, 한글파워포인트, 인터넷, 한글액세스, 한셀
　- 3교시 : 아래한글, 한글엑셀, 한글파워포인트, 인터넷

[정보기술자격(ITQ) 시험 과목]

다른 자격증 시험과는 달리 시험을 본 다음 시험 결과에 따라 등급을 매기게 되는데, 주어진 과제의 80% 이상을 정확히 해결할 수 있는 능력, 즉 400점에서 500점을 받으면 A등급이 주어지게 된다.

● 합격 결정기준

ITQ시험은 500점 만점을 기준으로 A등급부터 C등급까지 등급별 자격을 부여하며,
낮은 등급을 받은 응시자가 차기 시험에 다시 응시 하여 높은 등급을 받으면 등급을 업그레이드 해주는 방법으로 평가를 합니다.

등급	점수	수준
A등급	400점 ~ 500점	주어진 과제의 80%~100%를 정확히 해결할 수 있는 능력
B등급	300점 ~ 399점	주어진 과제의 60%~79%를 정확히 해결할 수 있는 능력
C등급	200점 ~ 299점	주어진 과제의 40%~59%를 정확히 해결할 수 있는 능력

500점 만점이며 200점 미만은 불합격입니다

● 응시료

결제수단
지역센터 및 단체 : 무통장입금(가상계좌)
개인회원 : 신용카드, 계좌이체

구분	1과목	2과목	3과목
일반접수	20,000원	38,000원	54,000원
군장병접수	16,000원	30,000원	43,000원

> 2020년 2월 정기시험부터 적용된 금액(2020년 1월 1일 이후)
> 부가가치세 포함 및 결제대행수수료 1,000원 별도
> 부분 과목 취소 불가

[정보자격기술(ITQ) 합격 결정 기준 및 응시료]

아래 그림은 정기 시험을 기준으로 시험 시간이 배정되어 있다.

● 시험시간

교시	입실시간	시험시간	비고
1교시	08:50까지	09:00 ~ 10:00	
2교시	10:20까지	10:30 ~ 11:30	정기시험기준
3교시	11:50까지	12:00 ~ 13:00	

> 정기시험기준으로 시험일정에 따라 변경될 수 있습니다.

[정보자격기술(ITQ) 시험 시간]

ITQ 한글파워포인트(한쇼) 과목의 운영 목표에서 알 수 있듯, 이 자격시험을 통해 한글파워포인트(한쇼) 작성 능력을 기를 수 있을 것으로 기대한다.

○ ITQ 한글파워포인트/한쇼 과목의 운영 목표

프리젠테이션 프로그램인 파워포인트/한쇼를 이용하며 다양한 기능과 전달 내용을 시각화하는 능력을 배양하여 파우풀한 프리젠테이션 문서를 작성할 수 있는 실무자를 배출한다.

한글파워포인트/한쇼 시험 문항

문항	배점	출제기준
❶ 전체구성	60점	전체 슬라이드 구성 내용을 평가 • 슬라이드 크기, 슬라이드 개수 및 순서, 슬라이드번호, 그림 편집, 슬라이드 마스트 등 전체적인 구성 내용을 평가
❶ 표지 디자인	40점	도형과 그림 이용한 제목 슬라이드 작성 능력 평가 • 도형 편집 및 그림삽입, 도형효과 • 워드아트(워드숍) • 로고삽입(투명한 색 설정 기능 사용)
❷ 목차슬라이드	60점	목차에 따른 하이퍼 링크와 도형, 그림 배치 능력을 평가 • 도형 편집 및 효과 • 하이퍼 링크 • 그림 편집
❸ 텍스트/동영상 슬라이드	60점	테스트 간의 조화로운 배치 능력을 평가 • 텍스트 편집 / 목록수준 조절 / 글머리기호 / 내어쓰기 • 동영상 삽입
❹ 표 슬라이드	80점	파워포인트 내에서의 표 작성 능력 평가 • 표 삽입 및 편집 • 도형 편집 및 효과
❺ 차트 슬라이드	100점	프리젠테이션을 위한 차트를 작성할 수 있는 종합 능력 평가 • 차트 삽입 및 편집 • 도형 편집 및 효과
❻ 도형 슬라이드	100점	도형을 이용한 슬라이드 작성능력 평가 • 도형 및 스마트아트 이용 : 실무에 활용되는 다양한 도형 작성 • 그룹화 / 애니메이션 효과

▣ 괄호( ) 내용은 한쇼에서 사용하는 명칭임

[정보자격기술(ITQ) 과목 운영 목표 및 시험 문항]

▲ 출처: 한국생산성본부 자격증(https://license.kpc.or.kr)

8 가스안전관리자(사용 시설)

가스안전관리자(사용 시설) 시험은 한국가스안전공사 주관으로 가스안전교육원에서 시행한다. 아래 그림은 한국가스안전공사 가스안전교육원의 홈페이지 첫 화면으로 교육원에서 취급하는 다양한 정보를 담고 있다.

[가스안전교육원 홈페이지]

가스안전관리자(사용 시설)는 특정 고압가스 사용 신고 시설[저장 능력 250kg(압축 가스 100㎥) 초과], 액화석유가스 특정 사용 시설[공동 저장 시설(수용가 500가구 이하), 공동 저장 시설 외의 시설(저장 능력 250kg 초과), 특정 가스사용시설(월 예정 사용량 4,000㎥ 초과)의 안전관리책임자로 선임할 때 취득하여야 한다. 호텔 등 위 선임 조건을 충족하는 시설이 있는 관리사무소에서는 가스안전관리자(사용 시설) 자격을 갖춘 사람을 채용하여 선임하면 된다.

응시 자격에는 제한이 없으며, 시험은 천안에 있는 한국가스안전공사 가스안전교육원에서 치르고 있어 불합격할 때는 다시 방문하여 시험을 봐야 하는 번거로움이 있다.

자격을 취득하는 방법에는 두 가지 방법이 있는데, 먼저 5일 동안 교육원에서 오프라인으로 집체교육을 통해 취득하는 방법이 있고, 다른 한 가지 방법은 1차로 온라인으로 수강한 뒤 2차로 이틀 동안 교육원에서 실습 후 시험을 봐서 취득하는 방법이 있다. 교육 안내 및 신청은 가스안전교육원 홈페이지에서 할 수 있는데, 아래 그림처럼 메뉴에서 선택하면 된다.

코드	법구분	과정명	일수	시간	교육비	운영 여부
0310500	고법	[양성] 일반시설안전관리자	14일	94시간	933,000원	○
0311000	고법	[양성] 냉동시설안전관리자	14일	94시간	933,000원	○
0311200	고법	[양성] 판매시설안전관리자	7일	48시간	481,000원	○
0311400	고법	[양성] LPG충전시설안전관리자	8일	55시간	547,000원	○
0311500	고법	[양성] 사용시설안전관리자	5일	30시간	298,000원	○

● **교육대상**
□ 교육희망자는 누구나 수강 가능 (자격제한 없음)
● **교육일수 · 시간**
5일/30시간
● **교육비 · 환급여부**
298,000원(숙식비 별도)/환급미적용

신청하기

[가스안전교육원-양성 교육 신청]

우리가 여기에서 필요한 자격증은 '양성 교육(자격증 과정)'에 나와 있으므로, 아래를 참고하여 '사용 시설 안전 관리자(집체교육)'나 '사용 시설 안전 관리자(온라인 교육)'를 선택하면 된다.

양성교육(자격증과정)

⌂ Home > 교육안내·신청 > 양성교육(자격증과정)

가스안전 분야의 풍부한 현장경험을 쌓을 수 있는 기회를 제공하고, 현장과 접목된 체험적 교육체계를 확립하여 필요한 분야에 적합한 인력을 적기에 양성하여 배출하는 것이 우리공사가 지향하는 교육목표입니다.

이를 위하여 여러 교육과정을 운영중에 있으며, 앞으로도 보다 많은 고객에게 질 높은 교육서비스를 제공함으로써, 가스분야의 안전성 향상은 물론 업계의 생산성 제고 기반 마련을 위해 부단히 노력할 것을 약속드립니다.

양성교육은 업무수행에 필요한 체험식 실습위주의 교육으로 진행되며, 이수후에는 가스시설의 안전관리자 등으로 취업이 가능한 전문기술인력을 양성하는 교육과정입니다.

▶ 양성교육(자격증)과정

교육과정	교육시간	수강자격
‣ LPG충전시설안전관리자	8일(55)	제한 없음
‣ PE관융착원	4일(24)	제한 없음
‣ 가스시설시공관리자	14일(94)	제한 없음
‣ 가스시설특별(Ⅰ)	6일(41)	자격자에 한함
‣ 냉동시설안전관리자	14일(94)	제한 없음
‣ 도시가스시설안전관리자	8일(55)	제한 없음
‣ 사용시설안전관리자	5일(30)	제한 없음
‣ 사용시설안전관리자(온라인교육)	0일(30)	제한 없음
‣ 사용시설안전관리자(온라인리뉴얼)	일()	
‣ 시공자	5일(38)	자격자에 한함
‣ 안전점검원	5일(32)	제한 없음
‣ 온수보일러시공관리자	5일(30)	자격자에 한함
‣ 온수보일러시공자	5일(30)	자격자에 한함
‣ 운반책임자	4일(24)	제한 없음
‣ 일반시설안전관리자	14일(94)	제한 없음
‣ 판매시설안전관리자	7일(48)	제한 없음

[양성 교육(자격증 과정) 메뉴]

특히 가스안전관리자(사용 시설) '온라인 교육'의 경우 합격 기준은, 사이버 교육(이론 90%+실습 100%) 출석, 현장 실습 교육 출석, 시험 결과 100점 만점 중 60점 이상이어야 한다. 다시 한 번 강조하지만, 공부 열심히 해서 한 번에 합격해야지, 그렇지 않으면 천안으로 다시 시험을 보러 가야 하는 번거로움이 있다.

제6장

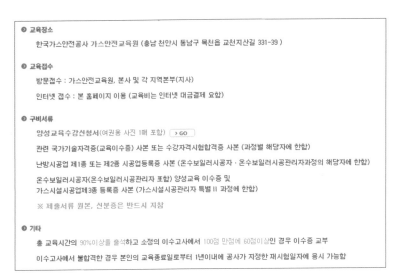

[가스안전관리자(사용 시설) 교육 정보]

교육 과정 조회 및 신청은 다음과 같다.

[가스안전관리자(사용 시설) 집체교육 신청 ①]

먼저 가스안전관리자(사용 시설) '집체교육' 과정은 5일의 기간 동안 30시간을 수강하게 되며, 교육비는 298,000원이다. 오른쪽 아래에 있는 '신청하기' 버튼을 클릭하여 신청하면 된다.

[가스안전관리자(사용 시설) 집체교육 신청 ②]

'신청하기'를 누르면, 가스안전관리자(사용 시설) 교육 정보 및 시험 일정을 볼 수 있다.

[가스안전관리자(사용 시설) 시험 일정]

이번에는 가스안전관리자(사용 시설) '온라인 교육'을 선택했을 때의 정보이다.

코드	법구분	과정명	일수	시간	교육비	운영 여부
0310500	고법	[양성] 일반시설안전관리자	14일	94시간	933,000원	○
0311000	고법	[양성] 냉동시설안전관리자	14일	94시간	933,000원	○
0311200	고법	[양성] 판매시설안전관리자	7일	48시간	481,000원	○
0311400	고법	[양성] LPG충전시설안전관리자	8일	55시간	547,000원	○
0311500	고법	[양성] 사용시설안전관리자	5일	30시간	298,000원	○
0311505	고법	[양성] 사용시설안전관리자(온라인교육)	0일	30시간	298,000원	×

- **교육대상**
  □ 교육희망자는 누구나 수강 가능 (자격제한 없음)
  - 단, 온라인 교육수강 희망자에 한정
- **교육일수 · 시간**
  0일/30시간
- **교육비 · 환급여부**
  298,000원(숙식비별도)/환급미적용

신청하기

[가스안전관리자(사용 시설) 온라인 교육 신청]

교육 절차를 알아보자. 유의할 사항은 사이버 강의실에서 영상 이론을 90% 이상 수강한 다음 실습 및 시험을 신청해야 한다는 것이다.

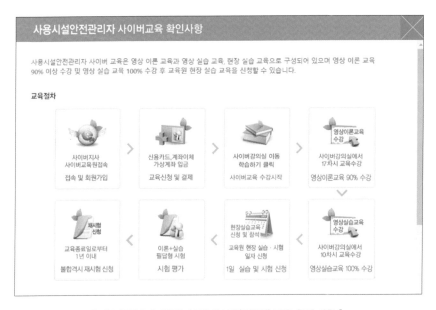

[가스안전관리자(사용 시설) 사이버(온라인) 교육 확인 사항]

교육과정 선택 시 주의 사항이 나와 있으니, 다시 한 번 꼼꼼하게 확인하기 바란다.

교육과정 선택 시 주의사항

교육수강 기간
- 사용시설안전관리자 온라인교육은 실습과정을 포함하여 신청년도 다음해말까지 수강완료하셔야 합니다.
- 온라인과정은 위 기한내에 가능합니다만, 실습과정의 일정의 마감 등을 고려해야 합니다.
- 신청년도 기준 다음해말까지 이론과정과 실습과정까지 완료하지 못할 경우, 환불처리 후 재신청 재수강 해야합니다.

현장 실습 교육 일정변경
- 반드시 교육원 담당자를 통해 변경 신청(단, 현장 실습 교육 과정의 잔여 인원이 있는 경우에 한해 가능)

교육수료 기준
- 영상 교육 (이론 90% + 실습 100%) 출석, 현장 실습 교육 출석, 시험 결과 100점 만점 중 60점 이상

시험 불합격자 처리
- 공사가 지정한 날짜에 재시험 응시
- 교육종료일로부터 1년 이내에 공사가 지정한 재시험일까지

교육비 환불
- 아래 기준에 따라 교육신청일로부터 5년 이내 환불 가능

수강진도율	환불금액
영상 이론/실습 교육 수강 전·후	수강 진도율과 상관없이 전액 환불
현장 실습 교육 수강 시작후	환불불가

위 내용을 확인했습니다. 교육신청하기 ▶

[교육 과정 선택 시 주의 사항]

교육 신청을 마치게 되면 [마이 페이지]에서 확인이 가능한데, 본인이 신청한 과정명과 교육 일자, 수수료 등이 나와 있다.

제6장

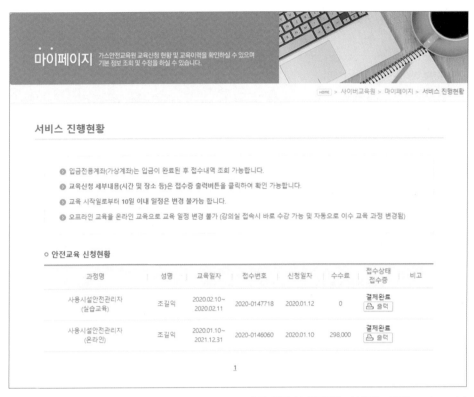

▲ 출처: 한국가스안전공사 가스안전교육원(www.kgs.or.kr)

[가스안전관리자(사용 시설) 교육 신청 현황]

가스안전관리자(사용 시설) 시험에 합격하게 되면 한국가스안전공사 사장으로부터 아래의 자격증을 받는다.

[가스안전관리자(사용 시설) 자격증]

9 아파트 인사·회계 실무 (XpERP)

　관리사무소에 근무하는 경리나 대리 또는 서무나 주임이라면 꼭 필요한 과정 중 하나로 꼽을 수 있다. 다시 말해 필수 코스인 셈이다. 거기다 이제 막 주택관리사(보) 시험에 합격한 예비 관리사무소장도 예외는 아니다. 소장 업무를 수행하는 데 있어 반드시 알아야 하는 업무 중 하나이기 때문이다. 내일배움카드를 활용하면 경제적 부담 없이 배울 수 있으니 적극적으로 추천한다. 배울 수 있는 학원이 그리 많지 않은 게 흠이다.

　아파트 인사·회계 실무(XpERP) 과정은 90시간 정도로 교육 과정이 편성되어 있으며, 관리사무소 실무, 관리비 부과 및 회계 등 전용 프로그램인 XpERP를 직접 실습하는 과정으로 진행되므로, 관리사무소에서 일하는 데 큰 도움이 된다. 아래 그림은 수도권에 있는 XpERP 아파트 인사 회계 실무를 가르치는 학원의 홈페이지로 참고하면 좋겠다.

[XpERP 학원 예시]

　90시간 이수하고 시험에 합격하면 한국아파트공동회계실무교육원 원장으로부터 아래의 수료증을 받는다.

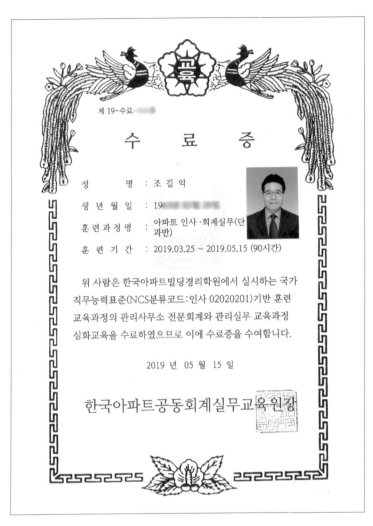

제 19-수료-████

수 료 증

성   명 : 조 길 익

생 년 월 일 : 19██ ███ ███

훈 련 과 정 명 : 아파트 인사·회계실무(단과반)

훈 련 기 간 : 2019.03.25 ~ 2019.05.15 (90시간)

위 사람은 한국아파트빌딩경리학원에서 실시하는 국가
직무능력표준(NCS분류코드:인사 02020201)기반 훈련
교육과정의 관리사무소 전문회계와 관리실무 교육과정
심화교육을 수료하였으므로 이에 수료증을 수여합니다.

2019 년 05 월 15 일

한국아파트공동회계실무교육원장

[아파트 인사 · 회계 실무 수료증]

10 소방안전관리자 선임

앞서 소개했던 주택관리사는 의무관리단지에 부임하게 되면 반드시 담당 지방자치단체에 배치 신고를 해야 한다. 이 의미는 관리사무소장으로서 공동주택을 관리하면서 주어진 업무를 차질없이 해야 한다는 의미이다. 다시 말해 주어진 업무를 하지 않았을 경우, 그에 상응하는 합당한 법적 책임을 져야 한다는 의미로 해석되는 대목이다.

전기안전관리자와 마찬가지로 소방안전관리자도 일정 자격을 갖춘 사람을 안전관리자로 선임하게 하는데, 말 그대로 안전하게 관리하는 데에 한 치도 소홀함이 없어야겠다.

배치 신고는 관리사무소장이, 전기안전관리자나 소방안전관리자는 소장이나 시설책임자인 팀장 또는 과장이 선임한다. 하지만 관리비 절감이라는 명목 아래 자그마한 단지에서는 소장에게 모든 안전관리자를 맡기게 되는데, 여간 부담스러운 게 아니다. 왜냐하면 권리라는 것은 찾아볼 수 없고, 오로지 커다란 의무만 지게 되기 때문이다.

소방안전관리자 교육은 한국소방안전원에서 주관하고 시행하고 있는데 홈페이지를 살펴보자.

[한국소방안전원 홈페이지]

　　소방안전관리자를 선임하기 위해서는 소방안전관리자 자격을 취득해야 하는데, 이를 위해 필요한 것이 강습 교육이다. 3급은 사흘간, 2급은 나흘간 그리고 1급은 닷새간의 일정으로 진행되며, 지역별로 교육 일정을 확인하여 신청하면 된다. 요즘 들어 건물들이 하늘 높은 줄 모르고 올라가는 추세여서 특급의 수요도 그만큼 많아졌다. 하지만 특급에 응시할 기회가 그리 많지 않은 게 흠이다. 물론 홈페이지에서만 신청받고 있으니 유의하기를 바란다.

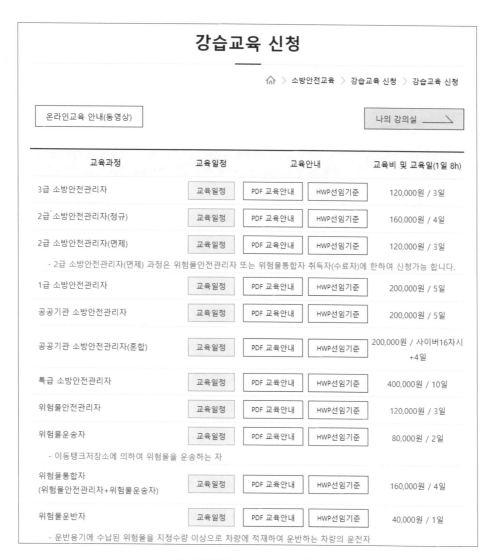

강습교육 신청

🏠 〉 소방안전교육 〉 강습교육 신청 〉 강습교육 신청

온라인교육 안내(동영상)

나의 강의실 ⟶

교육과정	교육일정	교육안내		교육비 및 교육일(1일 8h)
3급 소방안전관리자	교육일정	PDF 교육안내	HWP선임기준	120,000원 / 3일
2급 소방안전관리자(정규)	교육일정	PDF 교육안내	HWP선임기준	160,000원 / 4일
2급 소방안전관리자(면제)	교육일정	PDF 교육안내	HWP선임기준	120,000원 / 3일
- 2급 소방안전관리자(면제) 과정은 위험물안전관리자 또는 위험물통합자 취득자(수료자)에 한하여 신청가능 합니다.				
1급 소방안전관리자	교육일정	PDF 교육안내	HWP선임기준	200,000원 / 5일
공공기관 소방안전관리자	교육일정	PDF 교육안내	HWP선임기준	200,000원 / 5일
공공기관 소방안전관리자(혼합)	교육일정	PDF 교육안내	HWP선임기준	200,000원 / 사이버16차시 +4일
특급 소방안전관리자	교육일정	PDF 교육안내	HWP선임기준	400,000원 / 10일
위험물안전관리자	교육일정	PDF 교육안내	HWP선임기준	120,000원 / 3일
위험물운송자	교육일정	PDF 교육안내	HWP선임기준	80,000원 / 2일
- 이동탱크저장소에 의하여 위험물을 운송하는 자				
위험물통합자 (위험물안전관리자+위험물운송자)	교육일정	PDF 교육안내	HWP선임기준	160,000원 / 4일
위험물운반자	교육일정	PDF 교육안내	HWP선임기준	40,000원 / 1일
- 운반용기에 수납된 위험물을 지정수량 이상으로 차량에 적재하여 운반하는 차량의 운전자				

[소방안전관리자 강습 교육 신청]

특급 소방안전관리자 선임 기준 및 자격을 확인해보자. 보통 아파트는 50층 이상이며, 그 외 건물은 30층 이상이 대상물에 해당한다.

「특급 소방안전관리자」선임기준 및 자격

★ 밑줄친 부분을 클릭하시면, 법령의 세부사항을 확인하실 수 있습니다.

구 분	주 요 내 용
대상물 기 준	화재예방, 소방시설 설치·유지 및 안전관리에 관한 법률 시행령 <u>별표2</u>의 특정소방대상물 중 다음 각 호에 해당하는 것으로서 동·식물원, 철강 등 불연성 물품을 저장·취급하는 창고, 위험물 저장 및 처리 시설 중 위험물 제조소등, 지하구를 제외한 것(이하 "특급 소방안전관리대상물"이라 한다) 가. 50층 이상(지하층은 제외한다)이거나 지상으로부터 높이가 200미터 이상인 아파트 나. 30층 이상(지하층을 포함한다)이거나 지상으로부터 높이가 120미터 이상인 특정소방 대상물(아파트는 제외한다) 다. 나목에 해당하지 아니하는 특정소방대상물로서 연면적이 20만제곱미터 이상인 특정 소방대상물(아파트는 제외한다) ※ 근거 : 시행령 <u>제22조제1항제1호</u>
선임자격	1. 소방기술사 또는 소방시설관리사의 자격이 있는 사람 2. 소방설비기사의 자격을 취득한 후 5년 이상 1급 소방안전관리대상물의 소방안전관리자로 근무한 실무경력(법 <u>제20조</u>제3항에 따라 소방안전관리자로 선임되어 근무한 경력은 제외한다. 이하 이 조에서 같다)이 있는 사람 3. 소방설비산업기사의 자격을 취득한 후 7년 이상 1급 소방안전관리대상물의 소방안전관리자로 근무한 실무경력이 있는 사람 4. 소방공무원으로 20년 이상 근무한 경력이 있는 사람 5. 소방청장이 실시하는 특급 소방안전관리대상물의 소방안전관리에 관한 시험에 합격한 사람. 이 경우 해당 시험은 다음 각 목의 어느 하나에 해당하는 사람만 응시할 수 있다. 　가. 1급 소방안전관리대상물의 소방안전관리자로 5년(소방설비기사의 경우 2년, 소방설비 산업기사의 경우 3년) 이상 근무한 실무경력이 있는 사람 　나. 1급 소방안전관리대상물의 소방안전관리자로 선임될 수 있는 자격이 있는 사람으로서 특급 또는 1급 소방안전관리대상물의 소방안전관리보조자로 7년 이상 근무한 실무경력이 있는 사람 　다. 소방공무원으로 10년 이상 근무한 경력이 있는 사람 　라. 「고등교육법」 제2조제1호부터 제6호까지의 어느 하나에 해당하는 학교(이하 "대학"이라 한다) 에서 소방안전관리학과(소방청장이 정하여 고시하는 학과를 말한다. 이하 같다)를 전공하고 졸업한 사람(법령에 따라 이와 같은 수준의 학력이 있다고 인정되는 사람을 포함한다)으로서 해당 학과를 졸업한 후 2년 이상 1급 소방안전관리대상물의 소방안전관리자로 근무한 실무경력이 있는 사람 　마. 다음 1)부터 3)까지의 어느 하나에 해당하는 사람으로서 해당 요건을 갖춘 후 3년 이상 1급 소방안전관리대상물의 소방안전관리자로 근무한 실무경력이 있는 사람 　　1) 대학에서 소방안전 관련 교과목(소방청장이 정하여 고시하는 교과목을 말한다. 이하 같다)을 12학점 이상 이수하고 졸업한 사람 　　2) 법령에 따라 1)에 해당하는 사람과 같은 수준의 학력이 있다고 인정되는 사람으로서 해당

	3) 대학에서 소방안전 관련 학과(소방청장이 정하여 고시하는 학과를 말한다. 이하 같다)를 전공하고 졸업한 사람(법령에 따라 이와 같은 수준의 학력이 있다고 인정되는 사람을 포함한다) 바. 소방행정학(소방학 및 소방방재학을 포함한다) 또는 소방안전공학(소방방재공학 및 안전공학을 포함한다) 분야에서 석사학위 이상을 취득한 후 2년 이상 1급 소방안전관리대상물의 소방안전관리자로 근무한 실무경력이 있는 사람 사. 특급 소방안전관리대상물의 소방안전관리보조자로 10년 이상 근무한 실무경력이 있는 사람 아. 법 제41조제1항제3호 및 이 영 제38조에 따라 특급 소방안전관리대상물의 소방안전관리에 대한 강습교육을 수료한 사람 자. 「초고층 및 지하연계 복합건축물 재난관리에 관한 특별법」 제12조제1항 본문에 따라 총괄재난관리자로 지정되어 1년이상 근무한 경력이 있는 사람 ※ 근거 : 시행령 제23조제1항 ※ "소방안전관리자에 관한 실무경력"은 「화재예방, 소방시설 설치·유지 및 안전관리에 관한 법률」 제20조제2항에 따라 소방안전관리자 및 소방안전관리보조자로 선임되어 근무한 경력을 말하며, 같은 조 제3항(소방안전관리 업무를 대행하는 자를 감독할 수 있는 자 등)에 따라 선임된 경력은 제외됩니다.
선임방법	선임신고 근거 : 시행규칙 14조(소방안전관리자의 선임신고 등) → 안전원 사이트 교육정보>실무(선임자)교육 내 소방안전관리자 실무교육 참고
실무 (선임자) 교육	•선임된 날부터 6개월 이내 1회, 그 후로 2년에 1회 소집교육(시행규칙 제36조2항) •교육 미이수자 행정처리 소방본부장 또는 소방서장의 업무의 정지 및 소방안전관리자 수첩의 반납 명령 (시행규칙 제40조)

[특급 소방안전관리자 선임 기준 및 자격]

선임 후 받아야 하는 교육이 있는데, 실무교육이라고 한다. 선임된 날부터 6개월 이내에 받아야 하며, 미이수자는 업무 정지 및 소방안전관리자 수첩의 반납 명령을 받게 되니 유의하기를 바란다. 참고로 현재는 코로나19 영향으로 집합이 금지되어 대부분의 교육이 온라인 교육으로 진행되고 있다.

전지부 일정조회(클릭)		1급 소방안전관리자		
	서울	서울동부	인천	경기(수원)	경기북부
수도권	11.01~11.05 [9] 온라인	12월 예정	11.08~11.12 [32] 온라인	10.25~10.29 [21] 온라인 11.08~11.12 [95] 온라인	10.18~10.22 온라인 대기 11.01~11.05 [16] 온라인 11.06~11.20 온라인 대기 ▼ 전체일정
	대전충남(대전)	충북	광주전남(광주)	전북	
중청권·호남권	10.25~10.29 [34] 온라인	10.25~10.29 [84] 온라인	11.15~11.19 [77] 온라인	12.06~12.10 [88] 온라인	
	부산	대구경북(대구)	울산	경남	
영남권	11.01~11.05 [95] 온라인	11.01~11.05 [85] 온라인 온라인	10.25~10.29 [71] 온라인 11.17~11.21 [89] 온라인 주말	10.25~10.29 [65] 온라인 11.22~11.26 [96] 온라인	
	강원	제주	주말 주말교육 야간 야간교육 대기 대기자접수 마감 접수마감 온라인 실시간 온라인 ※ 교육과정은 노동부 환급교육과정과 무관합니다. ※ 교육날짜 옆 [100] 표기는 접수가능인원 입니다.		
기타	10.18~10.22 [22] 대면 12.06~12.10 [95] 온라인	계획없음			

[1급 소방안전관리자 실무(온라인) 교육 일정]

1급 소방안전관리자 선임 기준 및 자격을 확인해보자. 보통 아파트는 30층 이상이며, 그 외 건물은 11층 이상이거나, 연면적 1만 5천 ㎡ 이상인 특정 소방 대상물이 대상물에 해당한다.

「1급 소방안전관리자」선임기준 및 자격

★ <u>밑줄친 부분</u>을 클릭하시면, 법령의 세부사항을 확인하실 수 있습니다.

구 분	주 요 내 용
대상물 기 준	「화재예방, 소방시설 설치·유지 및 안전관리에 관한 법률」시행령 <u>별표2</u>의 특정소방대상물 중 특급 소방안전관리대상물을 제외한 다음 각 목의 어느 하나에 해당하는 것으로서 동·식물원, 철강 등 불연성 물품을 저장·취급하는 창고, 위험물 저장 및 처리 시설 중 위험물 제조소등, 지하구를 제외한 것(이하 "1급 소방안전관리대상물"이라 한다) 가. 30층 이상(지하층은 제외한다)이거나 지상으로부터 높이가 120미터 이상인 아파트 나. 연면적 1만5천제곱미터 이상인 특정소방대상물(아파트는 제외한다) 다. 나목에 해당하지 아니하는 특정소방대상물로서 층수가 11층 이상인 특정소방대상물 　　(아파트는 제외한다) 라. 가연성 가스를 1천톤 이상 저장·취급하는 시설 ※ 근거 : 시행령 <u>제22조</u>제1항제2호
선임자격	1. 특급 소방안전관리대상물의 소방안전관리자 자격이 인정되는 사람 　⇒ 세부선임기준 확인은 「특급소방안전관리자 선임기준 및 자격」참고 2. 소방 설비기사 또는 소방설비산업기사의 자격이 있는 사람 3. 산업안전기사 또는 산업안전산업기사의 자격을 취득한 후 2년 이상 2급 또는 3급 소방안전관리대상물의 소방안전관리자로 근무한 실무경력이 있는 사람 4. 소방공무원으로 7년 이상 근무한 경력이 있는 사람 5. 위험물기능장·위험물산업기사 또는 위험물기능사 자격을 가진 사람으로서 「위험물 안전관리법」 <u>제15조</u>제1항에 따라 위험물안전관리자로 선임된 사람 6. 「고압가스 안전관리법」 <u>제15조</u>제1항, 「액화석유가스의 안전관리 및 사업법」 <u>제34조</u>제1항 또는 「도시가스사업법」 <u>제29조</u>제1항에 따라 안전관리자로 선임된 사람 7. 「전기사업법」 <u>제22조</u>제1항 및 <u>제2항</u>에 따라 전기안전관리자로 선임된 사람 8. 소방청장이 실시하는 1급 소방안전관리대상물의 소방안전관리에 관한 시험에 합격한 사람. 이 경우 해당 시험은 다음 각 목의 어느 하나에 해당하는 사람만 응시할 수 있다. 　가. 「고등교육법」 제2조제1호부터 제6호까지의 어느 하나에 해당하는 학교(이하 "대학"이라 한다)에서 소방안전관리학과를 전공하고 졸업한 사람(법령에 따라 이와 같은 수준의 학력이 있다고 인정되는 사람을 포함한다)으로서 해당 학과를 졸업한 후 2년 이상 2급 소방안 전관리대상물 또는 3급 소방안전관리대상물의 소방안전관리자로 근무한 실무경력이 있는 사람 　나. 다음 1)부터 3)까지의 어느 하나에 해당하는 사람으로서 3년 이상 2급 소방안전관리대상물 또는 3급 소방안전관리대상물의 소방안전관리자로 근무한 실무경력이 있는 사람 　　1) 대학에서 소방안전 관련 교과목(소방청장이 정하여 고시하는 교과목을 말한다. 이　　하 같다)을 12학점 이상 이수하고 졸업한 사람 　　2) 법령에 따라 1)에 해당하는 사람과 같은 수준의 학력이 있다고 인정되는 사람으로서 해당 학력 취득 과정에서 소방안전 관련 교과목을 12학점 이상 이수한 사람

	3) 대학에서 소방안전 관련 학과(소방청장이 정하여 고시하는 학과를 말한다. 이하 같다)를 전공하고 졸업한 사람(법령에 따라 이와 같은 수준의 학력이 있다고 인정되는 사람을 포함한다) **「소방안전 관련 교과목·소방안전 관련 학과 및 소방관련 학과 등에 관한 기준」 제3조(소방관련학과)** 1. 소방안전관리학과(소방안전관리과, 소방시스템과, 소방학과, 소방환경관리과, 소방공학과 및 소방행정학과, 소방방재학과를 포함한다) 2. 전기공학과(전기과, 전기설비과, 전자과, 전자공학과, 전기전자과, 전기전자공학과, 전기제어공학과를 포함한다) 3. 산업안전공학과(산업안전과, 산업공학과, 안전공학과, 안전시스템공학과를 포함한다) 4. 기계공학과(기계과, 기계학과, 기계설계학과, 기계설계공학과, 정밀기계공학과를 포함한다) 5. 건축공학과(건축과, 건축학과, 건축설비학과, 건축설계학과를 포함한다) 6. 화학공학과(공업화학과, 화학공업과를 포함한다) 7. 학군 또는 학부제로 운영되는 대학의 경우에는 제1호부터 제6호까지 학과에 해당하는 학과 다. 소방행정학(소방학, 소방방재학을 포함한다) 또는 소방안전공학(소방방재공학, 안전공학을 포함한다) 분야에서 석사학위 이상을 취득한 사람 라. 가목 및 나목에 해당하는 경우 외에 5년 이상 2급 소방안전관리대상물의 소방안전관리에 관한 실무경력이 있는 사람 마. 법 제41조제1항제3호 및 이 영 제38조에 따라 특급 소방안전관리대상물 또는 1급 소방안전관리대상물의 소방안전관리에 대한 강습교육을 수료한 사람 바. 「공공기관의 소방안전관리에 관한 규정」 제5조제1항제2호나목에 따른 강습교육을 수료한 사람 사. 2급 소방안전관리대상물의 소방안전관리자로 선임될 수 있는 자격이 있는 사람으로서 특급 또는 1급 소방안전관리대상물의 소방안전관리보조자로 5년 이상 근무한 실무경력이 있는 사람 아. 2급 소방안전관리대상물의 소방안전관리자로 선임될 수 있는 자격이 있는 사람으로서 2급 소방안전관리대상물의 소방안전관리보조자로 7년 이상 근무한 실무경력(특급 또는 1급 소방안전관리대상물의 소방안전관리보조자로 근무한 5년 미만의 실무경력이 있는 경우에는 이를 포함하여 합산한다)이 있는 사람 ※ 근거 : 시행령 제23조제2항
선임방법	선임신고 근거 : 시행규칙 14조(소방안전관리자의 선임신고 등) ⇒ 안전원 사이트 교육정보>실무(선임자)교육 내 소방안전관리자 실무교육 참고
실무 (선임자) 교육	• 선임된 날부터 6개월 이내 1회, 그 후로 2년에 1회 소집교육(시행규칙 제36조2항) • 교육 미이수자 행정처리 소방본부장 또는 소방서장의 업무의 정지 및 소방안전관리자 수첩의 반납 명령 (시행규칙 제40조)

[1급 소방안전관리자 선임 기준 및 자격]

2급은 대상물이 많다 보니 교육 또한 많이 편성되어 있으며, 주중에 시간을 내기가 어려운 사람들을 위해 주말 교육도 하고 있다.

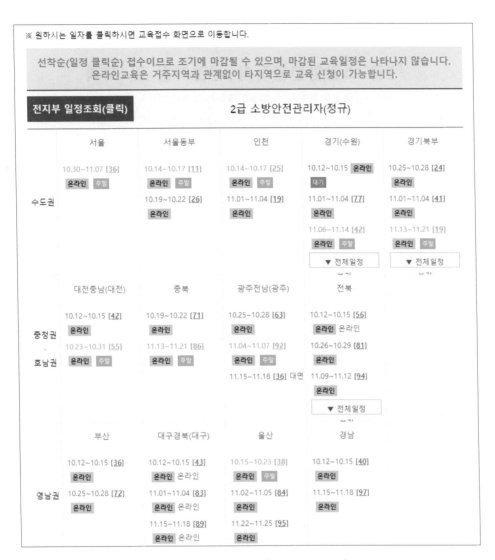

※ 원하시는 일자를 클릭하시면 교육접수 화면으로 이동합니다.

선착순(일정 클릭순) 접수이므로 조기에 마감될 수 있으며, 마감된 교육일정은 나타나지 않습니다.
온라인교육은 거주지역과 관계없이 타지역으로 교육 신청이 가능합니다.

전지부 일정조회(클릭)		2급 소방안전관리자(정규)			
	서울	서울동부	인천	경기(수원)	경기북부
수도권	10.30~11.07 [36] 온라인 주말	10.14~10.17 [11] 온라인 주말 10.19~10.22 [26] 온라인	10.14~10.17 [25] 온라인 주말 11.01~11.04 [19] 온라인	10.12~10.15 온라인 대기 11.01~11.04 [77] 온라인 11.06~11.14 [42] 온라인 주말 ▼ 전체일정	10.25~10.28 [24] 온라인 11.01~11.04 [41] 온라인 11.13~11.21 [19] 온라인 주말 ▼ 전체일정
	대전충남(대전)	충북	광주전남(광주)	전북	
중청권 · 호남권	10.12~10.15 [42] 온라인 10.23~10.31 [55] 온라인 주말	10.19~10.22 [71] 온라인 11.13~11.21 [86] 온라인 주말	10.25~10.28 [63] 온라인 11.04~11.07 [92] 온라인 주말 11.15~11.18 [36] 대면	10.12~10.15 [56] 온라인 온라인 10.26~10.29 [81] 온라인 11.09~11.12 [94] 온라인 ▼ 전체일정	
	부산	대구경북(대구)	울산	경남	
영남권	10.12~10.15 [36] 온라인 10.25~10.28 [72] 온라인	10.12~10.15 [43] 온라인 온라인 11.01~11.04 [83] 온라인 온라인 11.15~11.18 [89] 온라인 온라인	10.15~10.23 [38] 온라인 주말 11.02~11.05 [84] 온라인 11.22~11.25 [95] 온라인	10.12~10.15 [40] 온라인 11.15~11.18 [97] 온라인	

[2급 소방안전관리자 실무(온라인) 교육 일정]

2급 소방안전관리자 선임 기준 및 자격을 확인해보자.

「2급 소방안전관리자」선임기준 및 자격

★ 밑줄친 부분을 클릭하시면, 법령의 세부사항을 확인하실 수 있습니다.

구 분	주 요 내 용
대상물 기 준	화재예방, 소방시설 설치·유지 및 안전관리에 관한 법률 시행령 별표2의 특정소방대상물 중 특급 소방안전관리대상물 및 1급 소방안전관리대상물을 제외한 다음의 어느 하나에 해당하는 것(이하 "2급 소방안전관리대상물"이라 한다) 가. 별표 5 제1호다목부터 바목까지의 규정에 해당하는 특정소방대상물[호스릴(Hose Reel) 방식의 물분무등소화설비만을 설치한 경우는 제외한다] 나. 삭제 〈2017.1.26.〉 다. 가스 제조설비를 갖추고 도시가스사업의 허가를 받아야 하는 시설 또는 가연성 가스를 100톤 이상 1천톤 미만 저장·취급하는 시설 라. 지하구 마. 「공동주택관리법 시행령」 제2조 각 호의 어느 하나에 해당하는 공동주택 바. 「문화재보호법」 제23조에 따라 보물 또는 국보로 지정된 목조건축물 ※ 근거 : 시행령 제22조제1항제3호

선임자격	1. 특급,1급 소방안전관리대상물의 소방안전관리자 자격이 인정되는 사람
	  ⇒ 세무선임기준 확인은 「특급,1급 소방안전관리자 선임기준 및 자격」 참고
	2. 건축사·산업안전기사·산업안전산업기사·건축기사·건축산업기사·일반기계기사·전기기사·전기산업기사·전기기능장·전기공사기사 또는 전기공사산업기사 자격을 가진 사람
	3. 위험물기능장·위험물산업기사 또는 위험물기능사 자격을 가진 사람
	4. 광산보안기사 또는 광산보안산업기사 자격을 가진 사람으로서 「광산보안법」 제13조에 따라 광산보안관리직원(안전관리자 또는 안전감독자만 해당한다)으로 선임된 사람
	5. 소방공무원으로 3년 이상 근무한 경력이 있는 사람
	6. 소방청장이 실시하는 2급 소방안전관리대상물의 소방안전관리에 관한 시험에 합격한 사람. 이 경우 해당 시험은 다음 각 목의 어느 하나에 해당하는 사람만 응시할 수 있다.
	가. 「고등교육법」 제2조제1호부터 제6호까지의 어느 하나에 해당하는 학교(이하 "대학"이라 한다)에서 소방안전관리학과를 전공하고 졸업한 사람(법령에 따라 이와 같은 수준의 학력이 있다고 인정되는 사람을 포함한다)
	나. 다음 1)부터 3)까지의 어느 하나에 해당하는 사람
	  1) 대학에서 소방안전 관련 교과목을 6학점 이상 이수하고 졸업한 사람
	  2) 법령에 따라 1)에 해당하는 사람과 같은 수준의 학력이 있다고 인정되는 사람으로서 해당 학력 취득 과정에서 소방안전 관련 교과목을 6학점 이상 이수한 사람
	  3) 대학에서 소방안전 관련 학과를 전공하고 졸업한 사람(법령에 따라 이와 같은 수준의 학력이 있다고 인정되는 사람을 포함한다)
	
	「소방안전 관련 교과목·소방안전 관련 학과 및 소방관련 학과 등에 관한 기준」 제3조(소방관련학과)
	1. 소방안전관리학과(소방안전관리과, 소방시스템과, 소방학과, 소방환경관리과, 소방공학과 및 소방행정학과, 소방방재학과를 포함한다)
	2. 전기공학과(전기과, 전기설비과, 전자과, 전자공학과, 전기전자과, 전기전자공학과, 전기제어공

학과를 포함한다)

3. 산업안전공학과(산업안전과, 산업공학과, 안전공학과, 안전시스템공학과를 포함한다)
4. 기계공학과(기계과, 기계공학과, 기계설계학과, 기계설계공학과, 정밀기계공학과를 포함한다)
5. 건축공학과(건축과, 건축학과, 건축설비학과, 건축설계학과를 포함한다)
6. 화학공학과(공업화학과, 화학공업과를 포함한다)
7. 학군 또는 학부제로 운영되는 대학의 경우에는 제1호부터 제6호까지 학과에 해당하는 학과

다. 소방본부 또는 소방서에서 1년 이상 화재진압 또는 그 보조 업무에 종사한 경력이 있는 사람

라. 의용소방대원으로 3년 이상 근무한 경력이 있는 사람

마. 군부대(주한 외국군부대를 포함한다) 및 의무소방대의 소방대원으로 1년 이상 근무한 경력이 있는 사람

바. 「위험물 안전관리법」 제19조에 따른 자체소방대의 소방대원으로 3년 이상 근무한 경력이 있는 사람

사. 「대통령 등의 경호에 관한 법률」에 따른 경호공무원 또는 별정직공무원으로서 2년 이상 안전검측 업무에 종사한 경력이 있는 사람

아. 경찰공무원으로 3년 이상 근무한 경력이 있는 사람

자. 법 제41조제1항제3호 및 이 영 제38조에 따라 특급 소방안전관리대상물, 1급 소방안전관리대상물 또는 2급 소방안전관리대상물의 소방안전관리에 대한 강습교육을 수료한 사람

차. 「공공기관의 소방안전관리에 관한 규정」 제5조제1항제2호나목에 따른 강습교육을 수료한 사람

카. 소방안전관리보조자로 선임될 수 있는 자격이 있는 사람으로서 특급 소방안전관리대상물, 1급 소방안전관리대상물, 2급 소방안전관리대상물 또는 3급 소방안전관리대상물의 소방안전관리보조자로 3년 이상 근무한 실무경력이 있는 사람

타. 3급 소방안전관리대상물의 소방안전관리자로 2년 이상 근무한 실무경력이 있는 사람

※ 근거 : 시행령 제23조제3항

선임방법	선임신고 근거 : 시행규칙 14조(소방안전관리자의 선임신고 등) ⇒ 안전원 사이트 교육정보>실무(선임자)교육 내 소방안전관리자 실무교육 참고
실무 (선임자) 교육	• 선임된 날부터 6개월 이내 1회, 그 후로 2년에 1회 소집교육(시행규칙 제36조2항) • 교육 미이수자 행정처리 　소방본부장 또는 소방서장의 업무의 정지 및 소방안전관리자 수첩의 반납 명령 　(시행규칙 제40조)

[2급 소방안전관리자 선임 기준 및 자격]

실무교육은, 현장에서 일어나는 일들을 사례를 들어 설명하고 있어 소방안전관리자 업무 수행에 도움이 된다. 또, 교육은 온라인으로 수강하고, 6시간을 모두 이수하면 '소방안전관리자 실무교육 이수 확인증'을 발급받게 된다.

실무(선임자) 교육 　　　　　　　　　　　　　　　　　　　　　소방안전관리자

『소방안전관리자』 실무교육(선임자) 안내
(Ver 21.04)

구 분		주 요 내 용
근거 법령		• 화재예방, 소방시설 설치·유지 및 안전관리에 관한 법률
시행 근거		• 법 제41조(소방안전관리자 등에 대한 교육) • 시행규칙 제36조(소방안전관리자 및 소방안전관리보조자의 실무교육 등), 　제39조(실무교육의 강사), 40조(소방안전관리자 등의 업무정지)
교육 안내	교육과정	• 소방안전관리자 실무교육(사이버과정)

교육과정	교육장소(형태)	비고
소방안전관리자 (사이버과정)	온라인 학습	전 과정 사이버교육

교육 안내	교육 대상	• **소방관서에 선임 신고된 소방안전관리자** 　➡ 소방안전관리자 선임기준 및 자격(붙임 1참조), 선·해임 안내(붙임 2참조) 관련 근거 : 법 제41조제1항제1호 및 제2호 제41조(소방안전관리자 등에 대한 교육) ① 다음 각 호의 어느 하나에 해당하는 자는 화재 예방 및 안전관리의 효율화, 　새로운 기술의 보급과 안전의식의 향상을 위하여 행정안전부령으로 정하는 바 　에 따라 소방청장이 실시하는 강습 또는 실무 교육을 받아야 한다. 　1. 제20조제2항에 따라 선임된 소방안전관리자 및 소방안전관리보조자 　2. 제20조제3항에 따라 선임된 소방안전관리자

	교육 주기	• 선임된 날부터 6개월 이내 1회, 그 후로 2년에 1회 관련 근거 : 시행규칙 제36조제2항 제36조(소방안전관리자 및 소방안전관리보조자의 실무교육 등) ② 소방안전관리자는 그 선임된 날부터 6개월이내에 법 제41조제1항에 따른 실무 　교육을 받아야 하며, 그 후에는 2년마다(최초 실무교육을 받은 날을 기준으로 　하여 매 2년이 되는 기준일과 같은 날 전일까지) 1회 이상 실무교육을 받아야 　한다. 〈이하생략〉

	교육시간		

의무학습(필수)	권장학습(선택)
6교시	2교시

※ 1교시 : 40분~50분

[소방안전관리자 실무교육 안내 ①]

1급 선임자는 특급과 함께 실무교육이 편성되어 있는데, 소방 관계 법령, 소방 시설 점검(가스계 소화 설비), 피난 계획 및 피난 대책 실무, 소방 안전관리 위반 사례 및 우수 사례 토의, 화재 시 행동 요령, 소방 관련 질의·회신으로 교육 내용이 구성되어 있다.

구 분	주 요 내 용		

교육내용

• 교육내용

과정	공공기관	특급, 1급	2급
교육대상	공공기관 감독자	특급, 1급대상물 선임자	2급대상물 선임자
교육내용	• 소방관계법령 • 소방계획서 작성 • 자위소방대 · 초기대응체계 구성 및 운영실습 • 소방안전관리 위반사례 및 우수사례 토의 • 화재 시 행동요령 • 소방관련 질의회신	• 소방관계법령 • 소방시설점검(가스계소화설비) • 피난계획 및 피난대책 실무 • 소방안전관리 위반사례 및 우수사례토의 • 화재 시 행동요령 • 소방관련 질의회신	• 소방관계법령 • 소방계획서 작성 • 소방시설점검(수계소화설비) • 소방안전관리 위반사례 및 우수사례토의 • 화재 시 행동요령 • 소방관련 질의회신

과정	3급	업무대행
교육대상	3급대상물 선임자	업무대행 감독자
교육내용	• 소방관계법령 • 소방시설점검(피난구조설비) • 소방시설점검(경보설비) • 소방안전관리 위반사례 및 우수 사례토의 • 화재 시 행동요령 • 소방관련 질의회신	• 소방관계법령 • 자위소방대 구성 · 운영 실습 • 소방시설점검(피난구조설비) • 업무대행 감독자의 역할 • 화재 시 행동요령 • 소방관련 질의회신

※ 상기 교육과정은 대상물 등급, 직무형태 등을 기준으로 세분화 되어있으나 교육 신청자의 의사(필요)에 따라 자유롭게 신청 가능합니다.**(대상물 등급, 직무형태 무관)**

교육 흐름도

• 교육안내문 수령 후 안전원 **홈페이지에서 교육 신청**하여 교육수강
 - 교육안내문 우편발송(교육 이수한 해당월의 1개월 전 발송)
 - 안전원 홈페이지 실무교육신청을 통해 본인이 희망하는 일시에 신청(사전접수)

1 교육과정 및 일정 선택	→	2 선임대상자 정보 확인, 회비 (교육비) 납부	→	3 실무교육 접수완료	→	4 온라인 학습 (교육 이수)

교육 일정

• 안전원 홈페이지(www.kfsi.or.kr) 실무교육 일정참고

교육 신청시 주의 사항

• 소방안전관리자로 선임된 사람으로서 법정 실무교육임
※ 교육전 소방관서에 선임신고 필수

실무교육 수수료

• 55,000원
※ 근거 : 화재예방, 소방시설 설치 · 유지 및 안전관리에 관한 법률 시행규칙 제43조
★ 안전원 회원의 경우 실무교육 수수료가 면제됩니다.

[소방안전관리자 실무교육 안내 ②]

제6장

실무교육 미이수자에 대한 행정 처리로 과태료 50만 원이 부과되니 주의하여야 한다.

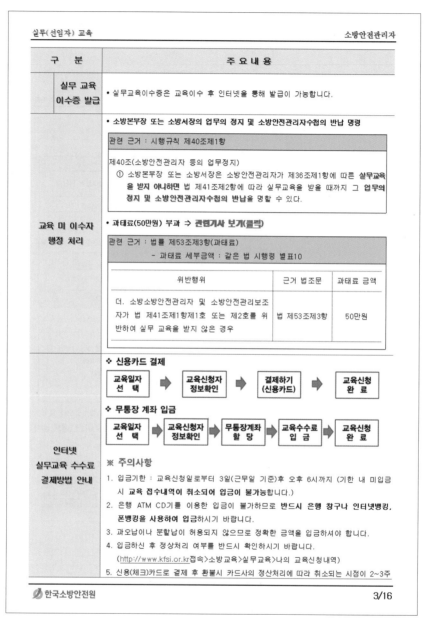

구 분	주 요 내 용
실무 교육 이수증 발급	• 실무교육이수증은 교육이수 후 인터넷을 통해 발급이 가능합니다.
교육 미 이수자 행정 처리	• 소방본부장 또는 소방서장의 업무의 정지 및 소방안전관리자수첩의 반납 명령 관련 근거 : 시행규칙 제40조제1항 제40조(소방안전관리자 등의 업무정지) ① 소방본부장 또는 소방서장은 소방안전관리자가 제36조제1항에 따른 **실무교육을 받지 아니하면** 법 제41조제2항에 따라 실무교육을 받을 때까지 그 **업무의 정지 및 소방안전관리자수첩의 반납**을 명할 수 있다. • 과태료(50만원) 부과 ➡ **관련기사 보기(클릭)** 관련 근거 : 법률 제53조제3항(과태료) 　　　　- 과태료 세부금액 : 같은 법 시행령 별표10

위반행위	근거 법조문	과태료 금액
더. 소방소방안전관리자 및 소방안전관리보조자가 법 제41조제1항제1호 또는 제2호를 위반하여 실무 교육을 받지 않은 경우	법 제53조제3항	50만원

인터넷 실무교육 수수료 결제방법 안내

❖ 신용카드 결제

교육일자 선 택 ➡ 교육신청자 정보확인 ➡ 결제하기 (신용카드) ➡ 교육신청 완 료

❖ 무통장 계좌 입금

교육일자 선 택 ➡ 교육신청자 정보확인 ➡ 무통장계좌 할 당 ➡ 교육수수료 입 금 ➡ 교육신청 완 료

※ 주의사항

1. 입금기한 : 교육신청일로부터 3일(근무일 기준)후 오후 6시까지 (기한 내 미입금 시 교육 접수내역이 취소되어 입금이 불가능합니다.)
2. 은행 ATM CD기를 이용한 입금이 불가하므로 반드시 은행 창구나 인터넷뱅킹, 폰뱅킹을 사용하여 입금하시기 바랍니다.
3. 과오납이나 분할납이 허용되지 않으므로 정확한 금액을 입금하셔야 합니다.
4. 입금하신 후 정상처리 여부를 반드시 확인하시기 바랍니다.
   (http://www.kfsi.or.kr접속>소방교육>실무교육>나의 교육신청내역)
5. 신용(체크)카드로 결제 후 환불시 카드사의 정산처리에 따라 취소되는 시점이 2~3주

[소방안전관리자 실무교육 안내 ③]

그 외 궁금한 사항은 지부별 연락처를 확인하여 문의하면 된다.

구　분	주　요　내　용
	정도 지연될 수 있습니다.
교육수수료 환불	• 교육수수료 환불기준 및 금액

환불기준	환불금액
교육종료 전까지 신청	전액
과오납한 경우	과오납 금액
일부 교육을 받은 후 신청	전액
교육시작일로부터 1년 이내 신청	전액
교육시작일로부터 1년 이후 신청	없음

• 환불시 주의사항
1. 무통장으로 입금하신 후 환불 신청할 경우 금융기관 송금수수료를 제한 금액이 환불될 수 있습니다.
2. 교육 신청 후 불참 시, 교육 당일에는 교육신청·변경·환불이 되지 않습니다. (교육신청일 다음날부터 가능)

지부별 연락처

• 근무시간 : 09:00 ~ 18:00
• 지부별 연락처

지부(지역)	연락처	지부(지역)	연락처
서울지부(서울 영등포)	02-2671-9076~8	부산지부(부산 금정구)	051-553-8423~5
대구경북지부(대구 중구)	053-429-6911,7911	인천지부(인천 서구)	032-569-1971~2
광주전남지부(광주 광산구)	062-942-6679~81	대전충남지부(대전 대덕구)	042-638-4119,7119
울산지부(울산 남구)	052-256-9011~2	경기지부(수원 팔달구)	031-257-0131~3
경기북부지부(경기 파주시)	031-945-3118,4118	강원지부(강원 횡성군)	033-345-2119 033-345-2110
전북지부(전북 완주군)	063-212-8315~6	충북지부(청주 홍덕구)	043-237-3119,4119
경남지부(경남 창원시)	055-237-2071~3	제주지부(제주 제주시)	064-758-8047 064-755-1193

[소방안전관리자 실무교육 안내 ④]

▲ 출처: 한국소방안전원(www.kfsi.or.kr)

　　소방안전관리자 선임 및 해임 신고는 담당 소방서에서 하며, 소방안전관리자 강습 교육을 5일간 수강하고 시험에 합격한 후 한국소방안전협회(현재는 한국소방안전원이다) 회장으로부터 소방안전관리자 1급 수첩을 받는다. 선임할 때마다 소방서에서는 변동 사항을 적으며, 선임 후 실무교육 이수 내역도 표시되어 있다.

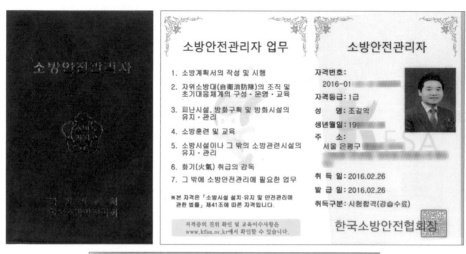

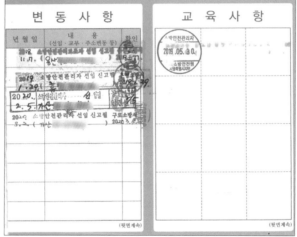

[소방안전관리자 자격증 표지 및 내용]

제 2021 -   호

2021 소방안전관리자 실무교육 이수확인증

업 체 명	████████████████		
관리번호	서울동부- -0 (광진-소방안전관리자)		
직 능	소방안전관리자		
성 명	조길익	생년월일	████████
교 육 일	2021.10.14	이수시간	6시간
교육실시지부	한국소방안전원 서울동부지부		

「화재예방, 소방시설 설치유지 및 안전관리에 관한 법률 시
행규칙」 제36조 내지 제40조의 규정에 의한 실무교육을 상
기와 같이 이수하였음을 증명합니다.

한 국 소 방 안 전 원 장

※ 한국소방안전원 홈페이지(http://www.kfsi.or.kr)에서 발급여부 확인 가능

[소방안전관리자 실무교육 이수 확인증]

11 기계설비유지관리자 선임

기계설비유지관리자에 대한 경력 신고 및 자격 수첩 발급 업무는 대한기계설비건설협회에서 주관한다. 아래 그림은 대한기계설비건설협회 홈페이지인데 자주 찾는 업무들을 전면에 배치한 것을 볼 수 있다.

[대한기계설비건설협회 홈페이지]

관리사무소에서 선임해야 할 것이 2021년부터는 하나 더 늘었다. 기계설비유지관리자가 바로 그것인데, 연 3만 ㎡ 이상인 건축물이나 2천 세대 이상의 공동주택이 해당한다. 여기에 해당하는 건축물을 관리하는 관리사무소에서는 2021년 4월 17일까지 담당 지방자치단체에 신고하였을 것이다.

아래는 기계설비유지관리자 선임에 대한 법적 근거 등 제도를 설명하고 있다.

제도안내

□ 법적근거

○ 기계설비법 제2조(정의)

○ 기계설비법 제19조, 시행령 제15조 및 시행규칙 제8조(기계설비유지관리자의 선임 등)

○ 기계설비법 제20조, 시행령 제16조 및 시행규칙 제9조(유지관리교육)

○ 국토교통부 고시 제2020-345호(기계설비 유지관리교육에 관한 업무 위탁기관 지정)

○ 국토교통부 고시 제2021-75호(기계설비유지관리자등의 경력신고 및 등급인정 등에 관한 기준)

□ 기계설비유지관리자 정의

○ 기계설비의 유지관리(기계설비의 점검 및 관리를 실시하고 운전·운용하는 모든 행위를 말한다)를 수행하는 사람

□ 기계설비유지관리자의 경력신고

○ 기계설비유지관리자는 국토교통부장관이 지정하여 고시한 단체(대한기계설비건설협회)에 근무처 및 경력 등 관련 자료를 제출·신청(등급 및 경력 인정)하여야 하며, 기계설비유지관리자 수첩을 발급받을 수 있음

[기계설비유지관리자 선임에 대한 법적 근거]

선임 및 자격 기준을 보면, 연면적 1만 5천~3만 ㎡ 건축물과 1천~2천 세대 공동주택 등은 책임 중급 1명을 2022년 4월 17일까지 담당 지방자치단체에 신고하게 되어 있다. 여기에 해당하는 관리사무소장님은 미리 준비해야 한다. 다만, 2020년 4월 18일 전부터 기존 건축물에서 유지·관리 업무를 수행 중인 사람은 선임 신고 시 2025년 4월 17일까지 선임 등급과 관계없이 선임된 것으로 본다고 되어 있는데, 관리사무소 근무 특성상 장기 근무자가 적어 얼마나 많은 사람이 해당될까 싶다.

제6장

선임 및 자격기준

☐ 기계설비유지관리자 선임기준(기계설비법 시행규칙 별표1)

선임대상 건축물등(창고시설 제외)	선임자격 및 인원	선임기한
○ 연 6만㎡ 이상 건축물, 3천세대 이상 공동주택	책임 특급 1, 보조 1	~2021. 4. 17
○ 연 3만㎡ ~6만㎡ 건축물, 2천~3천 공동주택	책임 고급 1, 보조 1	
○ 연 1만5천 ~3만㎡ 건축물, 1천~2천 공동주택 ○ 공공건축물 등 국토부장관 고시 건축물등	책임 중급 1	~2022. 4. 17
○ 연 1만㎡~ 1만5천㎡ 건축물, 500~1천 공동주택 ○ 300세대 이상 500세대 미만 중앙집중식 (지역)난방방식 공동주택	책임 초급 1	~2023. 4. 17

※ '20.4.18일 전부터 기존 건축물에서 유지관리 업무를 수행중인 사람은 선임신고시 '26.4.17일까지 선임등급과 관계없이 선임된 것으로 봄.

[기계설비유지관리자 선임 기준]

이번에는 기계설비유지관리자 자격 및 등급을 확인하자. 여느 선임처럼 기술사는 등급에 상관없이 초급부터 특급까지 모든 대상물에 선임할 수 있으며, 기능장과 기사가 동급으로 취급되고 있음을 확인할 수 있다.

□ 기계설비유지관리자 자격 및 등급(기계설비법 시행령 별표5의2)

유지관리자 등급		국가기술자격 및 유지관리 실무경력				
		기술사[1]	기능장[2]	기사[3]	산업기사[4]	건설기술인[5]
책임	1. 특급	(보유 시)	10년 이상	10년 이상	13년 이상	(특급) 10년 이상
	2. 고급		7년 이상	7년 이상	10년 이상	(고급) 7년 이상
	3. 중급		4년 이상	4년 이상	7년 이상	(중급) 4년 이상
	4. 초급		(보유 시)	(보유 시)	3년 이상	(초급 보유 시)
보조	가. 산업기사 보유 나. 기능사[6]보유 및 실무경력 3년 이상 다. [인정기능사 보유 또는 기계설비기술자 중 유지관리자가 아닌 자 또는 기계설비 관련 학위 취득 또는 학과 졸업] 및 실무경력 5년 이상					

1) 기술사 : 건축기계설비, 기계, 건설기계, 공조냉동기계, 산업기계설비, 용접
2) 기능장 : 배관, 에너지관리, 용접
3) 기사 : 일반기계, 건축설비, 건설기계설비, 공조냉동기계, 설비보전, 용접, 에너지관리
4) 산업기사 : 건축설비, 배관, 건설기계설비, 공조냉동기계, 용접, 에너지관리
5) 건설기술인 : 공조냉동 및 설비, 용접 전문분야
6) 기능사 : 배관, 공조냉동기계, 용접, 에너지관리

[기계설비유지관리자 자격 및 등급]

다음으로는 기계설비유지관리자 실무 경력 인정 기준을 확인해보자. 자격 취득 후 경력 기간의 100%를 적용하는 실무 경력이 있고, 80%를 적용하는 실무 경력과 70%만 적용하는 실무 경력이 있으니 본인이 어디에 해당하는지 살펴보자.

■ 기계설비유지관리자 실무경력인정기준 (기계설비유지관리자등의 경력신고 및 등급인정 등에 관한 기준 별표3)

구분	실무경력
1. 자격 취득 후 경력 기간의 100%를 적용하는 경력	가. 법 제18조에 따른 시설물 관리를 전문으로 하는 자에게 소속되어 기계설비유지관리자로 선임되거나, 법 제19조에 따른 기계설비유지관리자로 선임되어 기계설비 유지관리업무를 수행한 경력 나. 법 제20조 및 규칙 제9조에 따른 유지관리교육 수탁기관에서 기계설비 유지관리에 관한 교수·교사업무를 수행한 경력 다. 법 제21조에 따른 기계설비성능점검업자에게 소속되어 기계설비 성능점검업무를 수행한 경력 라. 국가, 지방자치단체, 「공공기관의 운영에 관한 법률」 제4조에 따른 공공기관, 「공기업의 경영구조 개선 및 민영화에 관한 법률」 제2조에 따른 정부출자기관, 「지방공기업법」에 따른 지방공사 또는 지방공단에서 기계설비 유지관리 및 성능점검업무를 수행한 경력 마. 「건축법」, 「주택법」, 「시설물의 안전 및 유지관리에 관한 특별법」 등 그 밖에 관계법령에 따라 기계설비 유지관리 및 성능점검업무를 수행한 경력
2. 자격 취득 후 경력 기간의 80%를 적용하는 경력	가. 「건설기술 진흥법」 제26조에 따른 건설기술용역사업자(종합 및 설계·사업관리 전문분야 중 일반 또는 설계등용역일반 세부분야에 한한다), 「엔지니어링산업진흥법」 제21조에 따른 엔지니어링사업자(설비부문의 설비 전문분야에 한한다), 「기술사법」 제6조에 따른 기술사사무소(설비부문의 설비 전문분야에 한한다), 「건축사법」 제23조에 따른 건축사사무소에 소속되어 기계설비 설계 또는 감리업무를 수행한 경력 나. 「건설산업기본법」 제9조에 따른 종합공사를 시공하는 업종 또는 전문공사를 시공하는 업종 중 기계설비공사업을 등록한 건설사업자에게 소속되어 기계설비 시공업무를 수행한 경력 다. 국가, 지방자치단체, 「공공기관의 운영에 관한 법률」 제4조에 따른 공공기관, 「공기업의 경영구조 개선 및 민영화에 관한 법률」 제2조에 따른 정부출자기관, 「지방공기업법」에 따른 지방공사 또는 지방공단에서 기계설비의 설계, 시공 및 감리업무를 수행한 경력 라. 「건축법」, 「주택법」, 「시설물의 안전 및 유지관리에 관한 특별법」 등 그 밖에 관계법령에 따라 기계설비의 설계, 시공 및 감리업무를 수행한 경력
3. 자격 취득 전 경력 기간의 70%를 적용하는 경력	제1호 및 제2호 각 목에 의하여 환산된 경력

비고
1. 합산한 실무경력 기간의 1년은 365일로 계산한다.
2. 동일한 기간에 수행한 경력이 두 가지 이상일 경우에는 하나에 대해서만 그 기간을 인정한다.
3. 관련 법령에 따라 자격이 정지된 기간은 경력기간에서 제외한다.

[기계설비유지관리자 실무 경력 인정 기준]

　　마지막으로 경력 신고 및 접수 절차를 알아두자. 제도 초창기에는 방문 신고를 하려고 사람들이 많이 몰려 어려움이 많았지만, 현재는 온라인 신고가 보편화되어 대한기계설비건설협회에 방문하지 않고도 경력 신고를 할 수 있다.

경력신고 및 접수절차

◻ **신고방법**

가. 신고문의 및 접수 : 평일 09:00~18:00 (점심시간 12:00~13:00, 토·공휴일 제외)

나. 신고방법

  (1) 온라인 신고
  - 온라인 신고(수수료 결제)후 14일 이내에 협회로 신고서류(원본제출)를 택배 및 등기우편 발송

  (2) 방문 신고
  - 신청인(본인) 또는 대리인 방문신고시, 온라인 입력 후 신고서류 및 신분증 지참(대리인은 대리인 신분증 지참)

  (3) 온라인 신고를 하지 않은 우편서류는 접수불가하며 반송처리

다. 문의전화 : 1661-3344

◻ **접수절차**

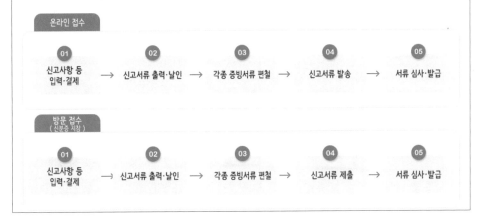

온라인 접수

01 신고사항 등 입력·결제 → 02 신고서류 출력·날인 → 03 각종 증빙서류 편철 → 04 신고서류 발송 → 05 서류 심사·발급

방문 접수
(신분증 지참)

01 신고사항 등 입력·결제 → 02 신고서류 출력·날인 → 03 각종 증빙서류 편철 → 04 신고서류 제출 → 05 서류 심사·발급

[기계설비유지관리자 경력 신고 및 접수 절차]

▲ 출처: 대한기계설비건설협회(www.kmcca.or.kr)

제6장

12 승강기안전관리자 선임

이번에는 승강기안전관리자 선임에 대하여 알아보자. 다른 선임도 마찬가지겠지만, 승강기도 안전관리자로 선임되면 승강기 갇힘 사고 등 신경 쓰이는 게 한둘이 아니다. 또, 몇 해 전부터는 승강기 사고에 대비한 책임보험도 가입해야 하고, 때마다 승강기 검사도 받아야 하니 말이다. 어쨌든 문명의 이기로 인해 편리한 생활을 하고 있지만, 그에 따르는 위험 또한 감수해야 하는 상황이다. 승강기에 대한 여러 가지 민원 처리는 승강기민원24(https://minwon.koelsa.or.kr)에서 할 수 있다.

[승강기민원24 홈페이지]

승강기민원24 홈페이지 초기 화면 메뉴에서 [안전관리자 선임·해임 신청]을 누른 후 단지에 설치된 승강기 고유번호를 입력하고 '검색하기' 버튼을 누르면 된다.

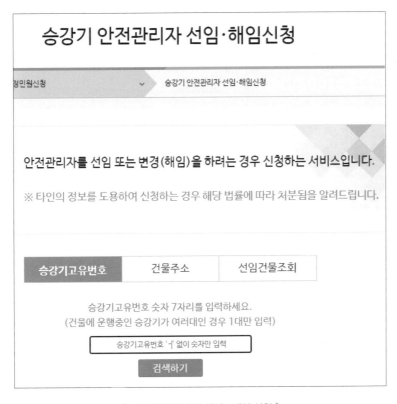

[승강기안전관리자 선임 · 해임 신청]

그러면 입력했던 승강기가 설치된 건물 주소와 건물명이 표시되는데, 이때 '신청하기' 버튼을 눌러 진행하면 된다.

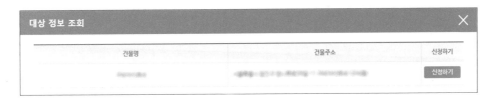

[대상 정보 조회]

아래 그림은 선임이 완료된 후 본인이 선임된 건물의 정보를 확인할 수 있다.

[승강기안전관리자 정보 및 선임된 건물 정보]

2019년 기준으로 71만 대의 승강기가 설치되어 있는데, 승강기 관리 교육이 꼭 필요한 이유이다. 승강기 관리 교육은 승강기의 관리에 관한 교육으로, 승강기 일반 지식, 법령, 승강기 운행 및 취급, 화재·고장·인명사고 등 긴급사항 발생 시 조치 사항, 승강기 안전 운행에 필요한 내용 전반에 대한 교육이다.

「승강기안전관리법」제29조에 따라 안전관리자를 선임해야 하는데, 승강기 관련 국가기술자격증이 없어도 '승강기 기술 기본 교육 과정'을 이수하면 선임될 수 있다.

[승강기안전관리자 관련 내용]

그렇다면 승강기안전관리자의 직무 범위는 어떻게 될까? 여러 가지가 있겠지만, 그중에서 가장 중요한 것은 승강기 내에 갇힌 이용자의 신속한 구출을 위한 승강기의 조작에 관한 사항이라 할 수 있겠다. 또, 승강기의 중대한 사고 및 고장 시 이를 반드시 한국승강기안전공단 해당 지사에 보고하여야 한다.

[승강기안전관리자의 직무 범위]

승강기 관리 교육을 받지 않거나 승강기안전관리자를 선임하지 않으면, 「승강기안전관리법」 제82조에 따라 각각 300만원 또는 100만원 이하의 과태료가 부과될 수 있다. 재교육 주기는 3년이다.

| 관리교육을 받지 않거나 안전관리자를 선임하지 않으면?

승강기 안전관리법 제82조(과태료)에 의거하여 과태료가 부과될 수 있습니다
(승강기관리교육을 받지 않으면 300만원 이하 , 안전관리자를 선임하지 않으면 100만원 이하)

| 재교육 주기는?

승강기 안전관리법 제82조(과태료)에 의거하여 과태료가 부과될 수 있습니다

2017
교육수료

2018

재교육주기
3년

2019

2020
재교육필요

*연도별 상세예시입니다.

[승강기 관리 교육 등에 관한 규정]

승강기 관리 교육 신청 관련 버튼을 클릭하면, 아래와 같이 수강 기간 등이 표시되는데 이때 '신청하기' 버튼을 눌러 신청하면 된다.

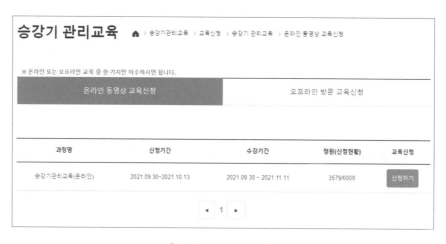

[승강기 관리 교육 신청]

승강기 관리 교육은 승강기안전관리자를 대상으로 한 법정 교육이며, 승강기 소유주(관리 주체) 또는 승강기 설치 건물의 안전관리자로 지정된 담당자가 받아야 한다.

승강기관리교육

승강기 안전관리자를 대상으로 한 법정교육

교육대상	1. 승강기 소유주(관리주체) 또는 승강기 설치건물의 안전관리자로 지정된 담당자 2. 기타 승강기에 대한 기본 지식을 갖추기 위해 관리교육 수강을 희망하는 사람
교육목적	승강기의 안전한 관리를 위하여 승강기에 관한 일반지식 및 관계법령과 긴급사항, 인명사항 발생 시 조치요령 등 승강기 안전운행에 필요한 사항에 대하여 교육
교육내용	- 승강기의 일상관리, 사고시 보고사항 등 법에서 정한 안전관리자 의무사항의 이해 - 승강기 사고 사례를 통하여 이용자의 안전사고 예방 제고 노력
교육교재/실습장비	승강기관리교육 교재

[승강기 관리 교육 정보]

▲ 출처: 승강기민원24(https://minwon.koelsa.or.kr)

아래는 승강기안전관리자로 선임되었다는 확인서로 한국승강기안전공단 이사장이 발급한 문서이다.

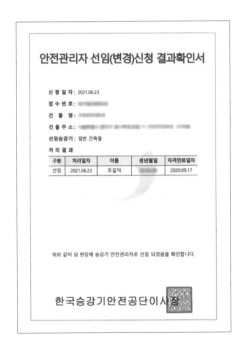

[승강기안전관리자 선임 신청 결과 확인서 및 관리 교육 수료증]

13 수도시설의 관리자 (건축물 관리자) 선임

수도시설의 관리자(건축물 관리자)는 환경보전협회 주관으로 법정 교육을 시행한다. 아래 그림은 환경보전협회 홈페이지이다.

[환경보전협회 홈페이지]

수도시설의 관리자(건축물 관리자) 교육 신청 및 수강 안내는 다음과 같다.

[법정 교육 신청 및 사이버 교육 수강 안내]

우리는 관리사무소에 근무하기 때문에 [저수조 청소업자]가 아닌 [건축물 관리자]를 선택한다.

[수도시설의 관리자(건축물 관리자) 과정 안내]

교육 대상은 건축물 또는 시설의 소유자 또는 관리자로서 연면적이 5천 ㎡ 이상(건축물 또는 시설 안의 주차장 면적은 제외)인 건축물 또는 시설이다.

● 건축물관리자			✕
교육명	건축물관리자		교육신청
근거법령	수도법 제36조		다운로드 ⬇
교육시간표	※지역별로 교육시간표가 상이할 수 있습니다.		다운로드 ⬇

<table>
<tr><td rowspan="15">교육안내</td><td rowspan="2">교육대상</td><td>건축물관리자</td><td>·건축물 또는 시설의 소유자 또는 관리자
•연면적이 5천제곱미터 이상(건축물 또는 시설 안의 주차장 면적은 제외)인 건축물 또는 시설
•연면적 2천제곱미터 이상인 둘 이상의 용도에 사용되는 건축물
•연면적 3천제곱미터 이상인 업무시설
•객석 수 1천석 이상인 공연장
•대규모점포(「실내공기질 관리법」의 적용을 받는 시설은 제외)
•지하도에 있는 연면적 2천제곱미터 이상인 상점가(「실내공기질 관리법」의 적용을 받는 시설은 제외)
•관람석 1천석 이상인 실내체육시설
•연면적 2천제곱미터 이상인 학원
•「건축법 시행령」별표1 제2호 가목에 따른 아파트 및 그 복리시설
•「건축법 시행령」별표1 제5호 나목에 따른 연면적 2천제곱미터 이상인 예식장</td></tr>
<tr><td>저수조청소업자</td><td>·저수조청소업에 직접 종사하는 종업원</td></tr>
<tr><td rowspan="3">교육주기</td><td>구분</td><td>이수시기</td></tr>
<tr><td>신규</td><td>대형건물 소유자 등, 저수조청소업자가 된 날부터 1년 이내에 1회</td></tr>
<tr><td>보수</td><td>신규교육을 받은 날을 기준으로 5년마다 1회</td></tr>
<tr><td rowspan="2">교육흐름도</td><td>집합</td><td>※ 집합교육 1일(8시간) 참석 후 수료
집합교육 신청 → 집합교육 1일(8시간) 참석 → 수료</td></tr>
<tr><td>사이버</td><td>※ 사이버교육 8시간 수강 후 수료 (•교육기간 : 7일(휴일포함))
사이버교육 신청 → 사이버교육 수강(교육기간 내) →
수료(종료 2일 후)</td></tr>
<tr><td>교육시간</td><td colspan="2">※ 1일 (8시간) (세부 구성은 시표표 참고)</td></tr>
</table>

[수도시설의 관리자(건축물 관리자) 교육 안내]

수도시설의 관리자(건축물 관리자) 교육 접수 안내는 아래와 같다.

접수안내	회원가입	① 홈페이지(https://www.kepaedu.or.kr)로 접속 ② 회원가입 → 약관동의 ③ 실명인증 - 인증수단(핸드폰, I_PIN 등) 중 선택(택1) 하여 진행 ④ 회원정보 입력 → 등록(가입) 완료
	교육신청	① 로그인 → 교육 신청 → 과정별/지역별 교육 신청하기 → 해당 과정 선택 ② 집합교육 또는 사이버교육 선택(선택사항 있을시) ③ 선택 과정에 신청 정보입력 ④ 교육수수료 결제(카드 결제, 가상계좌 입금 선택 가능)
	교육수수료 및 납부방법	• 교육수수료 : 32,000원 (중식 불포함) • 교육수수료 납부방법 ① 카드결제 (계산서 발행 불가) ② 가상계좌 입금 (영수증, 계산서 발급 가능)
	준비사항 (집합교육시)	① 교육 참석자(신청자) 신분증(필수) ② 필기구 ③ 신청정보 확인증 ④ 개인 텀블러

기타사항	결제 및 환불 안내	① 카드결제 및 가상계좌 발급은 교육신청 절차 내에서 가능합니다.(사전입금 불가) ※ 카드결제 시 계산서 중복발행은 불가 ※ 가상계좌 결제 시 계산서 또는 영수증 발행 가능 ② 가상계좌 입금은 교육신청일(가상계좌 발급일)로부터 7일 이내(주말포함) 입금 하여야 하며, 기한내 미입금 시 발급된 계좌는 말소되고 교육신청은 취소됩니다. ※ 교육일 전 미입금 시 교육수강이 불가능 ※ 교육 시작일 이후 입금 시 교육 기간 축소 등 불이익이 발생할 수 있습니다. (사이버교육 수강시에만 해당함 / 교육 기간 연장은 불가함) ③ 환불규정에 따라 "취소신청"은 아래에 명시된 기간 내에만 가능하며, 해당 기간 이후에는 취소신청(환불) 은 불가합니다. 1. 집합교육 : 신청한 교육의 시작일 전일까지 2. 사이버교육 : 교육 수강기간 종료일까지 ④ "연기신청"은 "취소신청" 기간과 같은 기간 내에 1회만 차기 교육으로 연기가 가능하며, 교육 이월 이후 해당 교육기간 종료 시 취소, 환불, 재연기는 불가합니다.
	수강 안내	① 대리참석(수강)은 불가하오니, 반드시 신청한 본인이 참석(수강)하시기 바랍니다. ※ 대리출석(수강) 및 교육장 무단이탈 적발 시, 교육은 미이수 처리되며 교육비 환불이 불가합니다. ② 강의(교육) 시작 후 등록은 불가하오니, 반드시 등록 시간을 준수하시기 바랍니다. ③ 주차시설은 교육장별로 상이하므로 홈페이지 내 '교육안내>교육장 안내' 메뉴에서 참고하시기 바랍니다.
	기타 안내	① 기타 문의 사항은 지역별 유선 문의를 이용하시기 바랍니다.

[수도시설의 관리자(건축물 관리자) 교육 접수 안내 및 기타 사항]

제6장

건축물관리자 교육시간표(사이버)

※ 1차시 당 30 ~ 60분 내외

차시	과목명
1	급수설비 관련 법령의 이해
2	급수설비 관리 규정
3	급수설비의 이해 및 유지관리(1)
4	급수설비의 이해 및 유지관리(2)
5	급수설비의 위상관리 및 사후관리
6	수질기준 및 수질 상태의 점검
7	수자원과 절수
8	저수조 청소 및 소독(1)
9	저수조 청소 및 소독(건축물 관리자 용)

[수도시설의 관리자(건축물 관리자) 교육 내용]

수도시설의 관리자(건축물 관리자)의 교육 일정을 살펴보면 보통 한 달에 한 번꼴로 교육이 편성되어 있음을 알 수 있다.

	집합교육				사이버교육				
교육기관	기수	접수기간	정원	신청인원	수강기간	시간	수료처리일	수강료	교육신청
사이버	1	2021-02-22 ~ 2021-03-22	2000		2021-03-23 ~ 2021-03-29	8	2021-03-31	32,000	접수종료
사이버	2	2021-03-29 ~ 2021-04-26	2000		2021-04-27 ~ 2021-05-03	8	2021-05-05	32,000	접수종료
사이버	3	2021-04-26 ~ 2021-05-24	1500		2021-05-25 ~ 2021-05-31	8	2021-06-02	32,000	접수종료
사이버	4	2021-05-24 ~ 2021-06-21	1500		2021-06-22 ~ 2021-06-28	8	2021-06-30	32,000	접수종료
사이버	5	2021-06-28 ~ 2021-07-26	1500		2021-07-27 ~ 2021-08-02	8	2021-08-04	32,000	접수종료
사이버	6	2021-07-26 ~ 2021-08-23	1500		2021-08-24 ~ 2021-08-30	8	2021-09-01	32,000	접수종료
사이버	7	2021-08-23 ~ 2021-09-20	1500		2021-09-21 ~ 2021-09-27	8	2021-09-29	32,000	접수종료
사이버	8	2021-09-27 ~ 2021-10-25	1500	648	2021-10-26 ~ 2021-11-01	8	2021-11-03	32,000	신청
사이버	9	2021-10-25 ~ 2021-11-22	1500		2021-11-23 ~ 2021-11-29	8	2021-12-01	32,000	접수대기
사이버	10	2021-11-15 ~ 2021-12-13	1500		2021-12-14 ~ 2021-12-20	8	2021-12-22	32,000	접수대기

[수도시설의 관리자(건축물 관리자) 교육 일정]

수도시설의 관리자(건축물 관리자) 교육을 모두 이수한 다음 수료증을 발급받을 수 있다.

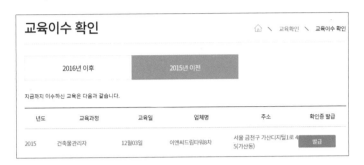

[수도시설의 관리자(건축물 관리자) 교육 이수 확인]

▲ 출처: 환경보전협회(www.kepaedu.or.kr)

[수도시설의 관리자(건축물 관리자) 수료증]

14 신재생에너지 발전설비기사 선임

신재생에너지발전설비기사는 태양광, 풍력, 수력, 연료전지의 신재생에너지발전설비 시스템에 대한 공학적 기술·이론 지식을 가지고 독립적인 신재생에너지 발전소 및 건축물과 시설 등을 기획, 설계, 시공, 운영, 유지 및 보수하는 직무이다.

2011년 11월 23일에 신설된 국가자격증으로서, 신재생에너지 발전소나 모든 건물이나 시설의 신재생에너지 발전 시스템 인허가, 신재생에너지 발전 설비 시공 및 감독, 신재생에너지 발전 시스템의 시공, 신재생에너지 발전 설비의 효율적 운영을 위한 유지·보수 업무 등을 수행하는 것을 목표로 하고 있다.

신재생에너지발전설비기사(태양광) 시험은 고용노동부 주관으로 한국산업인력공단에서 시행한다. 그리 많은 사람이 응시하지는 않지만, 기계설비유지관리자 선임을 위해 준비하는 분들이 많다.

합격률은 실기시험이 2017년부터 3년간 40~50%대를 기록했지만, 2020년에는 8%로 매우 적은 합격자를 배출하였다. 필기시험은 50% 정도의 합격률을 기록하고 있어 다소 무난하게 합격할 수 있지만, 2.8%, 6.1%를 기록한 예도 있어 마음을 놓기에는 다소 불안한 현황을 보인다. 응시 자격에 제한이 있으니, 본인이 기사 시험을 볼 수 있는 자격이 되는지를 먼저 파악해야 한다. 시험은 1년에 세 차례 치러지며, 1차 필기와 2차 실기로 나눠 시험이 진행된다.

아래 그림은 한국산업인력공단 Q-Net 홈페이지에서 신재생에너지발전설비기사(태양광)에 대한 종목별 상세 정보를 볼 수 있는데, 2021년 정기 1회부터 3회까지의 시험 일정이 나와 있다.

국가자격 종목별 상세정보

종목명 [　　　　] 🔍

- **자격명** : 신재생에너지발전설비기사(태양광)
- **영문명** : New and Renewable Energy Equipment(Photovoltaic) Engineer
- **관련부처** : 산업통상자원부
- **시행기관** : 한국산업인력공단

HRDK 한국산업인력공단
Human Resources Development Service of Korea

| **시험정보** | 기본정보 | 우대현황 | 일자리정보 | 수험자동향 |

⊙ **시험일정** 신재생에너지발전설비기사(태양광)(※ 원서접수시간은 원서접수 첫날 10:00부터 마지막 날 18:00까지임)

구분	필기원서접수 (인터넷)(휴일 제외)	필기시험	필기합격 (예정자)발표	실기원서접수(휴일제외)	실기시험	최종합격자 발표일
2022년 정기 기사 1회	2022.01.24 ~ 2022.01.27	2022.03.05	2022.03.23	2022.04.04 ~ 2022.04.07	2022.05.07~ 2022.05.25	2022.06.17
2022년 정기 기사 2회	2022.03.28 ~ 2022.03.31	2022.04.24	2022.05.18	2022.06.20 ~ 2022.06.23	2022.07.24~ 2022.08.05	2022.09.02
2022년 정기 기사 4회	2022.08.16 ~ 2022.08.19	2022.09.14 ~ 2022.10.03	2022.10.13	2022.10.25 ~ 2022.10.28	2022.11.19~ 2022.12.02	2022.12.30

※ 2022년도 기사/산업기사 제1회 및 2회는 분리시행, 제3회 및 4회는 통합시행되며,
산업기사는 제3회 시험부터 기사로 통합 표기됩니다.

1. 원서접수시간은 원서접수 첫날 10:00부터 마지막 날 18:00까지 임.
2. 필기시험 합격예정자 및 최종합격자 발표시간은 해당 발표일 09:00임.
3. 주말 및 공휴일, 공단창립기념일(3.18)에는 실기시험 원서 접수 불가

[신재생에너지발전설비기사(태양광) 시험 정보 ①]

1차 필기시험은 '태양광발전 기획', '태양광발전 설계', '태양광발전 시공', '태양광발전 운영' 이렇게 4과목을 보며, 2차 실기시험은 '태양광발전설비 실무'이다.

제6장

● 시험정보

수수료

- 필기 : 19400 원 / - 실기 : 22600 원

시험과목 및 활용 국가직무능력표준(NCS)

◎ 국가기술자격의 현장성과 활용성 제고를 위해 국가직무능력표준(NCS)를 기반으로 자격의 내용
(시험과목, 출제기준 등)을 직무 중심으로 개편하여 시행합니다.(적용시기 2020.1.1.부터)

□ 필기시험

과목명	활용 NCS 능력단위	NCS 세분류
태양광발전 기획	태양광발전 설비용량 조사	태양광에너지생산
	태양광발전사업 환경분석	
	태양광발전사업부지 환경조사	
	태양광발전사업부지 인허가 검토	
	태양광발전사업 허가	
	태양광발전사업 경제성 분석	
태양광발전 설계	태양광발전 구조물 설계	
	태양광발전 모듈 설계	
	태양광발전 계통연계장치 설계	
	태양광발전 어레이 설계	
	태양광발전시스템 감리	
태양광발전 시공	태양광발전장치 준공검사	
	태양광발전 모듈 공사	
	태양광발전 구조물 시공	
	태양광발전 전기시설 공사	
태양광발전 운영	태양광발전시스템 유지	
	태양광발전시스템 안전관리	
	태양광발전시스템 운영	

□ 실기시험

과목명	활용 NCS 능력단위	NCS 세분류
태양광발전설비 실무	태양광발전사업부지 환경조사	태양광에너지생산
	태양광발전 설비용량 조사	
	태양광발전사업 환경분석	
	태양광발전사업부지 인허가 검토	
	태양광발전사업 허가	
	태양광발전 구조물 설계	
	태양광발전 어레이 설계	
	태양광발전 계통연계장치 설계	
	태양광발전 모듈 설계	
	태양광발전장치 준공검사	
	태양광발전 모듈 공사	
	태양광발전 구조물 시공	
	태양광발전 전기시설 공사	
	태양광발전시스템 감리	
	태양광발전시스템 유지	
	태양광발전시스템 운영	
	태양광발전 주요장치 준비	
	태양광발전 연계장치 준비	
	태양광발전시스템 보수	
	태양광발전시스템 안전관리	

☞ NCS 세분류를 클릭하시면 관련 정보를 확인하실 수 있습니다.

※ **국가직무능력표준(NCS)란?** 산업현장에서 직무를 수행하기 위해 요구되는 지식·기술·태도 등의 내용을 국가가 산업부문별·
수준별로 체계화한 것

[신재생에너지발전설비기사(태양광) 시험 정보 ②]

1차 필기시험은 객관식 4지 택일형으로 과목당 20문항으로 과목당 30분씩이며, 합
격 기준은 100점을 만점으로 하여 과목당 40점 이상, 전 과목 평균 60점 이상이다.
2차 실기시험은 필답형으로 2시간 동안 진행되며, 합격 기준은 100점을 만점으로 하
여 60점 이상이다.

출제기준

신재생에너지발전설비기사(태양광) 출제기준 입니다.

메뉴상단 고객지원-자료실-출제기준 **에서도 보실 수 있습니다.**

2021.12.31.까지는 적용기간 2020.1.1.~2022.12.31. 출제기준이 적용되고,

2022.1.1.부터는 적용기간 2022.1.1.~2024.12.31. 출제기준이 적용됩니다.

(안내) 2021년 1월 1일부터 국가기술자격 종목의 검정 및 출제는
한국전기설비규정(KEC)에 따름을 알려드립니다.

신재생에너지발전설비기사(태양광)(20201.1~2022.12.31).hwp 출제기준 다운로드
신재생에너지발전설비기사(태양광)(2022.1.1~2024.12.31).hwp 출제기준 다운로드

취득방법

① **시 행 처** : 한국산업인력공단
② **관련학과** : 대학의 신재생에너지 등 관련 학과
③ **시험과목**
- 필기 : 1. 태양광발전 기획 2. 태양광발전 설계 3. 태양광발전 시공 4. 태양광발전 운영
- 실기 : 태양광발전설비 실무

④ **검정방법**
- 필기 : 객관식 4지 택일형, 과목당 20문항
- 실기 : 필답형

⑤ **합격기준**
- 필기 : 100점을 만점으로 하여 과목당 40점 이상, 전과목 평균 60점 이상
- 실기 : 100점을 만점으로 하여 60점 이상

[신재생에너지발전설비기사(태양광) 시험 정보 ③]

아래 그림은 신재생에너지발전설비기사(태양광)의 연도별 응시 인원 및 합격률을 보여주고 있다.

○ 종목별 검정현황

종목명	연도	필기			실기		
		응시	합격	합격률(%)	응시	합격	합격률(%)
신재생에너지발전설비기사(태양광)	2020	2,641	1,311	49.6%	3,263	261	8%
신재생에너지발전설비기사(태양광)	2019	4,430	2,495	56.3%	3,641	1,361	37.4%
신재생에너지발전설비기사(태양광)	2018	4,803	2,483	51.7%	3,582	1,943	54.2%
신재생에너지발전설비기사(태양광)	2017	3,522	2,231	63.3%	3,397	1,309	38.5%
신재생에너지발전설비기사(태양광)	2016	1,904	1,111	58.4%	1,915	225	11.7%
신재생에너지발전설비기사(태양광)	2015	1,838	1,027	55.9%	2,241	466	20.8%
신재생에너지발전설비기사(태양광)	2014	2,296	609	26.5%	1,352	82	6.1%
신재생에너지발전설비기사(태양광)	2013	6,019	1,965	32.6%	1,611	45	2.8%
소 계		27,453	13,232	48.2%	21,002	5,692	27.1%

[신재생에너지발전설비기사(태양광) 검정 현황]

▲ 출처: 한국산업인력공단 Q-Net(www.q-net.or.kr)

Memo

전기산업기사 단박에 따기

○ 전기, 그 난해함이란!

나는 '전기'가 그렇게 어려운 줄은 미처 몰랐다. 눈에 보이지 않을뿐더러, 손에 잡히지도 않아 실체가 없는 것 같은 그 녀석은 참으로 오묘하면서도 신통방통해 적어도 나에겐 신기루 같은 존재였다. 어셈블리어가 힘들긴 했지만, 정보처리산업기사를 단숨에 땄고, 정보처리기사도 무난하게 합격하였다. 물론, 내 나이 파릇파릇하던 20대 때의 이야기다. 이어 새로 나온 사무자동화산업기사도 어렵지 않게 취득하였고, 40대 후반엔 주택관리사도 단박에 합격하여 주위의 부러움을 샀었다.

위 자격증들을 학원 한 번 가지 않고 홀로 공부하여 단박에 취득했던 터라 내심, '전기기사쯤이야!'라고 얕잡아보고 있었다. 그러나 그것은 커다란 오판이었다. 전기를 전혀 모르는 새내기 소장으로서 "하룻강아지 범 무서운 줄 모른다."라는 속담처럼 거만한 꿈에 지나지 않았다.

○ 세 번의 실패, 보약이 되다.

전기산업기사를 따겠노라고 마음먹고 학원에 간 것은 지금으로부터 약 5년 전인 2014년 겨울쯤으로 거슬러 올라간다. 이제 막 관리사무소장으로 부임하여 일하다 보니 전기에 대해서는 그야말로 문외한이나 다름없었기에 시설 기사나 관리 과장한테도 체면이 영 서질 않았다. 사실 그래서 갔었다.

학원장님과 상담하면서도 '나 이런 사람이야!'라는 투로 거들먹거렸고, 그분도 쉽게 딸 수 있을 거라며 학원 등록을 거들었다. 하지만 나의 예상은 보기 좋게 빗나갔고, '전기기기' 라는 한 달짜리 과목 수강이 처음이자 마지막이 되어버렸다. 그러고 나니 '전기'의 '전'자도 쳐다보기 싫었다. 그리고는 '전기'라는 것을 한참 동안 잊고 지냈다. 세월이 약이라고 그 충격에서 벗어날 즈음 다시 한 번 해봐야겠다는 생각이 스멀스멀 들기 시작했다.

이번엔 학원에 가지 않고, 시간도 아낄 겸 온라인으로 공부해보자는 생각이 들었다. 누리집에는 헤아릴 수 없이 많은 정보가 있었고, 꼼꼼히 살펴보니 학원 등록 없이 혼자서 충분히 할 수 있겠다는 자신감에 호기롭게 책을 바로 주문하고 말았다. 그것도 한 과목이 아닌 필기과목 세트로….

책을 받아 이리저리 훑어보니 이건 도저히 내가 넘을 수 있는 산이 아니었다. '그럼, 어떡하지… .' '그래, 빠른 게 좋아!' 후다닥 중고책방에 판매한다는 글을 올리고 책을 받은 지 하루 만에 팔아버렸다. 물론 큰 손해를 보게 되어 씁쓸했지만….

그래도 전기자격증에 대한 목마름은 쉽게 가라앉지 않았다. 그래서 다시 찾기 시작했다. 좋은 책을 구해서 공부하는 쪽으로 생각을 바꿨다. 그림이 많고 거기다 부연 설명까지 있으면 그 어려운 전기라도 이해하는 데에 많은 도움이 될 것 같았다. 그래서 해가 바뀌어 또다시 다짐하고는 책을 구매했다. 아니나 다를까! 이번에도 첫 장을 넘기지 못한 채 책장에서 잠자는 신세로 만들고 말았다.

◯ 자격증 따는 데도 전략이 필요

정말이지 허탈했다. 그렇게 세 번을 연달아 실패하고 나니 말이다. 어떻게 보면 이건 실패도 아니었다. 시합하겠다고 링 위에 올라갔는데, 잽 한번 날리지 못하고 시작종이 울리자마자 상대방에게 원투 펀치를 맞고 KO패를 당한 셈이니 말이다. 어찌 되었든 전기자격증은 접어두기로 했다. 그러던 차, 우연히 친구로부터 "당신은 충분히 할 수 있어~^^"라는 말 한마디가 큰 울림으로 다가왔다. 그렇게 2018년 1월 하순 이번이 마지막이라는 각오로 그 험난한 여정에 첫발을 내딛게 되었다.

이번엔 실패하지 않겠다는 굳은 각오를 마음 깊이 새기며 치밀하게 계획을 세웠다. 마지막 시험인 3회차에 초점을 맞췄다. 남들은 경험 삼아 본다는데 나는 어설프게 공부해서 시험 보기는 싫었다. 실패를 거듭했으니 다시는 실패의 낙제점은 받기 싫었기 때문이다. 적어도 이론 강의를 세 번 본 후, 기출문제 풀이를 3회 반복하기로 했다. 하지만 시작부터 난관에 부딪혔다. 인터넷 강의는 처음 시작할 때 굳은 의지와는 달리 잠 오는 약이나 다름없었다. 시도 때도 없이 졸고 있는 나 자신을 발견하게 된 것이다. 참으로 어이없는 일이었지만, 어쩔 수 없는 생리현상이었다. 왜냐하면 그만큼 학습 내용이 어려우니 재미없었을 테고, 하기 싫은 것은 당연할 테니 말이다. 하지만 여기서 그만둘 수는 없었다. 이번엔 기어코 해내야 했다. 무엇보다도 나 자신과의 맹세에 가까운 굳은 약속이 아니던가!

계획한 것은 당일에 소화하려고 애썼다. 그리고 일과를 마치고 잠자리에 들기 전엔 얼마나 실행했는지를 벽에 붙여놓은 계획표에 꼼꼼하게 점검해나갔다. 그렇게 하다 보니 예상과 달리 계획을 앞질러 초과 달성하곤 했다. 그러고 나면 다시 계획을 수정하는 조정의 절차를 거쳐 '계획→실행→점검→조정'이라는 선순환 구조가 만들어졌고, 자연스레 그 사이클을 반복 실행하였다.

◯ 오직, 전기!

이번엔 달랐다. 그것은 세 번의 실패가 가져다준 소중한 경험이자 자산이었다. 내 생활의 모든 것은 오로지 전기공부에 맞춰져 있었다. 예전에 교회에 잠깐 다닌 적이 있는데, 모 권사님의 행동이나 말이 도무지 이해되지 않던 때였다. 그분의 삶은 온통 예수님한테 맞춰져 있었다. 다시 말해 교회가 0순위요, 최우선이었다. '오직 예수!'라는 말이 딱 어울렸다.

나도 그렇게 해보고 싶었다. 가능한 한 약속은 만들지도 않았고, 나가지도 않았다. 술 마시는 일도 자제했다. 전기공부가 최우선이었고, 지상과제였다. 그렇게 몰입해갔다. 그러다 보니 나름대로 적응이 되어갔고, 합격이라는 커다란 보상이 기다리고 있다는 즐거운 상상에 빠져 공부하는 재미가 쏠쏠했다.

공부해보면 알겠지만, 얼마나 간절하냐에 그 성패가 달려있다 해도 과언이 아닐 것이다. 필기시험을 불과 한 달여 앞두고 나는 다리를 다쳐 병원에 1주일여 입원해야 했지만, 그곳은 나의 좋은 공부방이 되어주었다. 물론 깁스해서 절뚝거리는 아픈 다리도 공부에 훼방꾼이 되지 않았음은 말할 나위도 없다. 출퇴근할 때 타는 전철도 공부하기에 나쁘지 않았으며, 가끔 모임에 오갈 때 이용하는 대중교통 또한, 내겐 빼놓을 수 없는 좋은 학습공간이었다. 어디 그뿐이랴! 장거리 이동 시에도 그날 공부할 책과 노트, 계산기 등을 챙겨 여행에 즐거움을 더하곤 하였다.

"궁하면 통한다."라고 하지 않던가! 매일 공부하는 습관을 들이다 보니, 자연스럽게 몸에 배어 공부하지 않고 그냥 넘어가는 날이 더 어색했다. 마치 "하루라도 책을 읽지 않으면 입 안에 가시가 돋는다."라는 안중근 의사의 말씀처럼….

◯ 필기가 무르익으니 실기도 함께

내가 2018년 3회 시험에 필기와 실기를 한꺼번에 합격할 수 있었던 것은 나름대로 치밀하게 준비한 전략 덕분이다. 어찌 됐든 이번엔 꼭 해내고 싶었기에 가능한 일이기도 하다. 이론 학습을 세 번 하고 나니 시험문제는 어떻게 나오는지 궁금했다. 물론 이론에서 다루었던 문제들도 거의 다 기출문제에서 발췌한 것들이었지만, 내 실력은 얼마나 되는지 시험해 보고 싶었다. 그러나 현저하게 떨어진 기억력이 발목을 잡았다. 50대 중반이 되고 보니, 젊은 시절 컴퓨터학원에서 가르쳤던 주부들의 자조 섞인 푸념들이 현실로 다가왔다.

"선생님, 저는 출입문도 나가기 전에 다 까먹어요."라고 말하면, 기다렸다는 듯 "언니, 나는 자리에서 일어나면 머릿속이 새하얘져."

하긴 다음날 수업에 들어가서 어제 배운 것을 다시 가르치노라면 정말이지 '이분들이 어제 내가 가르쳤던 그분들이 맞나?' 하는 생각이 들 정도였다. 내가 그때 그런 기억력 상실의 상태였다.

이러한 온갖 어려움을 극복하고 공부에 매진한 결과, 필기시험 예상 점수가 70점 정도에 이르렀고, 더욱더 욕심이 생겼다. 이참에 실기 책도 사서 같이 해보자는 욕심 말이다. 이 시도는 사실 무모하리만큼 위험부담이 큰 도전이었다.

일차적으로 필기시험에 합격해야 실기시험을 볼 수 있는 제도 아래서, 1차 시험인 필기에 전념하지 않고 2차 과목인 실기를 준비한다?(고개가 갸우뚱해지는 대목이다) 어차피 살 책이니 주문이나 해보자는 것이었는데, 도착한 교재 세 권을 보고 학습할 양에 정말 놀라지 않을 수 없었다. 언감생심! 하지만 공부를 거듭하다 보니, '그래, 까짓것 한번 해보지 뭐!'라는 도전정신이 가슴속 깊은 곳에서 강하게 밀고 올라왔다. 필기시험은 어느 정도 자신이 있었다. 그래서 과감하게 밀어붙였다. 실기시험을 병행해서 공부하기 시작했다. 그때가 필기시험을 달포 앞둔 7월 초순.

돌이켜 보건데, 자격증을 단박에 딸 수 있었던 것은 여러 가지 전략 중에 이 전략이야말로 신의 한 수였다는 생각이 든다. 아이러니하게도 오랫동안 쾌재를 부르게 한 장본인이기도 하다.

○ 확률 1.68%에도 희망은 있다.

주위를 둘러보면 온통 자격증 공부에 열중하는 사람들이 많다. 특히 전기자격증이 그렇다. 하지만, 내가 그랬었듯 쉽게 포기하는 이들도 꽤 눈에 띈다. 혹자는 이렇게 얘기한다. 포기만 하지 않는다면 딸 수 있다고. 맞는 말이다. 하지만, 난 그렇게 하기 싫었다. 3회 시험인 8월에 떨어진다면, 다음 해 1회 시험이 있는 3월까지 일곱 달을 더 공부해야 하는데 그 고통의 시간을 도저히 감당할 엄두가 나질 않았기 때문이었다. 물론, 직장을 5월 말에 그만두고 잠시 쉬고 있는 이 기간이야말로 내게는 천금 같은 기회였기 때문이다. 이렇게 좋은 기회를 살리지 못한다면 바보라며 나를 채찍하고 담금질해 나갔다.

전기공부를 시작하기 전, 도대체 합격률이 어떻길래 사람들이 그렇게 지레 겁을 먹고 나가떨어지나 했다. 단정컨대 산업기사 자격증 중 전기가 단연 으뜸이라고! 내가 치렀던 2018년 필기시험은 평균 합격률이 21.2%였고, 3회 실기시험은 23.79%였으니 한꺼번에 합격한 나는 5.04%나 되는 어려운 시험에 합격한 것이다. 가정컨대, 수험생들이 평균 1년 정도의 학습 기간을 고려해 세 번의 시험을 치른다고 한다면 나와 같이 단번에 합격할 확률은 상대적으로 확 낮아져 1.68%에 그칠 것이다.

○ 선임과 더불어 훈련 교사로도 활약할 터

올해 초, 관리사무소장 모집공고를 보고 지원해 합격했다. 물론 전기 선임이 필수인 15,000㎡짜리 상가건물이다. 이젠 전기산업기사 자격증이 있어 공동주택이든 집합건물이든 가리지 않고 지원할 수 있어 좋다. 그만큼 선택의 폭이 넓어진 거다. 현장에 와보니 아직 부족한 것이 많다. 그나마 2016년에 취득한 전기기능사 실기 공부가 많은 도움이 되고 있다.

소장 모집공고 상당수가 전기 선임을 필요조건으로 하고 있다. 그뿐만 아니라, 전기자격증을 취득하게 되면 일자리를 구하는 데 훨씬 수월하고, 계속해서 안정적으로 일할 수 있다. 거기다 선임 수당과 검침 수당도 짭짤하다.

관리사무소에서 시설 기사로 일하다 전기자격증을 취득하여 과장으로 승진하는 경우도 여럿 봤다. 물론 소장도 충분히 가능하다. 건축물에서 전기가 차지하는 비중이 그만큼 크기 때문이다. 미루지 말고, 지금 당장 시작해 보는 건 어떨까? 내 나이 쉰여섯에 도전하여 이루었으니, 여러분들도 충분히 해낼 수 있다고 믿는다. 실행이 답이다!!!

소장으로 근무하기 전, 대학과 학원에서 강의했던 경험을 살려 가르치는 일도 더불어 하고 싶다. 국가기술자격증인 전기산업기사를 토대로 서울지방고용노동청의 직업능력개발훈련교사(전기공사 3급) 자격증도 발급해 두었다. 몇 군데 직업학교와 학원에서 강의해보지 않겠냐고 연락이 와 준비 중이다.

자격증을 준비하는 수험생, 또 뭔가를 시작하지 못하고 멈칫거리고 있는 분들께 부족하나마 이 글이 용기를 줄 수 있다면 좋겠다. 그동안 한 번도 느껴보지 못했던, 기폭제 같은 동기부여 말이다. 몇 달 전, 모 대학동아리에서 내게 인터뷰를 요청해왔는데, 60세 이후 제2의 인생을 어떻게 준비하고 있느냐는 거였다. 나는 단호한 어조로 말했다. 100세 시대를 살면서 일하기도 쉽지 않거니와 노는 것은 더욱 어렵다. 따라서 여든 살까지는 일해야 할 텐데 그러자면 준비가 필요하다. 관리사무소장으로서 주택관리사에 아파트 인사·회계 실무 프로그램 수료와 전기산업기사 자격증을 장착했으니 별 어려움 없을 거라고….

—《한국아파트신문》(제1158호/제1159호/제1160호, 2020. 02. 19. /2020. 02. 26./2020. 03. 04.)

★2022★ 최신판

[참!쉬움]
합격이 참 쉽다!

전기기능사 필기

전기자격시험연구회 저 | 4·6배판 | 924쪽 | 30,000원

최신 한국전기설비규정(KEC) 반영!
2021년 1회 CBT 기출복원문제 무료 동영상강의!

이 책은 과목별로 중요한 공식과 이론을 되도록 쉽게 이해할 수 있도록 서술하였으며, 출제 빈도가 높은 유형의 문제는 기출 연도를 표기함으로써 수험생이 짧은 시간 내에 집중하여 학습할 수 있도록 구성하였다. 또한, 폭넓은 내용을 체계적으로 정리하는 한편, 복잡한 수학공식을 쉽게 유도하여 설명하였다. 또한 현장실무에서 꼭 필요한 전기 배선 기호 및 심벌 등을 이해하기 쉽게 설명하였다.

2022 초스피드
전기기능사 필기

전기자격시험연구회 저
4·6배판 | 556쪽 | 23,000원

최신 한국전기설비규정(KEC) 반영!
2021년 1회 CBT 기출복원문제 무료 동영상강의!

이 책은 자주 출제되는 핵심이론으로 먼저 기본 이론을 학습한 후 Key Point를 통해 한 번 더 기본 개념을 학습할 수 있도록 구성하였다. 또한 최근 과년도 출제문제와 상세한 해설을 통해 최근 시험의 출제경향을 파악하여 실전 시험에 대비할 수 있게 하였다.

2022 초스피드
전기기능사 실기

유인종 저
국배판 | 280쪽 | 25,000원

최신 한국전기설비규정(KEC) 반영!, 무료 동영상강의 제공!

전기인이 되기 위한 첫 번째 자격증인 전기기능사 실기를 준비하기 위한 전문교재로, 누구라도 이해하기 쉽게 설명한 기초적인 이론과 표준화된 작업방법을 제시하여 순서대로 학습하다 보면 학습의 메커니즘과 시퀀스 제어의 원리를 스스로 깨우치게 구성하였다. 따라서 이 책은 전기기능사 실기시험을 준비하면서 전기에 대해 전혀 모르는 초보자부터 전기를 전공하는 학생, 교사 및 시퀀스 제어를 학습하고자 하는 모든 분들에게 도움이 될 수 있도록 저자의 노하우 및 상세한 설명, 사실적인 그림을 수록하여 구성하였다.

2022 백발백중
ITQ 마스터종합서 2016

한정수, 박윤정 저
624쪽 | 27,000원

자동채점 프로그램, 무료 동영상 강의 제공!

이 책은 ITQ 한글 2016, 엑셀 2016, 파워포인트 2016을 하나의 책으로 묶어 구성하였고, 자주 틀리는 항목과 좋은 점수를 얻기 위한 Tip을 수록하였으며, 연습문제, 기출유형 모의고사 10회, 기출문제 10회로 학습효과를 높일 수 있다.
실력 향상을 위한 특별한 구성(자동채점 프로그램/답안작성 프로그램, 무료 동영상 강좌, 해설, PDF 자료)도 제공한다.

2022 백발백중
컴퓨터활용능력 2급 필기

Vision IT 저
4·6배판 | 368쪽 | 18,000원

무료 MP3 강의 제공!

이 책은 출제기준을 철저히 분석하여 본문 내용에 100% 반영하였고, 이론과 기출문제집을 각각 학습하여 학습할 수 있도록 2권으로 구성하였다. 최신기출문제 15회를 풀어봄으로써 출제 경향의 맥을 찾아보고, 어떤 문제가 반복적으로 출제되었는지를 확인한다. 그리고 무료 MP3 강의와 최종점검 모의고사를 제공한다.

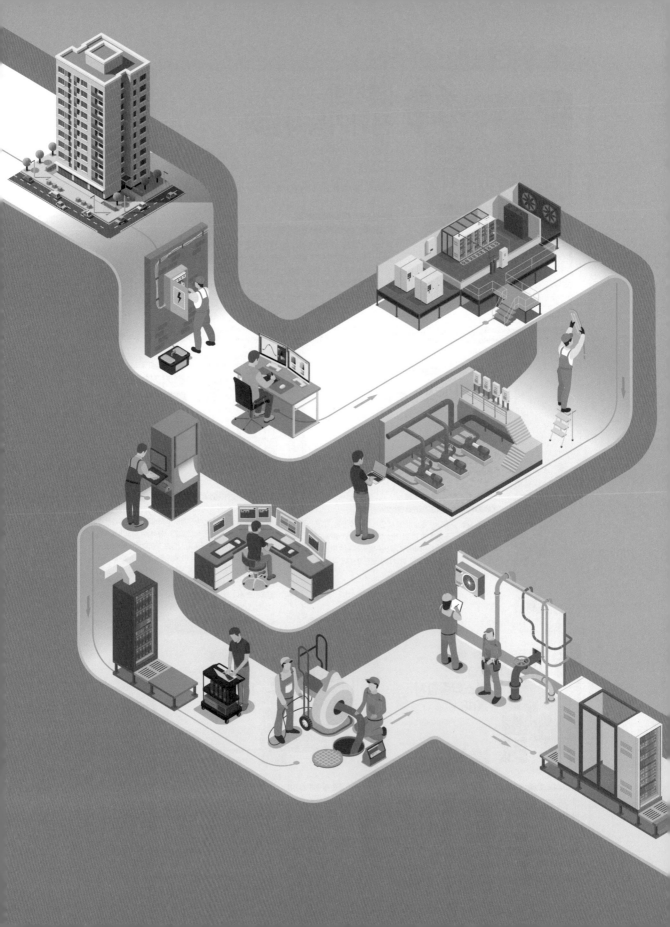

제7장

K-apt & 장기수선 계획

| 행복남의 행복 충전소 | 만다라트 하나면 족한가?

제7장　K-apt & 장기수선 계획

　아파트(공동주택) 관리사무소 근무자라면 '공동주택관리정보시스템'이라 불리는 'K-apt'가 친숙할 것이다. 의무 관리 대상 아파트 단지는 반드시 이 홈페이지를 통해 입찰 정보를 올려야 하기 때문이다. 국토교통부에서 만든 이 사이트는 공동주택의 관리비와 시설물의 유지 관리 이력을 공개할 뿐만 아니라, 외부 회계 감사 결과도 공개하게 되어 있어 관리사무소 직원들이 자주 활용한다.

〰〰〰〰

　아파트 단지에는 입주자대표회의라는 최고 의결 기구가 있는데, 그 기구의 우월적 지위를 이용하여 예전부터 오랫동안 입주자대표회의 구성원들의 비리가 이어져 왔다. 물론 모두 다 그렇다는 것이 아니라, 일부 몰지각한 사람들의 일탈행위지만, 아직도 언론 보도를 통해 이따금 관련 뉴스가 들려오고 있는 게 슬픈 현실이다.

　현재 전국에는 18,300여 개에 이르는 크고 작은 아파트 단지가 들어서 있으니 그런 비리를 좀 줄여보자는 차원에서 'K-apt'가 만들어진 것이다. '한국부동산원'에서 운영하는 'K-apt'는 공동주택 관리비의 투명성 제고 및 건전한 관리 문화 정착 도모를 위해 의무 관리 대상 공동주택에 적용하고 있는 시스템이다.

　장기수선 계획은 소장님들이 많이 어려워하는 부분이다.
　건물 외부, 건물 내부, 전기·소화·승강기 및 지능형 홈네트워크 설비, 급수·가스·배수 및 환기 설비, 난방 및 급탕 설비, 옥외 부대 시설 및 옥외 복리 시설 등으로 수선 항목을 분류하여 총 계획 기간 수선비 총액과 잔여 계획 기간 수선비 총액 등을 계산하여 장기수선충당금을 단위 면적당 얼마를 걷어야 할지를 고민해야 하기 때문이다.
　그리고 공사 종류별로 수선 방법과 주기, 수선율, 공사 금액 등 항목으로 공사 종류별 계획표도 만들어야 한다.

그런데 문제는 다른 데 있지 않고 바로 여기에 있다.

입주자대표회의나 관리단은 관리비 상승에 따른 입주민의 저항이 우려되어 장기수선계획에 따라 계산된 지극히 정상적인 장기수선충당금을 부과하지 않고 아주 적은 금액을 부과하기 일쑤다.

그렇게 하다 보니 건물이 나이가 들어 노후화가 되면 장기수선충당금이 적립된 액수가 적어 한꺼번에 큰 목돈이 필요하게 되는데, 애꿎게도 늙은(?) 아파트에 이사 온 입주민들만 피해자가 된다. 그러니 관리사무소장은 결재권자에게 정상적인 일을 정당하게 요청해야 하고, 그 근거를 기록으로 남겨야 할 필요가 있는 것이다.

〰〰〰

여기서는 이런 내용을 좀 더 깊이 알아보기로 한다.

1 K-apt(공동주택관리정보시스템) 활용하기

K-apt(공동주택관리정보시스템, http://www.k-apt.go.kr)는 공동주택 관리비의 투명성 제고 및 건전한 관리 문화 정착 도모를 위해 의무 관리 대상 공동주택의 관리비 등과 유지·관리 이력, 입찰 정보, 외부 회계감사 결과 등 공동주택관리 정보를 공개하고, 전자입찰[1]을 운영하는 시스템이다.

K-apt의 주무 부처는 국토교통부이며, 운영 기관은 한국부동산원으로, 의무 관리 대상 공동주택에서 근무한다면 반드시 알아야 할 내용으로 구성되어 있다.

[K-apt 홈페이지]

---

1) 전자입찰: 주택관리업자 또는 공사·용역 등 사업자 선정 시, 입찰 공고, 입찰서 개봉, 사업자 선정 등 입찰 전 과정을 온라인(online) 방식으로 진행하는 입찰 방식을 말한다.

먼저, 공개 대상 단지 기준을 살펴보자.

관리비 공개는 의무 관리 대상 공동주택(「공동주택관리법 시행령」 제2조) 및 임대주택으로서, 300세대 이상 공동주택, 150세대 이상으로서 승강기 또는 중앙(지역)난방방식 공동주택, 주택이 150세대 이상인 주상복합아파트, 그 외 입주자 등이 2/3 이상 서면 동의하는 공동주택이 여기에 해당한다. 그리고 민간임대주택 특별법 및 공공주택 특별법에 따른 공동주택도 「공동주택관리법 시행령」 시행령 제2조에 포함되어 해당한다.

외부 회계감사 결과 공개는 300세대 이상 공동주택 및 의무 관리 대상 공동주택 중 일정 요건에 해당하는 경우(「공동주택관리법」 제26조 제3항)로 입주자 등의 1/10 이상의 연서 또는 입주자대표회의에서 의결하여 요구하면 공개하여야 한다.

공용 부분에 관한 시설물의 교체, 유지·보수 및 하자 보수 등을 한 경우에는 그 실적을 시설별로 이력을 관리하여야 하며, 공동주택관리시스템에도 등록하도록 안내하고 있는데, 금액에 상관없이 모든 시설에 해당한다.

K-apt 관련 소개와 운영 체계도를 보여주고 있다.

[K-apt 소개]

관리비 공개 현황도 전국 시도별로 볼 수 있고, 지방자치단체별, 월별로도 검색할 수 있다.

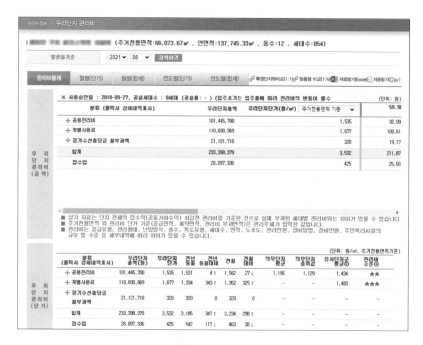

[K-apt 관리비 공개 현황]

'단지 보기' 메뉴 버튼을 클릭하여 원하는 단지의 관리비 정보를 확인할 수 있는데, 아래 그림은 관리비 통계이다.

[관리비 통계]

아래 그림은 관리비 월별(합계) 통계이다.

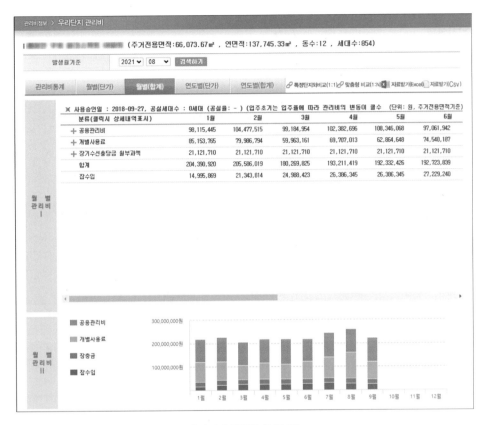

[관리비 월별(합계) 통계]

아래 그림은 관리비 현황과 입찰 등 단지 정보를 보여주고 있다.

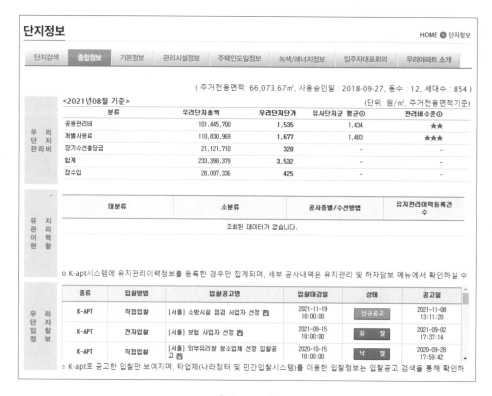

[단지 정보]

아래 그림은 대상 단지와 비교 단지를 1:1로 비교하여 보여주고 있으며, 한눈에 확인할 수 있도록 막대그래프로도 표시해주고 있다.

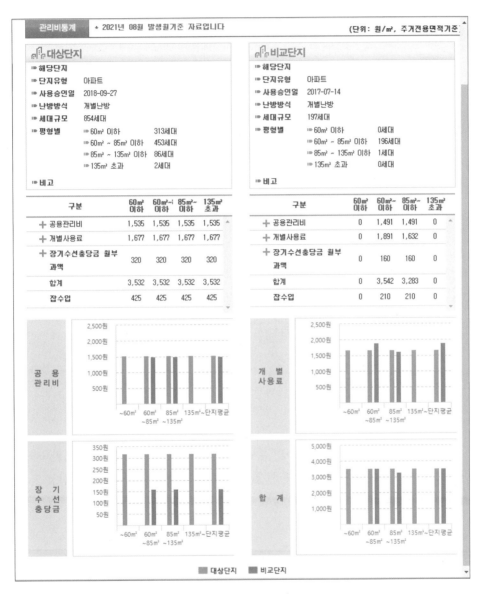

[단지별 관리비 비교]

K-apt에서는 전자입찰을 통해서 주택관리업자 또는 공사, 용역 등 사업자를 선정하도록 하고 있는데, 그 방법 및 절차를 보여주고 있다.

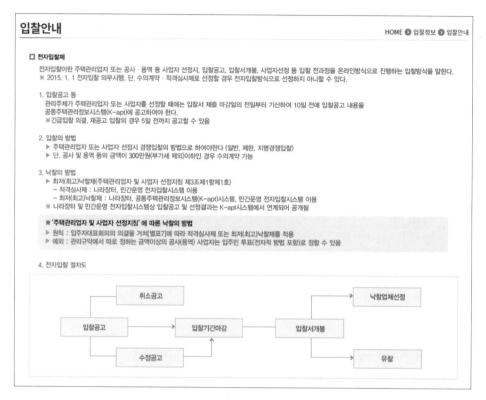

[입찰 안내]

K-apt를 사용하기 위해서는 인증 절차를 거쳐야 하는데 공동인증서[2]가 필요하다. 아래 그림에서는 인증서 발급, 인증서 갱신, 인증서 재발급 등 공동인증서 신청 및 관리에 대한 안내이다.

---

2) 2020년 12월 10일 공인인증서가 폐지되고 기존의 공인인증서라는 말이 공동인증서로 명칭이 변경되었다. 전자서명법 개정으로 민간 인증서가 도입되면서 공인인증서에 부여된 독점적 지위가 소멸됨에 따라 '공인'이 '공동'으로 바뀐 것이다.

□ **공동인증서 안내**

공동인증서란 인터넷상에서 발생하는 모든 전자거래를 안심하고 사용할 수 있도록 해주는 사이버 인감증명서입니다.

▶ **인증서 발급**

공동주택관리정보시스템에서는 전자입찰 기능 사용 시 공동인증서가 반드시 필요합니다.
공동주택관리정보시스템에서 사용하실 수 있는 공동인증서는 'K-apt 전용 공동인증서' 또는 '범용 공동인증서'가 있습니다.
현재 'K-apt 전용 공동인증서'는 '관리주체/입대의' 용으로만 무료(찾아가는 서비스 사용 시 1만원/1년 발생)로 발급되고 있으며,
'사업자(응찰자)'의 경우에는 '범용 공동인증서'만 사용할 수 있습니다.
* 공동인증서 발급 시에는 전자서명법 시행규칙 제13조의2 제2항에 따라 인증기관과 대면 신원확인 절차를 거쳐야 함을 양지하시기 바랍니다.

▶ **인증서 갱신**

인증서의 갱신이란 인증서 유효기간 만료가 도래되기 이전에 유효기간을 연장하는 것을 말합니다. 이는 해당 인증기관 홈페이지를 접속하여
갱신하면 처리가 완료됩니다.
유효기간 만료 이전에 갱신 조치를 하는 것이 가장 좋은 방법이라고 할 수 있습니다.

▶ **인증서 재발급**

인증서 유효기간이 경과되기 전에 갱신을 완료하여야 하나, 실수 등으로 유효기간을 넘겼을 때의 처리 방법입니다. 이 외에도 실수 등에 의한 인증서 삭제,
전자서명 비밀번호 분실 등으로 인증서를 분실했거나 인증서가 있더라도 사용을 못 할 경우가 해당합니다. 재발급에 대한 상세 절차는
해당 인증기관 홈페이지를 접속하여 재발급 업무를 진행할 수 있습니다.

* K-apt에서는 한국무역정보통신과 협약이 되어 단지에서는 1년간 무료로 발급이 가능합니다. 인증서 발급 관련 행정업무 편의를 위한 찾아가는 서비스는
단지 불편사항을 줄이고자 하는 제공하는 것임을 알려드립니다. 또한, 동일한 조건을 제시하는 서비스 기관과도 업무 협의를 맺도록 하겠습니다.

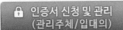 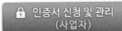

[공동인증서 안내 ①]

아래 그림과 같이 신청 절차에 따라 순서대로 처리하면 공동인증서를 발급받을 수 있다. 관리사무소처럼 관리 주체가 가입할 때는 비용이 없다.

◎ 인증서 신청절차

1단계	2단계	3단계	4단계	5단계
신청정보입력	요금결제	신청서 준비	구비서류 및 신청서 제출	인증서 발급 (다운로드)

상품 종류	요금(VAT별도)	용 도	신 청
전자거래범용(사업자용) 신규/경신 (유효기간 1년)	~~100,000원~~ 60,000원 (DC 40%)	공동인증서가 필요한 모든 전자거래업무에 이용 (전자입찰, 전자계약, 전자구매, 전자세금계산서 등)	신청하기
K아파트 특수목적용 신규/경신 (유효기간 1년)	무료(대납)	아파트 관리사무소 및 발주자 K아파트(공동주택관리정보시스템)에만 사용가능 ※ 위탁관리단지는 [주택관리업자]의 공동인증서 등록하여 전자입찰 합니다. K-아파트 공지사항을 꼭 확인 후 신청해 주세요 (공지사항 보기)	신청하기

※ 찾아가는서비스(선택)를 이용하시면 추가요금이 부과될 수 있사오니 요금 내역을 확인하시기 바랍니다.

◎ 신청서 제출 안내

찾아가는서비스 이용 | 등록기관 방문 제출

찾아가는서비스란 고객님의 주소지를 우체국 집배원이 방문하여 신청서류를 접수하고 발급안내를 드리는 서비스로서 신청일(요금결제일)로부터 4~5일 이내에 발급이 가능합니다.

⤓ 법인사업자 서류   ⤓ 개인사업자 서류

※ 비영리기관 및 공공기관의 인감증명서 사용은 등록대행기관에 문의요망

◎ 등록대행기관 (신청서 제출 및 문의)

서울시 성동구 아차산로17길 49, 1709~10호(생각공장 데시앙플렉스)
☎ 1688-2370
Fax. 02-6910-0360

◎ 인증서 발급 및 관리

신규발급 ›   재발급 ›   갱신발급 ›   인증서관리(PC) ›   인증서관리(스마트폰, 테블릿) ›

[공동인증서 안내 ②]

아래 그림은 전자입찰 통계를 보여주고 있는데, 위탁 관리, 공사, 용역, 물품, 기타 등 유형별로 공고 건수와 낙찰 건수, 공고 대비 낙찰률(%) 등을 보여주고 있다.

전자입찰통계

▣ K-apt분류별 입찰 통계
* 본 통계는 2021년10월말 백업데이터에서 추출하였습니다. (기간:2020.11 ~ 2021.10)

유형	계약대상물	공고건수(건)	낙찰건수(건)	공고대비낙찰률(%)	유형별 구성비 (낙찰기준)
공동주택위탁관리	공동주택위탁관리	74	27	36.49%	0.15%
	공동주택위탁관리	2	0	0.00%	0.00%
공사	공동주택위탁관리	8	1	12.50%	0.01%
	하자보수	596	275	46.14%	1.53%
	장기수선	9,632	4,855	50.40%	27.07%
	일반보수	7,512	3,533	47.03%	19.70%
용역	경비	837	338	40.38%	1.88%
	청소	1,000	422	42.20%	2.35%
	승강기유지	1,216	475	39.06%	2.65%
	지능형홈네트워크	64	4	6.25%	0.02%
	전기안전관리	268	130	48.51%	0.72%
	정화조청소, 관리	108	46	42.59%	0.26%
	저수조 청소	772	506	65.54%	2.82%
	건축물 안전진단	547	375	68.56%	2.09%
	기타 용역	5,050	2,643	52.34%	14.74%
	소독	2,026	1,222	60.32%	6.81%
	주민운동시설의 위탁	9	7	77.78%	0.04%
	회계감사	654	524	80.12%	2.92%
물품	구입	346	147	42.49%	0.82%
	매각	986	587	59.53%	3.27%
기타	잡수입	2,665	1,420	53.28%	7.92%
	보험계약	1,294	399	30.83%	2.22%
총합계		35,666	17,936	50.29%	100.00%

[전자입찰 통계]

아래 그림은 현재 시점의 전자입찰 공고를 보여주고 있는데 원하는 조건에 따라 검색해 볼 수 있는 기능을 담고 있다.

[입찰 공고 목록]

입찰 공고할 때 중요한 내용으로 입찰 공고 날짜 산정 방법을 설명하고 있으니, 반드시 숙지한 후 공고하여야 하겠다.

제목	[중요]입찰공고 날짜 산정 방법		
작성자	관리자	등록일	2020-07-17
내용	안녕하십니까? 한국감정원 K-apt관리단입니다. 입찰공고 시기와 관련하여 안내드립니다. 입찰공고는 입찰서 제출 마감일의 전일부터 기산하여 10일 전에 하여야 합니다. ■ 예시 ○ 현장설명회 없는 공고 - 2020. 8. 1.(토) 입찰공고 게시 → 2020. 8. 12.(수) 18:00부터 입찰서 제출 마감 가능 ○ 현장설명회 필수 공고 - 현장설명일시 : 2020. 8. 7.(금)을 포함한 이후부터 선택 가능 - 입찰서 제출 마감 : 2020. 8. 7.(금) 현장설명 → 2020. 8. 13.(목) 18:00부터 입찰서 제출 마감 가능 2020. 8. 1.(토)부터 게시되는 신규 입찰공고는 위의 방법으로 입찰서 제출 마감일 및 현장설명일시를 선택하셔야 하니 관리주체 및 입주자대표회의 등은 해당 내용을 확인하시어 입찰 업무에 혼선을 겪지 않으시기 바랍니다. [근거조항] 국토교통부고시 제2018-614호(2018.10.31.) 「주택관리업자 및 사업자 선정지침」제15조 및 제23조 제15조(입찰공고 시기) ① 입찰공고는 입찰서 제출 마감일의 전일부터 기산하여 10일 전에 하여야 한다. 다만, 입주자대표회의에서 긴급한 입찰로 의결한 경우나 재공고 입찰의 경우에는 입찰서 제출 마감일의 전일부터 기산하여 5일 전에 공고할 수 있다(현장설명회가 없는 경우에 한한다). ② 현장설명회는 입찰서 제출 마감일의 전일부터 기산하여 5일 전에 개최할 수 있으며, 현장설명회를 개최하는 경우에는 현장설명회 전일부터 기산하여 5일 전에 입찰공고를 하여야 한다. K-apt관리단은 건전한 공동주택관리문화 정착에 기여하고자 노력하고 있습니다. 관심과 성원에 깊은 감사드립니다. 한국감정원 K-apt관리단 드림
첨부파일	

[K-apt 입찰 공고 날짜 산정 방법]

그중에서 원하는 공고의 세부 사항을 볼 수 있으며, 첨부된 파일도 내려받을 수 있다.

입찰공고

HOME ❯ 입찰정보 ❯ 입찰공고

주택관리업자	단지명	관리사무소 주소	전화번호	팩스번호	동수	세대수
					5	275

입찰번호	20211116133159077		
입찰방법	전자입찰	입찰서 제출 마감일	2021-11-29 18:00:00
입찰제목	자전거거치대 개보수공사	긴급입찰여부	긴급 ○ 일반 ◉
입찰종류	제한경쟁	낙찰방법	최저 낙찰
입찰분류	사업자 - 공사 - 일반보수	신용평가등급확인서 제출여부	미제출
현장설명	현장설명회있음(필수 ◉ 임의 ○) 없음 ○ + 현장설명이 있을 시, 불참업체는 낙찰 선정에 불이익을 받으실 수 있습니다.	관리(공사용역) 실적증명서 제출여부	제출
현장설명일시	2021-11-23 13:00:00	현장설명장소	관리사무실
입찰구비서류	있음 ◉ 없음 ○ 첨부파일 참조 + 입찰구비서류 부적정 업체는 낙찰 선정에 불이익을 받으실 수 있습니다.		
서류제출마감일	2021-11-29 18:00:00	입찰보증금	입찰가격의[5]% 이상 제출
지급조건			
	첨부파일 참조		

[입찰 공고 예시]

제7장

입찰 공고 후 결과를 반드시 공고하도록 하고 있는데, 그와 관련된 내용이다. 나와 상관있는 공고라면 당연히 결과가 어떻게 되었는지 궁금할 것이기 때문이다. 여기서도 원하는 조건에 따라 검색할 수 있어 특정 공고를 쉽게 찾을 수 있다.

[입찰 결과 공지]

다음은 수의계약에 따른 공지이다. 위 입찰 공지와 유사하다.

[수의계약 공지]

300세대 이상 공동주택이나, 300세대 미만 공동주택으로 입주자 등이 1/10 이상이 연서하여 요구 및 입주자대표회의에서 의결하여 요구하였을 때 외부 회계감사 결과를 공개하도록 하고 있는데, 아래 그림은 그 현황을 시도별로 보여주고 있다.

외부회계감사결과 공개 현황

| 통계 | 시도별 현황 | 단지별 현황 |

➡ 회계연도 [2020 ▾]   검색하기

※ 본 통계는 외부회계감사 결과등록년도(2020년)를 기준으로 작성하였으며, 시도별 입력현황 및 단지별 현황은 회계연도 기준으로 작성하여 차이가 발생할 수 있음을 참고하시기 바랍니다.

○ '20회계연도 외부회계감사 결과 공개 의무 단지수   2021년 11월 16일 등록 기준

구분	계	서울	부산	대구	인천	광주	대전	울산	세종	경기	강원	충북	충남	전북	전남	경북	경남	제주
외부회계감사 의무 단지수*	11,105	1,379	719	653	637	486	320	269	121	3,143	364	401	499	460	348	518	743	45

① 300세대 이상 공동주택, ② 300세대 미만 공동주택으로 입주자 등이 1/10이상이 연서하여 요구 및 입주자대표회의에서 의결하여 요구한 경우(「공동주택관리법」제26조제1항,제2항)

○ '20회계연도 외부회계감사 공개현황

구분	회계감사 의무 단지			감사생략 단지(B) (업주자등 3분의2이상 동의)	감사 결과 공개 대상단지 (C=A-B)	감사결과 공개 단지			감사결과 미공개 단지 (E=C-D)	공개율 (D/C)*100
	계(A)	300세대 이상	300세대 미만			계(D)	300세대 이상	300세대 미만		
전국	11,105단지 (100.0%)	10,917단지 (98.31)%	188단지 (1.69)%	46단지 (0.41)%	11,059단지 (99.59)%	10,971단지 (98.79)%	10,785단지 (97.12)%	186단지 (1.67)%	88단지 (0.79)%	99.20%
서울	1,379단지 (100.0%)	1,324단지 (96.01)%	55단지 (3.99)%	4단지 (0.29)%	1,375단지 (99.71)%	1,367단지 (99.13)%	1,312단지 (95.14)%	55단지 (3.99)%	8단지 (0.58)%	99.42%
부산	719단지 (100.0%)	705단지 (98.05)%	14단지 (1.95)%	5단지 (0.70)%	714단지 (99.30)%	706단지 (98.19)%	692단지 (96.24)%	14단지 (1.95)%	8단지 (1.11)%	98.88%
대구	653단지 (100.0%)	644단지 (98.62)%	9단지 (1.38)%	3단지 (0.46)%	650단지 (99.54)%	644단지 (98.62)%	635단지 (97.24)%	9단지 (1.38)%	6단지 (0.92)%	99.08%
인천	637단지 (100.0%)	633단지 (99.37)%	4단지 (0.63)%	0단지 (0.00)%	637단지 (100.00)%	630단지 (98.90)%	626단지 (98.27)%	4단지 (0.63)%	7단지 (1.10)%	98.90%
광주	486단지 (100.0%)	481단지 (98.97)%	5단지 (1.03)%	8단지 (1.65)%	478단지 (98.35)%	472단지 (97.12)%	468단지 (96.30)%	4단지 (0.82)%	6단지 (1.23)%	98.74%
대전	320단지 (100.0%)	316단지 (98.75)%	4단지 (1.25)%	2단지 (0.62)%	318단지 (99.38)%	316단지 (98.75)%	312단지 (97.50)%	4단지 (1.25)%	2단지 (0.62)%	99.37%
울산	269단지 (100.0%)	267단지 (99.26)%	2단지 (0.74)%	1단지 (0.37)%	268단지 (99.63)%	266단지 (98.88)%	264단지 (98.14)%	2단지 (0.74)%	2단지 (0.74)%	99.25%
세종	121단지 (100.0%)	116단지 (95.87)%	5단지 (4.13)%	0단지 (0.00)%	121단지 (100.00)%	119단지 (98.35)%	114단지 (94.21)%	5단지 (4.13)%	2단지 (1.65)%	98.35%
경기	3,143단지 (100.0%)	3,100단지 (98.63)%	43단지 (1.37)%	8단지 (0.25)%	3,135단지 (99.75)%	3,112단지 (99.01)%	3,070단지 (97.68)%	42단지 (1.34)%	23단지 (0.73)%	99.27%

[외부 회계감사 결과 현황]

아래 그림은 단지의 에너지 사용 통계를 보여주고 있다. 난방과 급탕은 개별난방 단지라 '0'으로 표기되어 있고, 가스도 사용량도 있지만 평균 사용 금액은 '0'으로 개별 부과 단지임을 알 수 있다.

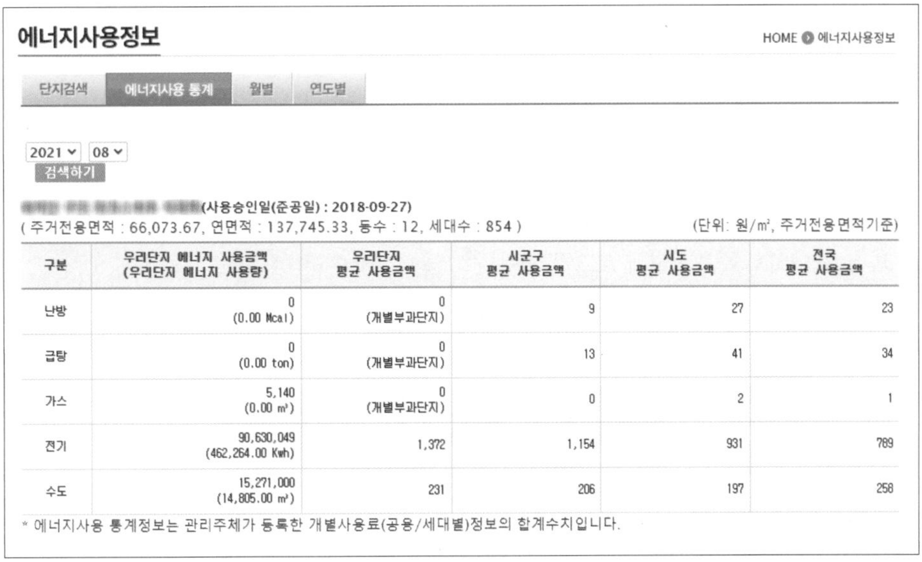

에너지사용정보

| 단지검색 | **에너지사용 통계** | 월별 | 연도별 |

2021 ∨   08 ∨
검색하기

████ ███ ████ ████(사용승인일(준공일) : 2018-09-27)
(주거전용면적 : 66,073.67, 연면적 : 137,745.33, 동수 : 12, 세대수 : 854)   (단위: 원/m², 주거전용면적기준)

구분	우리단지 에너지 사용금액 (우리단지 에너지 사용량)	우리단지 평균 사용금액	시군구 평균 사용금액	시도 평균 사용금액	전국 평균 사용금액
난방	0 (0.00 Mcal)	0 (개별부과단지)	9	27	23
급탕	0 (0.00 ton)	0 (개별부과단지)	13	41	34
가스	5,140 (0.00 ㎡)	0 (개별부과단지)	0	2	1
전기	90,630,049 (462,264.00 Kwh)	1,372	1,154	931	789
수도	15,271,000 (14,805.00 ㎡)	231	206	197	258

* 에너지사용 통계정보는 관리주체가 등록한 개별사용료(공용/세대별)정보의 합계수치입니다.

[에너지 사용 정보]

지금까지 K-apt에 대해 상세하게 알아보았다. 그림에서는 항목별로 표시된 것을 주로 설명하였는데, 당연히 단지에서는 이곳에 분야별·항목별로 입력해야만 가능한 일이다.

Q1

K-apt 홈페이지에서 로그인은 어디에서 하나요?

▎ K-apt홈페이지 화면 상단에 '로그인' 클릭

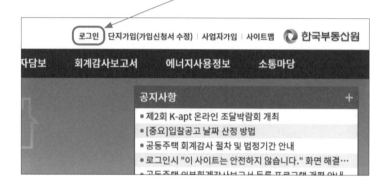

* 로그인 클릭 시 아래와 같이 화면이 생성되며 **'단지관리자'** 및 **'입주자대표회의 회장'**의 경우에는 화면 왼쪽의 '관리주체(관리사무소장 등) 입주자대표회의 회장' 클릭, **'응찰에 참여하려는 사업자'** 등의 경우에는 화면 오른쪽의 '사업자(응찰참여자)' 클릭

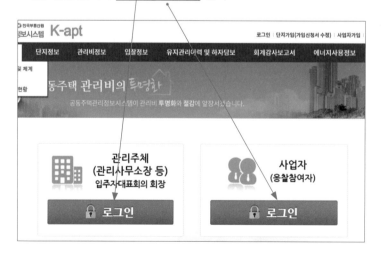

Q2

단지관리자 전용 아이디와 비밀번호를 발급 받는 방법은 어떻게 되는지?

▍신규 단지의 경우 공동주택의 사용검사일(사용승인일)로부터 60일 이내 K-apt에 가입 신청을 하셔야 합니다. **고유번호증(사업자등록증) 사본 1부, 주택관리사(보)자격증 사본 1부, 배치신고 증명서 사본 1부, 사용검사 확인증(임시사용승인서 또는 건축물대장) 1부**가 가입에 필요한 필수 서류이니 가입 전 미리 구비하시기 바랍니다.

- 신규 가입 절차는 홈페이지 우측 상단 단지 가입(가입신청서 수정) 코너에서 '홈페이지 가입 약관' 및 '개인정보 수집·이용에 관한 동의'에서 동의 하신 뒤 **'공동주택관리정보시스템 이용 신청서'**를 작성하시면 됩니다.

Q3

입주자대표회의 회장 가입 절차가 어떻게 되는지?

▍입주자대표회의 회장 아이디 가입을 하기 위해서는 우선 해당 단지 가입이 선행되어야 합니다. **고유번호증(사업자등록증) 사본 1부, 지방자치단체의 입주자대표회의 구성(변경) 신고 수리 통지서 사본 1부**가 가입에 필요한 필수 서류이니 가입 전 미리 구비하시기 바랍니다.

- 신규 가입 절차는 홈페이지 우측 상단 단지 가입(가입신청서 수정) 코너에서 '홈페이지 가입 약관' 및 '개인정보 수집·이용에 관한 동의'에서 동의 하신 뒤 **공동주택관리정보시스템 이용 신청서'**를 작성하시면 됩니다.

Q4

단지기본정보 입력 시에 '관리비부과면적'이란 어느 부분이며 확인은 어떻게 하는지?

▍관리비부과면적은 관리규약으로 정하는 것으로, 평소 관리비 고지서에 표시된 '관리비부과면적'을 의미합니다.

Q5

관리비 입력은 어떻게 해야 하며, 회계 전송 관리비 수정은 어떻게 해야 되는지?

▌ 관리비 입력은 단지관리자 화면에서 '관리비 등 정보' → '관리비 등록 및 조회'에서 등록·수정 할 수 있습니다.

▌ 또한 회계 전송 관리비 수정은 K-apt에서는 불가능하며, 회계전산시스템에서 수정·변경 후 K-apt에 재전송하셔야 합니다.

Q6

전월 대비 2배 이상 차이 나는 관리비 항목에 관하여 사유를 입력하여야 하는 이유가 무엇인지?

▌ 전월 대비 2배 이상 차이 나는 관리비 항목에 대한 사유 입력은 정확한 관리비 공개를 위한 오기, 오타 방지를 위한 조치이므로, 사유를 입력하지 않을 경우 관리비 등록이 되지 않습니다.

Q7

유지관리이력을 입력해야 하는 시설물 대상이 무엇인지?,
(또는 실제 공사가 발생한 시설물만 입력 대상에 해당하는지?)

▌ '유지관리대상'이란 「공동주택관리법 시행 규칙」 별표 1 '장기수선 계획 수립 기준' 중 해당 단지 내 소재하는 모든 시설물을 의미합니다. 실제 공사 발생한 시설물은 단지관리자 화면에서 '유지관리 및 하자담보' → '유지관리이력 정보 등록'에 등록하여 주시기 바랍니다.

Q8

공사 금액에 관계없이 모든 공사에 대하여 유지관리이력을 입력해야 하는지?

▌ 유지관리이력은 공용시설물의 체계적인 유지관리를 위한 것으로 의무관리대상 공동주택의 공용부분 시설물의 교체, 유지보수 및 하자보수 등을 한 경우에는 공사 비용에 관계없이 시설별로 이력관리를 하여야 할 것으로 판단됩니다.

Q9

공동인증서가 있음에도 전자입찰이 실행되지 않는데 어떻게 해야 되는지?

▌ 전자입찰 공동인증서는 반드시 '사업자 범용 및 공동주택관리정보시스템(K-apt) 전용 공동인증서'만 사용이 가능합니다.

- 은행 발급 공동인증서 및 개인 공동인증서는 향후 법적 책임 등 문제가 발생될 여지가 있어 사용이 불가하며,

- '메인페이지 → 입찰정보 → 입찰안내 → 인증서 신청 및 관리'에서 K-apt 전용 공동인증서를 발급하시면 됩니다. 발급에 소요되는 기간은 약 3~4일입니다.

Q10

나라장터나 민간업체에 입찰공고를 했는데 별도로 K-apt 시스템에 입찰 등록, 결과 공지를 해야 하는지?

▌ 나라장터, 민간업체에 등록된 '입찰공고 및 결과'는 K-apt 전용 공동인증서' 시스템에 자동으로 연결되므로 별도로 K-apt 시스템에 등록이나 공지를 할 필요가 없습니다.

Q11

전자입찰 진행 시 입찰 관련 서류는 전부 온라인으로 받아야 하는지?

▌ 입찰 관련 서류의 제출 방법은 공고 주체(관리사무소 또는 입주자대표회의)가 정하는 것으로서, 전부 온라인으로 받아야할 필요는 없습니다.

- 다만, 온라인으로 제출받은 서류는 입찰서 개봉 전까지 암호화되어 열람이 금지되므로, 가격 자료(입찰서, 보증금보험, 견적서 등)는 온라인으로 제출 받고 나머지 서류는 오프라인으로 제출받아 서류심사에 활용하는 방법이 있음을 알려드립니다.

Q12

응찰 금액은 언제 확인할 수 있나요?

▌ 전자입찰은 '입찰공고 → 마감공고 → 입찰서 개봉 → 낙찰 및 유찰 결과 공고' 과정으로 이루어집니다.

• 응찰 금액은 '입찰서 개봉' 시 조회가 가능합니다.

Q13

낙찰 공고 후에 업체 포기로 새로운 업체로 해야 하는데 유찰공고로 수정할 수 있는지?

▌ 한번 공고된 결과(낙찰 또는 유찰)는 이해관계인이 존재하므로 수정이 불가능한바, 재공고(유찰시) 또는 신규공고(낙찰시)를 하여야 합니다.

• 이는 나라장터나 민간업체에서 전자 입찰한 경우에도 동일합니다.

Q14

입찰공고 상태를 재공고로 하려면 어떻게 해야 하나요?

▌ 입찰공고 상태가 '유찰'인 경우에 한하여 '재공고'가 가능합니다.

Q15

업체 가입 시 신용평가 등급확인서를 필수적으로 제출하여야 하는지?

▌ 업체 가입 시 제출하여야 할 서류 중 '사업자등록증'을 제외한 나머지 서류는 필수 제출서류가 아닙니다.

Q16

우리 아파트가 K-apt 홈페이지에서 조회가 되지 않아 관리비 확인이 불가능합니다.

▌「공동주택관리법」제2조 제1항 제2호에 따른 의무관리대상 공동주택*의 경우 K-apt에 의무적으로 가입하도록 되어있습니다. 의무관리대상 공동주택에 해당하지 않는 공동주택의 경우 가입이 의무사항이 아니기 때문에 조회가 되지 않을 수 있습니다.

*의무관리대상 공동주택: 300세대 이상 공동주택, 150세대 이상으로서 승강기 또는 중앙(지역)난방방식 공동주택, 주택이 150세대 이상인 주상복합아파트, 그 외 입주자등의 3분의 2 이상이 서면동의하여 정하는 공동주택

2 장기수선 계획

1. 장기수선 계획 개요

'장기수선 계획'이란 공동주택을 장기간 안전하고 효율적으로 사용하기 위하여 「공동주택관리법」 제29조 제1항에 따라 공용 부분 주요 시설물의 교체 및 보수 등에 대하여 수립하는 계획을 말한다.

장기수선 계획은 공동주택 준공 후 주요 시설의 교체 및 보수 사유가 발생할 때를 대비하여 장기적으로 연도별 수선 계획을 수립하여 주요 시설물의 교체 및 보수를 적기에 시행하는 것을 말한다. 공동주택 장수명화(長壽命化) 및 입주자의 쾌적한 주거 환경 유지를 위해 필요한 수선 계획이다.

전용 부분은 장기수선 계획에서 제외하고, 관리 규약에서 정하고 있는 공용 부분 주요 시설물에 대해서만 장기수선 계획에 포함하여 수립해야 한다.

2. 장기 수선의 필요성

가. 장기수선 계획은 시설물의 수선 주기와 방법 및 수선 비율을 확정하고 시설물의 특성을 참작하여 유효한 관리 방법을 적용함으로써, 시설물이 최적의 상태로 유지되어 이용자가 안전하고 편리하게 활용할 수 있도록 하려는 것이다.

나. 또, 시설물을 적절한 시기에 유지·보수하여, 시설물의 수명을 연장하고 과다한 수선 비용의 발생을 억제하고자 하는 데에 있다.

다. 계획 수선이 필요한 이유는 수선·교체의 필요가 발생하는 것에 대응하여 개별 소유자들로부터 동의를 얻어 수선 비용을 마련하여 공사를 시행하기가 어렵고, 적기에 시설의 교체 및 수선을 시행하지 못하면 추후 더 큰 비용이 투입되어야 하는 상황이 발생할 수 있기 때문이다.

【용어 정의】

① 장기수선 계획: 공동주택의 공용 부분에 대하여 수선·교체 공사를 통한 건물의 장수명화를 위하여 40년 정도의 기간을 기준으로 수선 항목과 수선 주기를 예

상하여 수선 일정을 미리 계획하는 것

② 장기수선충당금: 장기수선 계획에 따라 공동주택 주요 시설의 교체 및 보수에 필요한 비용을 소유자로부터 징수하여 적립하는 금액

③ 장기수선충당금 적립 금액: 장기수선 계획에 의한 수선 공사를 적정하게 집행하기 위해 관리 규약으로 정한 적립 요율에 따라 산정하여 매월 적립하는 금액

④ 장기수선충당금 적립 요율: 장기수선충당금 산정 방법에 따라 산출된 금액을 관리 규약에 연차별로 정한 적립 비율

⑤ 수선율: 전체 수선 금액에 대한 부분 수선의 비율. 100%는 전체 수선을 의미하며 20%인 경우 전체에 대한 부분 수선의 비율임.

⑥ 수선공사: 공동주택 공용 부분의 대수롭지 않은 하자나 설비 고장 등을 보수하는 일상적인 공사

⑦ 수선유지비: 장기수선 계획에서 제외된 공동 주택 공용 부분의 수선·보수에 사용되는 비용

3. 장기수선 계획 수립

입주자대표회의와 관리주체는 장기수선 계획을 3년마다 검토하고 필요한 경우 조정하여야 하며, 수립 또는 조정된 장기수선 계획에 따라 주요 시설을 교체하거나 보수하여야 한다. 이 경우 입주자대표회의와 관리주체는 장기수선 계획에 대한 검토 사항을 기록하고 보관하여야 한다.

'관리주체'란
① 「공동주택관리법」 제6조 제1항에 따른 자치 관리 기구의 대표자인 공동주택의 관리사무소장,
② 「공동주택관리법」 제13조 제1항에 따라 관리 업무를 인계하기 전의 사업 주체,
③ 주택관리업자,
④ 임대사업자,
⑤ 「민간임대주택에 관한 특별법」 제2조 제11호에 따른 주택임대 관리업자를 의미한다.

'입주자대표회의'란 공동주택의 입주자 등을 대표하여 관리에 관한 주요 사항을 결정하기 위하여 「공동주택관리법」 제14조에 따라 구성하는 자치 의결 기구를 말한다.

제7장

수행주체	단계별	검토사항	관련근거
사업주체	장기수선 계획 수립	사업주체가 작성한 장기수선 계획서가 없거나, 부실한 경우 관리주체가 작성	공동주택관리법 제29조제①항
입주자대표회의 관리주체 (관리사무소장)	장기수선 계획 검토	3년마다 검토하고, 필요할 경우 조정	공동주택관리법 제29조제②항
입주자대표회의 관리주체 (관리사무소장)	장기수선 계획 조정	관리여건상 필요하여 전체 입주자 과반수의 서면동의를 받은 경우에는 3년이 경과하기 전에 조정	공동주택관리법 제29조제③항
관리주체 (관리사무소장)	장기수선충당금 징수 및 예치	소유자로부터 징수하여 별도의 계좌로 예치·관리	공동주택관리법 시행령 제23조제⑦항
관리주체 (관리사무소장)	장기수선충당금 적립	사용검사를 받은날부터 1년이 경과한 날이 속하는 월부터 매달 적립	공동주택관리법 시행령 제31조제⑤항
입주자대표회의 관리주체 (관리사무소장)	장기수선충당금 사용	관리주체가 장기수선충당금사용 계획서를 장기수선계획에 따라 작성하고 입주자대표회의 의결을 거쳐 사용	공동주택관리법 제30조제④항

[장기수선 계획 절차 개념도]

4. 장기수선 계획 검토

가. 장기수선 항목의 추가 및 삭제 검토

① 기존 장기수선 계획에서 「공동주택관리법 시행규칙」 별표 1의 장기수선 항목
이 빠진 것은 없는지 검토한다.

② 단지 내 시설물 중에서 「공동주택관리법 시행규칙」 별표 1의 장기수선 항목
에는 포함되어 있지 않으나 기존 장기수선 계획에 추가 항목으로 포함하여
작성할 것인지에 대해 검토한다.

③ 단지 여건상 신규로 추가될 시설물이나, 기존 시설물 철거 여부를 검토한다.

나. 시설물의 수선 주기 및 수선율 적정성 검토

    ① 수선 또는 교체 주기가 도래한 건축물 또는 시설물에 대한 공사 여부를 판단한다.

    ② 수선 또는 교체 공사가 필요한 공종(工種)에 대하여 장기수선 계획 조정 범위를 확정한다.

    ③ 시설물 상태와 계획을 비교하여 공사 시기를 앞당기거나 예정 연도에 공사를 시행할 필요가 없다고 판단되면 수선 주기를 조정하여 수선 예정 연도를 연기한다.

    ④ 장기수선 계획 검토 시 수선 예정 연도가 지난 경우에도 상기 방법에 따라 조속히 공사를 조정 후 공사를 시행한다.

    ⑤ 수선 예정 연도가 지났으면 과태료 처분 대상이므로 계획 조정 시 향후 3년 이내에 우선 시행해야 할 공사인지 검토 후 장기수선충당금 적립액을 확인한다.

    ⑥ 장기수선충당금이 부족할 경우 공사 시행 전에 공사비가 마련될 수 있도록 장기수선충당금 적립률(액) 인상 등을 검토한다.

5. 장기수선 계획 검토 승인

가. 입주자대표회의 의결

입주자대표회의와 관리주체는 장기수선 계획에 대하여 검토 후 검토 결과를 기록하고 필요한 경우 조정할 수 있다. 장기수선 계획 조정은 관리주체가 조정안을 작성하고, 입주자대표회의가 의결하는 방법으로 한다.

나. 3년마다 검토, 기록 및 보관

장기수선 계획은 3년마다 검토하고 검토 내용을 기록하고 보관하여야 한다.

6. 장기수선 계획 조정 주체

    ① 장기수선 계획 수립 의무 대상인 공동주택의 관리주체가 사용검사권자로부터 인계받은 장기수선 계획을 시간이 지남에 따라 건물의 상태에 적합한 계획으로 조정할 필요가 있다.

    ② 관련 법에 따르면 입주자대표회의와 관리주체가 장기수선 계획을 검토하여 필요한 경우 조정하도록 정하고 있다.

7. 장기수선 계획의 예

○ 유지관리 분야 : 건축, 기계설비, 전기통신설비, 부대시설의 노후화에 대비한 장기수선계획 수립

○ 주요업무 : 관리주체의 자체점검 및 관련 법령에서 정한 법정검사를 실시하고 결과를 반영하여 수선 방법과 범위 및 시기를 결정하여 수선 후 수선결과를 생애이력체계에 등록

○ 중점관리사항 : 사용자와 시설물의 안전, 화재 예방 및 건축물의 기능 유지에 필요한 필수항목 등

구분	항목		주요 사항	수선 계획(주기)	비고
건축	지붕		보호콘크리트	30년	
	외부		석재 및 도장	30년	
	외부창호		이중창	25년	
	내부창호		방화문	15년	
	공용부분	복도	합성수지 도료	5년	
전기 통신 설비	수변전설비		변압기	25년	
	예비전원설비		발전기	10년	
	자동제어설비		해당없음	–	
	정보통신설비		방송 수신설비	15년	
기계 소방 설비	소방 설비		소화설비	20년	
			자동화재 탐지설비	20년	
	승강기 및 인양기		승강기	15년	
	난방, 급탕설비		보일러	15년	
	급수설비		급수펌프	10년	
	배수설비		배수펌프, 센서	10년	
	환기설비		환기팬	10년	
	가스설비		도시가스	20년	
부대 시설	축대, 담장		해당없음	–	
	굴뚝, 첨탑		해당없음	–	
그 밖의 시설					

[장기수선 계획(예시)]

3 장기수선충당금

1. 장기수선충당금 개요

가. 장기수선충당금은 공동주택의 장수명화를 위하여 수립된 장기수선 계획에 따라 주요 시설물을 수리·교체하는 데 필요한 금액을 말하며 관리주체가 해당 주택의 소유자로부터 징수하여 적립하는 법적 충당금이다. 사용검사 후 1년이 지난 날이 속하는 달부터 징수 및 적립한다.

나. 관리주체는 장기수선충당금의 월 부과 금액(단가/㎡)을 공동주택관리정보시스템(http://www.k-apt.go.kr)에 공개하여야 한다.

다. 장기수선충당금 부담 주체
　① 공동주택 소유자
　② 분양되지 않은 세대의 경우 사업 주체

라. 장기수선충당금 반환
　① 공동주택의 소유자는 장기수선충당금을 사용자가 대신하여 냈으면 그 금액을 반환하여야 한다(「공동주택관리법 시행령」 제31조 제7항)
　② 관리주체는 공동주택의 사용자가 장기수선충당금의 납부 확인을 요구할 때는 바로 확인서를 발급해 주어야 한다(「공동주택관리법 시행령」 제31조 제8항)
　③ 공동주택의 소유권을 상실한 소유자가 장기수선충당금을 미납한 때에는 관리비 예치금에서 정산한 후 그 잔액을 반환하여야 한다(「공동주택관리법」 제24조 제2항)

2. 장기수선충당금 산정 및 적립

가. 목적

공동주택의 장기수선충당금 부과와 관련하여 올바른 산정 방법을 제시하고, 장기수선충당금이 적정하게 적립되어 주요 공용 부위에 대한 교체 및 보수가 적기에 이루어질 수 있도록 하기 위함.

나. 장기수선충당금 산정 방법

장기수선충당금은 관리규약에 적립 요율을 규정하지 않고 적립하는 경우와 관리규약상의 적립 요율을 적용하여 적립하는 경우로 나뉘는데, 산정 방법은 아래와 같다.

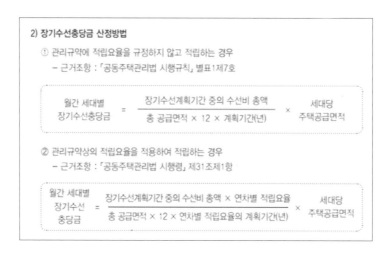

[장기수선충당금 산정 방법]

3. 장기수선충당금 예치 및 관리

가. 관리주체는 장기수선충당금을 관리비와 구분하여 징수하여야 하며 금융기관 중 입주자대표회의가 지정하는 금융기관에 예치하여 관리하되, 장기수선충당금은 별도의 계좌로 예치·관리하여야 한다.

나. 이 경우 계좌는 관리사무소장의 직인 외에 입주자대표회의의 회장 인감을 복수로 등록할 수 있다.

■예시

● (장기수선계획 기본사항)

사용검사일	계획기간 수선비 총액(원)	총 계획기간
2000. 01. 01	5,000,000,000	2001. 01 ~ 2040. 12(40년)
공급면적(㎡)	형별(㎡)	세대 수
50,000	50 / 100	600세대(200 / 400)

※ 관리규약 ○○조 【장기수선충당금의 세대별 부담액 산정방법】 영 제31조제1항에 따른 '장기수선충당금의 요율'은 연차별에 따른 다음 각 호의 적립요율을 말한다.

    1. 2001년 1월부터 ~ 2010년 12월까지 : 20%(20%)

    2. 2011년 1월부터 ~ 2020년 12월까지 : 30%(50%)

    3. 2021년 1월부터 ~ 2030년 12월까지 : 30%(80%)

    4. 2031년 1월부터 ~ 2040년 12월까지 : 20%(100%)   ※ 괄호안은 누계임

● (월간 적립단가) 상기 기본사항을 기초로 공동주택관리법령상의 장충금 산정방법에 따라 월간 적립단가(㎡) 를 산출해 보면.

    − 1단계(2001년 1월부터 ~ 2010년 12까지)의 월간 적립단가

$$\text{월간 적립 단가(㎡)} \Rightarrow \frac{5,000,000,000 \times 20\%(\text{해당 적립요율})}{50,000㎡ \times 12개월 \times 10년(\text{해당 적립요율의 계획기간})} = 166.67원$$

    − 2단계(2011년 1월부터 ~ 2020년 12월까지)의 월간 적립단가

$$\text{월간 적립 단가(㎡)} \Rightarrow \frac{5,000,000,000 \times 30\%(\text{해당 적립요율})}{50,000㎡ \times 12개월 \times 10년(\text{해당 적립요율의 계획기간})} = 250원$$

    − 3단계(2021년 1월부터 ~ 2030년 12월까지)의 월간 적립단가

$$\text{월간 적립 단가(㎡)} \Rightarrow \frac{5,000,000,000 \times 30\%(\text{해당 적립요율})}{50,000㎡ \times 12개월 \times 10년(\text{해당 적립요율의 계획기간})} = 250원$$

    − 4단계(2031년 1월부터 ~ 2040년 12까지)의 월간 적립단가

$$\text{월간 적립 단가(㎡)} \Rightarrow \frac{5,000,000,000 \times 20\%(\text{해당 적립요율})}{50,000㎡ \times 12개월 \times 10년(\text{해당 적립요율의 계획기간})} = 166.67원$$

● (월간 세대당 적립금액) 2단계(2011년 1월부터 ~ 2020년 12월까지) 계획기간 중의 월간 세대당 적립금액

계획기간 (적립기간)	적립 요율	형별ⓐ	월간 적립단가ⓑ	월간 세대당 적립금액ⓐ×ⓑ	세대수	월간 적립금액
2011년 ~ 2020년	30%	50㎡	250원	12,500원	200	2,500,000원
		100㎡	250원	25,000원	400	10,000,000원
		계			600	12,500,000원

[장기수선충당금 예치 및 관리]

4. 장기수선충당금 사용

장기수선충당금은 장기수선공사를 시행하는 이전 연도에 건물 및 시설물에 대한 점검을 시행하고 연차별 수선계획서를 작성하여 공사 착수 수개월 전에 장기수선충당금 사용계획서를 의결할 필요가 있다.

가. 개요

① 입주자대표회의와 관리주체는 장기수선 계획에 따라 장기수선충당금을 사용하여야 하고 장기수선 계획에 없는 공사를 시행하고자 할 때 장기수선 계획을 검토·조정 후 장기수선충당금을 사용한다.

② 장기수선 계획에 반영되지 않은 사항 중 「공동주택관리법」 제30조 제2항에 따른 하자 심사·분쟁조정위원회에 하자 조정 신청 시 필요한 비용과 이에 따른 하자 진단 및 감정 비용 등은 입주자 과반수의 서면 동의가 있을 때에만 사용할 수 있다.

나. 사용 방법

【입주자대표회의가 사업자를 선정】

① 사업자 선정에 대한 업무 범위는 입찰 공고, 현장 설명, 낙찰자 선정, 계약을 의미한다.

② 입주자대표회의는 사업자 선정 후 즉시 관리주체에 인계하여 「공동주택관리법」 제27조 제1항의 규정에 따라 관리 주체가 그 증빙서류와 함께 해당 회계연도 종료일로부터 5년간 보관하도록 해야 한다.

③ 의무 관리 대상 공동주택의 관리주체 또는 입주자대표회의는 주택관리업자 또는 공사, 용역 등을 수행하는 사업자와 계약을 체결하는 경우 계약 체결일부터 1개월 이내에 그 계약서를 해당 공동주택단지의 인터넷 홈페이지에 공개하여야 한다.

*입찰 방법, 입찰 공고 내용, 참가 자격 제한, 낙찰자 결정 방법 등은 주택관리업자 및 사업자 선정 지침(국토교통부 고시)을 준수해야 함.

【관리주체가 교체·보수 및 장기수선충당금 집행】

① 계약 후 공사 과정에 대한 관리 감독, 대금 지급 등은 관리주체 집행 업무에 포함할 수 있다.

② 관리주체는 입찰 공고 전 장기수선충당금 사용계획서를 장기수선 계획에 따라

작성하고 입주자대표회의의 의결, 공사 시행 및 완료 후 대가를 지급한다.

다. 사용계획서 작성

장기수선충당금은 관리주체가 장기수선충당금 사용계획서를 장기수선 계획에 따라 작성하고 입주자대표회의의 의결을 거쳐 사용한다.(「공동주택관리법 시행령」 제31조 제4항)

5. 장기수선충당금 사용 현황 공개

가. 공개 방법

관리주체는 장기수선충당금과 그 적립 금액의 내용을 해당 공동주택단지의 인터넷 홈페이지와 국토교통부장관이 구축·운영하는 공동주택관리정보시스템에 공개하여야 한다.

인터넷 홈페이지가 없는 경우 인터넷 포털에서 제공하는 유사한 기능의 웹사이트(관리주체가 운영·통제할 때 한정), 해당 공동주택단지의 관리사무소나 게시판 등에 공개하여야 한다.(「공동주택관리법」 제23조 제4항)

나. 공개 시기

장기수선충당금을 입주자 등에게 부과한 관리주체는 그 명세(장기수선충당금의 적립 요율 및 사용한 금액 포함)를 다음 달 말일까지 해당 공동주택단지의 인터넷 홈페이지와 공동주택관리정보시스템에 공개하여야 한다.(「공동주택관리법 시행령」 제23조 제8항)

4 장기수선 계획 핸들링

여기서는 오픈매뉴얼 주식회사의 시스템을 활용하여 장기수선 계획을 직접 만들어 보도록 하자.

오픈매뉴얼㈜(https://aptmanual.com)에 접속하여 홈페이지를 보자.

왼쪽 주메뉴에서 [장기수선 계획]을 선택하면 부메뉴들이 펼쳐지는데, 각각의 부메뉴들을 하나씩 선택해서 핸들링해보자.

[오픈매뉴얼㈜ 홈페이지]

[계획·조정 기간 설정]에서는 계획을 세우거나 이미 세워진 계획을 조정할 수 있게 되어 있다.

[계획 · 조정 기간 설정]

계획된 내용을 선택하게 되면 알림창이 뜨는데 여기에서는 설정된 내용을 확인할 수 있으며, 조정도 가능하다.

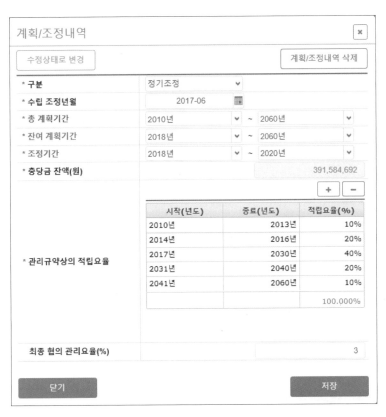

[계획 · 조정 기간 설정 알림창 ①]

[계획 · 조정 기간 설정 알림창 ②]

[적립·사용 현황]에서는 충당금 잔액을 확인할 수 있다.

적립-사용 현황			안심병실	안내방송	☰

조정년월 : 2020-06 [작성중 ▼]

적립액 합계	사용액 합계	잔액
386,250,066	0	386,250,066

10개 ▼　※총계획기간: 2011 ~ 2060(50년간)　※잔여계획기간: 2021 ~ 2060(40년간)

일자	내용	적립금액	사용금액
2019-12-31	2019년 충당금 잔액	386,250,066	

1-1 of 1

[적립 · 사용 현황]

[기준 항목 관리]에서는 공종을 대분류/중분류로 분류하여 입력할 수 있으며, 공사 종류도 추가할 수 있도록 하였다.

아래 그림은 건물 외부와 승강기에 관한 내용이다.

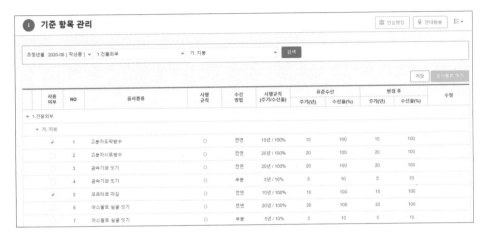

[기준 항목 관리–건물 외부]

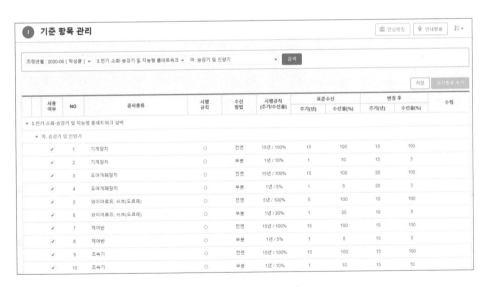

[기준 항목 관리–승강기]

[검토·조정 작성]에서는 실질적인 공종에 대해 세부 사항을 입력하는 단계이다. 각 공종에서 '설정' 버튼을 눌러 단가 정보 등을 확인할 수 있다.

[검토 · 조정 작성–건물 외부]

[추이 분석]에서는 연간 수선 계획, 충당금 적립 요율, 충당금, 연간 적립액, 적립과 계획의 차이 그리고 충당금 잔액을 연도별로 확인할 수 있으며, 막대그래프로도 볼 수 있다.

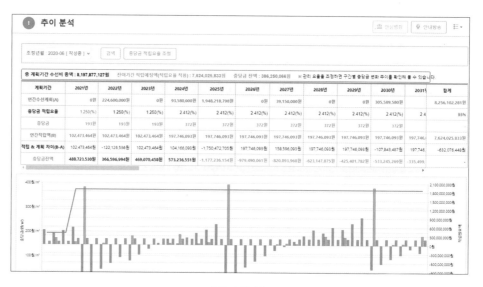

[추이 분석]

[수선 계획·적립 총괄표]에서는 수선 항목별 상세 계획, 총 계획 기간 충당금, 합의 요율 적용 충당금, 관리규약 적립 요율 적용 충당금 등을 확인할 수 있다.

※ 총계획기간: 2011 ~ 2060(50년간) ※ 잔여계획기간: 2021 ~ 2060(40년간) ※ 조정기간: 2021 ~ 2023(3년간)

※ 수선 항목별 상세계획

수선 항목 분류	총 계획기간 수선비 총액	① 잔여 계획기간 수선비 총액	비율(%)	충당금잔액 배분액 (충당금잔액) (원)	잔여 계획기간 적립월요액	월간 산출액 (원/잔여 계획기간 개월수)	항목별 면적 단가 (원/총 관리 면적)
1.건물외부	945,942,870	44,568,915	11.5389		901,373,999	1,877,862	42.3942
2.건물내부	1,311,333,075	1,311,333,120	15.9960	61,784,591	1,249,548,529	2,603,226	58.7699
3.전기·소화·승강기 및 지능형 홈네트워크 설비	4,184,040,517	4,297,265,400	51.0381	197,134,685	4,060,130,715	8,450,606	190.9597
4.급수·가스·배수 및 환기설비	675,429,955	675,430,000	8.2391	31,823,466	643,606,534	1,340,847	30.2707
5.난방 및 급탕설비	1,378,080	1,378,110	0.0168	64,929	1,313,181	2,736	0.0618
6.옥외 부대시설 및 옥외 부리시설	1,079,752,630	1,064,752,756	13.1711		1,013,879,258	2,112,248	47.6857
계	8,197,877,127	8,256,102,281	100	386,250,065	7,869,852,216	16,395,525	370

※ 총 계획 기간 충당금 [총계획기간: 2011년 ~ 2060년]

면적단가(계획기간) = 총 계획기간 수선비 총액 / (총 공급면적 X 12(개월) X 계획기간 년수) = 8,197,877,127 / (44295.23 X 12 X 50) = 308 원

① 공급면적(m²)	② 세대수	③ 총공급면적(m²)	④ 단가(원)	세대별 부과 총액(원)	⑤ 개별세대 부과금액(원)
160.47	58	9,307.26	308	2,866,636	49,425
161.48	60	9,688.8	308	2,984,150	49,736
193.52	13	2,515.76	308	774,854	59,604
194.73	117	22,783.41	308	7,017,290	59,977
합계: 248	합계: 44,295	평균: 308		합계: 13,642,930	평균: 54,686

※ 합의요율 적용 충당금 [조정기간: 2021년 ~ 2023년, 합의요율: 5%]

면적단가(조정기간) = 총 계획기간 수선비 총액 X 최종 합의 요율(%) / (총 공급면적 X 12(개월) X 조정기간 년수) = 8,197,877,127 X 5% / (44295.23 X 12 X 3) = 257 원

① 공급면적(m²)	② 세대수	③ 총공급면적(m²)	④ 단가(원)	세대별 부과 총액(원)	개별세대 부과금액(원)
160.47	58	9,307.26	257	2,392,400	41,248
161.48	60	9,688.8	257	2,490,474	41,508
193.52	13	2,515.76	257	646,968	49,744
194.73	117	22,783.41	257	5,856,399	50,055
합계: 248	합계: 44,295	평균: 257		합계: 11,385,341	평균: 45,639

※ 관리규약 적립요율(2021 ~ 2023 : 3.75%) 적용 충당금 [조정기간: 2021년~2023년, 적용요율: 3.75%]

면적단가(조정기간) = 총 계획기간 수선비 총액 X 적용요율(%) / (총 공급면적 X 12(개월) X 조정기간 년수) = 8,197,877,127 X 3.75% / (44295.23 X 12 X 3) = 193 원

① 공급면적(m²)	② 세대수	③ 총공급면적(m²)	④ 단가(원)	세대별 부과 총액(원)	개별세대 부과금액(원)
160.47	58	9,307.26	193	1,796,301	30,971
161.48	60	9,688.8	193	1,969,930	31,166
193.52	13	2,515.76	193	485,542	37,349
194.73	117	22,783.41	193	4,397,196	37,583
합계: 248	합계: 44,295	평균: 193		합계: 8,548,979	평균: 34,267

※ 전체 관리 규약 적립 요율

기간	년간	수선비총액	적립요율	연 적립액	월 적립액	월 m²당
2011 ~ 2013	3	163,957,543	2	54,652,514	4,554,376	103
2014 ~ 2016	3	163,957,543	2	54,652,514	4,554,376	103
2017 ~ 2020	4	245,936,314	3	61,484,078	5,123,673	116
2021 ~ 2023	3	307,420,392	3.75	102,473,464	8,539,455	193
2024 ~ 2060	37	7,316,605,336	89.25	197,746,090	16,478,841	372
합계: 50		8,197,877,120	합계: 100			

[수선 계획 · 적립 총괄표]

[검토·조정 보고서]에서는 그동안 장기수선 계획에 대해 작업했던 내용을 토대로 단지 개요부터 장기수선 계획 검토 보고서, 장기수선 계획 총괄표, 공종별 계획표, 공사종별 수선 금액 상세 내역, 연차별 수선 예정 금액, 연차별 적립금·충당금 추이, 연차별 충당금 잔액 추이 등을 문서로 만들어 준다.

[검토 · 조정 보고서]

만다라트 하나면 족한가?

당신은 성공하고 싶지 않은가?

"성공하고 싶지 않은 사람이 세상에 어딨어?"

"그게 잘 안되니까 그렇지."

맞는 말이다.

잘 안되니 포기하며 그냥저냥 살아가고 있는 것이다.

하지만, 어떤 도구의 힘을 빌려 목표에 쉽게 접근할 수 있다고 한다면 당신은 해볼 의향은 있는가?

가령, 무거운 돌덩이를 옮겨야 하는 데 힘에 부쳐 끙끙대다 포기한 사람에게 지렛대를 쥐여 주면 결과는 어떨까?

힘 덜 들이고 쉽게 해낼 것이다.

10.20(수)

[MLB화제]오타니는 황금손? 만지면 상한가. 실착 유니폼 ...

[스포츠조선 권인하 기자]LA 에인절스 오타니 쇼헤이의 인기는 비시즌에도 여전하다. 에인절스 구단 공식 홈페이지에서 진행되는 경매에서 오타니의 상품 가격이 천정부지로 치솟고 있다....

10.15(금)

'AL 오타니-NL 소토' MVP 수상 예상.. AL 독주-NL 혼돈

[동아닷컴] 오타니 쇼헤이-후안 소토. 사진=게티이미지코리아[동아닷컴] 포스트시즌이 한창인 가운데, 아메리칸리그와 내셔널리그 최우수선수(MVP) 수상자에 대한 예상이 나왔다. 오타니...

'이도류'에 두 전설도 홀딱 반했다.."정말 즐겁고 재밌다"

[마이데일리 = 박승환 기자] 현재 메이저리그의 모든 시선은 포스트시즌에 쏠려있다. 샌프란시스코 자이언츠와 LA 다저스 중 어느 팀이 내셔널리그 챔피언십시리즈(NLCS)에...

도박사들, 오타니 AL MVP 선정에 '올인급' 몰표

[스포티비뉴스=박성윤 기자] LA 에인절스 오타니 쇼헤이 아메리칸리그 MVP 선정을 예상하는 도박사가 넘치고 있다. 오타니가 압도적인 1위를 달리고 있다. 오타니는 올 시즌 '투타 겸업'으...

10.14(목)

8년 3600억부터 입찰 시작? 오타니 황금 돈방석 앉는다

[OSEN=조형래 기자] 계약 기간은 8년, 총액은 3억 달러(약 3600억 원)이 기본이다. 2년 뒤 프리에이전트 자격을 취득하는 오타니 쇼헤이(LA 에인절스)의 예상 몸값이 천정부지로 치솟고...

[오타니 선수 관련 뉴스]

비현실적으로 뛰어난 외모나 능력을 갖춘 남자를 지칭하는 '만찢남[3]', 만화에서조차 쉽게 찾아볼 수 없는 비교 불가의 실력을 갖춘 사람이기도 한 이 사람을 소개할까 한다. 미국 프로야구 메이저리그(MLB)[4]에서 투수 겸 타자로 활약 중인 오타니 쇼헤이(28, LA 에인절스) 선수다.

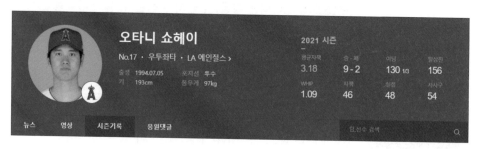

[오타니 선수 성적 ①]

올 시즌(2021년) 최종전에서 46호 홈런을 터트리며 메이저리그 최초로 '퀸튜플 100'[5]을 달성했다. 투수로 100이닝, 100탈삼진을 달성했고, 타자로는 100안타, 100타점, 100득점을 이뤄낸 것이니 그저 놀라울 따름이다.

---

3) 만찢남: '만화를 찢고 나온 듯한 남자'라는 뜻으로, 만화에 등장하는 인물 못지않게 외모가 뛰어난 남자를 이르는 말이다.

4) 메이저리그(MLB, Major League Baseball): 미국 프로야구의 양대 리그인 내셔널리그(National League)와 아메리칸리그(American League)로 구성되며, 팀당 총 162경기를 펼친다. 각각 15개 구단이 모여 30개 팀으로 구성돼 있다. 포스트 시즌은 5전 3선승제의 디비전 시리즈로 시작하여 승리한 2팀이 7전 4선승제의 리그 챔피언시리즈를 통해 리그 우승자를 가린다. 이렇게 결정된 각 리그의 우승팀은 MLB의 최종 우승자를 뽑기 위한 7전 4선승제의 월드 시리즈를 치른다.

5) 퀸튜플 100(quintuple 100): 5개 부분에서 100이라는 숫자를 달성했다는 뜻이다. 메이저리그 사상 최초 기록이다.

순위	선수	팀	경기	타석	타수	안타	2타	3타	홈런	타점	득점	도루	사사구	삼진	타율	출루율	장타율	OPS
1	블라디미르 게레로 >	토론토	161	696	604	188	29	1	48	111	123	4	92	110	0.311	0.401	0.601	1.002
2	오타니 쇼헤이 >	LA에인절	158	639	537	138	26	8	46	100	103	26	100	189	0.257	0.372	0.592	0.965
3	카일 터커 >	휴스턴	140	567	506	149	37	3	30	92	83	14	54	90	0.294	0.359	0.557	0.917
4	애런 저지 >	뉴욕 양...	148	633	550	158	24	0	39	98	89	6	78	158	0.287	0.373	0.544	0.916
5	맷 올슨 >	오클랜드	156	673	565	153	35	0	39	111	101	4	97	113	0.271	0.371	0.540	0.911

※ 2021년 10월 21일 기준

[오타니 선수 성적 ②]

오타니는 고교 1학년 때 목표에 관한 생각을 확장하는 데 도움을 주는 계획법, 즉 만다라트(Mandal-Art)에 따라 몸만들기, 제구, 구위, 멘털, 스피드, 인간성, 운, 변화구 등 8개 목표를 정하고는 다시 이를 8개씩 모두 64개 세부안으로 나눠 실천했다. 오타니의 성공은 의지와 성실함 외에 이런 체계적이고 효과적인 훈련 방법을 구사한 덕택이다.

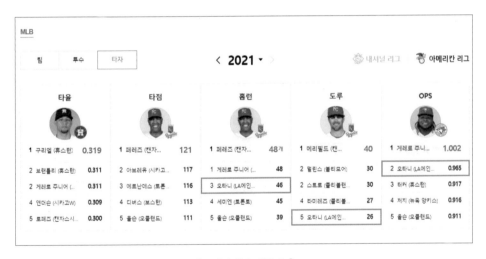

[오타니 선수 성적 ③]

이 글은 목표를 세우기만 하고 달성하지 못하는 사람, 늘 같은 시점에 포기하는 사람, 자기가 이루고 싶은 목표가 무엇인지조차 모르는 사람에게 '확실히 목표를 이루는 길'을 안내한다.

몸 관리	영양제 먹기	FSQ 90kg	인스텝 개선	몸통 강화	축 흔들리지 않기	각도를 만든다	공을 위에서 던진다	손목 강화
유연성	**몸 만들기**	RSQ 130kg	릴리스 포인트 안정	**제구**	불안정함 없애기	힘 모으기	**구위**	하체 주도로 던지기
스태미너	가동력	식사 저녁 7수저 아침 3수저	하체 강화	몸 열지 않기	멘탈 컨트롤 하기	볼을 앞에서 릴리스	회전수 업	가동력
뚜렷한 목표, 목적 갖기	일희일비 하지 않기	머리는 차갑게 심장은 뜨겁게	**몸 만들기**	**제구**	**구위**	축 돌리기	하체 강화	체중 증가
핀치에 강하게	**멘탈**	분위기에 휩쓸리지 않기	**멘탈**	**8구단 드래프트 1순위**	**스피드 160km/h**	몸통 강화	**스피드 160km/h**	어깨 주위 강화
마음의 파도를 만들지 말기	승리에 대한 집념	동료를 배려하는 마음	**인간성**	**운**	**변화구**	가동력	라이너 캐치볼	피칭 늘리기
감성	사랑받는 사람	계획성	인사하기	쓰레기 줍기	부실 청소	카운트볼 늘리기	포크볼 완성	슬라이더의 구위
배려	**인간성**	감사	물건을 소중하게 쓰자	**운**	심판분을 대하는 태도	늦게 낙차가 있는 커브	**변화구**	좌타자 결정구
예의	신뢰받는 사람	지속력	플러스 사고	응원받는 사람이 되자	책 읽기	직구와 같은 폼으로 던지기	스트라이크에서 볼을 던지는 제구	거리를 이미지화 한다

[오타니 선수의 만다라트]

원리는 간단하다. 가로 세로 각 세 칸씩 구성된 아홉 칸 네모 상자 중 가운데 칸에 궁극적인 목표를 써넣고, 그 주변 여덟 칸에 궁극적인 목표를 달성하기 위한 실천 과제를 적는다. 이 여덟 개 실천 과제를 다시 바깥에 있는 여덟 개의 가로 세로 세 칸의 네모 상자 가운데 칸에 각각 옮겨 적은 다음, 각 실천 과제를 달성하기 위한 세부 실천 목표를 주변 여덟 칸에 적는다. 이렇게 하면 총 64개의 실천 과제가 완성된다.

저자는 2017년을 앞두고 계획을 세웠는데 그것이 바로 위에서 소개한 '2017년 행복남의 만다라트'이다. 지금 읽어보니 웃음이 피식 나오기도 하지만, 해마다 연말이 되면 새해에 이뤄야 할 목표를 세우는데 만다라트가 최고의 도구로 활용되어 왔다. 이처럼 만다라트를 만들어 실천하다 보니 여기까지 오게 되었다. 쑥스럽지만, 그럼에도 불구하고 과감히 소개한다. 여러분도 꼭 한번 해보시라고!!!

**최고의
관리사무소장
조 길 익**

[궁극적인 목표]

궁극적인 목표인 '최고의 관리사무소장 조길익'을 이루기 위해 무엇을 할 것인가를 고민해 봐야 한다. 그러기 위해서는 튼튼한 육체와 건강한 정신, 훈훈한 인간미, 빼어난 실력, 민주적 리더십, 행복한 삶, 복 짓는 운 그리고 달콤한 연애를 꼽았다. 즉, 목표 달성을 위해 8가지 실천 과제를 만든 것이다.

튼튼한 육체	빼어난 실력	민주적 리더십
건강한 정신	최고의 관리사무소장 조 길 익	행복한 삶
훈훈한 인간미	복 짓는 운	달달한 연애

[궁극적인 목표를 이루기 위한 실천 과제]

그리고는 위에서 제시한 8가지 실천 과제에 대해 다시 8개의 세부 실천 사항을 만들었다.

첫째 실천 과제로는 '튼튼한 육체'를 꼽았다.
'튼튼한 육체'를 만들기 위한 세부 실천 사항으로는

① '체중, 몸매 관리'라고 했는데, 정상 체중에 지극히 정상인 허리둘레를 유지하고 있어 지금도 잘 관리되고 있다. 아는 사람들은 어떻게 관리하면 그렇게 군살 하나 없냐고 하는데, 딱히 비결이랄 것도 없다. 약간 서운하다 싶게 먹고, 몸을 움직여주면 된다.

② '영양제 먹기'는 홍삼 제품과 젖산균을 꾸준하게 복용하고 있는데, 건강 관리에 많은 도움이 되는 느낌이다.

③ '팔굽혀펴기'는 매일 아침 삼사십 개씩 하고 있으니 지금껏 잘 관리하고 있는 셈이다. '윗몸일으키기'도 팔십여 회 이상을 매일 하다가 오히려 건강을 해칠 수 있다는 글을 보고 멈췄다. 하하.

④ '건물 계단 오르내리기'는 지금까지 열심히 하고 있다. 순찰할 때도 승강기를 이용하지 않고 비상계단을 이용하고 있으니 효과 만점이다. 당연히 대중교통 이용할 때도 에스 컬레이터는 되도록 피하고 계단을 택한다.

⑤ '꼬박꼬박 밥 먹기'. 촌놈이라 거르지 못하고 삼시세끼 다 찾아 먹는다. 아침도 양은 적지만 꼬박꼬박 골고루 챙겨 먹고 있다.

⑥ '등산하기, 걷기'. 지난봄에도 북한산 둘레길을 두 번째 완주하였다. 한 달에 두세 차례는 산에 오르고 있으며, 하루에 평균 이만 보는 너끈히 걷고 있다. 시내버스 두세 정거장 정도는 걸어서 이동하는 편이다. 걷기가 심혈관질환, 고혈압, 당뇨병, 이상지질혈증의 위험을 낮춘단다. 그뿐만 아니라, 체중 조절, 스트레스 해소, 수명 증가, 창의력 향상에도 탁월한 효과가 있다니 당장 걸어보자.

⑦ '건강식품 챙겨 먹기'. 이것은 '유해 식품 안 먹기'로 바꿔야 맞을 것 같다. 골고루 제철에 나는 채소나 과일을 먹고 있으니 잘하고 있다. 햄, 소시지 등 가공식품은 멀리하고 자연이 주는 그대로를 즐긴다.

⑧ '술은 1회/주' 이것 또한 잘 지켜지고 있다. 술은 좋아하는 편인데 과음은 멀리한다. 독한 술보다는 부드러운 술을 즐기니 몸에도 부담이 덜한 것 같다.

결론적으로 첫째 실천 과제인 '튼튼한 육체'는 지금까지도 완벽하게 잘 실천하고 있어 나 자신도 놀라울 따름이다.

다른 7개의 실천 과제도 찬찬히 따져 살펴보니 현재까지도 그 기조를 유지한 채 살아가고 있다. 다행이다.

체중 몸매 관리	영양제 먹기	팔굽혀펴기 윗몸일으키기
술은 1회/주	**튼튼한 육체**	건물 계단 오르내리기
건강식품 챙겨먹기	등산하기 걷기	꼬박꼬박 밥 먹기

[부목표를 이루기 위한 실천 과제 ①]

소방안전 관리자급	위험물 안전관리자	운영위 챙기기
컴퓨터 활용 능력	**빼어난 실력**	소장들과 친교하기
발표력 키우기	법정검사 챙기기	원만한 민원 해결

[부목표를 이루기 위한 실천 과제 ②]

리더십 발휘하기	아랫사람 입장에서 생각하기	직원들과 저녁 먹기
직원 대소사 챙기기	**민주적 리더십**	부드러운 카리스마
많이 듣고 말은 적게	솔선수범	주인의식

[부목표를 이루기 위한 실천 과제 ③]

뚜렷한 목표, 목적의식	일희일비 하지 않기	머리는 차갑게 가슴은 뜨겁게
위기에 강하게	**건강한 정신**	분위기에 휩쓸리지 않기
기복 만들지 않기	목표를 향한 집념	동료를 배려하는 마음

[부목표를 이루기 위한 실천 과제 ④]

친구 만나기	여행하기	자존감 높이기
삼천사 즐겨 찾기	**행복한 삶**	적십자회비 내기
공연 관람	하모니카 배우기	자녀들과 추억 만들기

[부목표를 이루기 위한 실천 과제 ⑤]

감성 키우기	사랑받는 사람	나눔 실천
배려하는 마음	**훈훈한 인간미**	감사한 마음
깍듯한 예의	신뢰받는 사람	지속력

[부목표를 이루기 위한 실천 과제 ⑥]

인사 잘하기	쓰레기 줍기	약속 잘 지키기
준비성	**복 짓는 운**	봉사활동
긍정적 사고	응원받는 사람이 되자	책 읽기

[부목표를 이루기 위한 실천 과제 ⑦]

여행하기	선물하기	맛집 기행
이벤트	**달달한 연애**	기념일 챙기기
분위기 있게 한잔	맛있는 사랑	SNS 공감 소통

[부목표를 이루기 위한 실천 과제 ⑧]

다시 그림으로 알아보면, 먼저 8개의 최종 목표를 한가운데 쓴다.

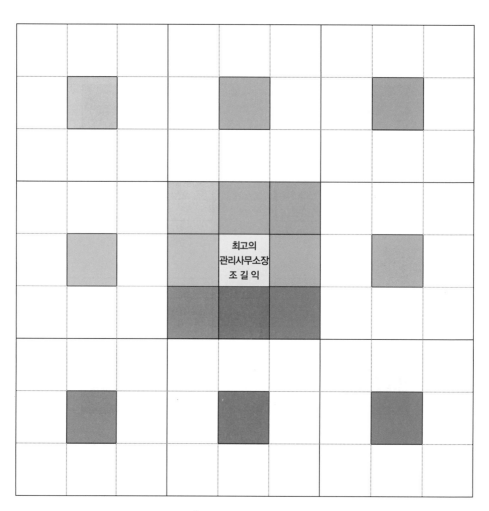

최고의
관리사무소장
조 길 익

[행복남의 만다라트 ①]

그 다음, 한가운데 최종 목표를 중심으로 실천 과제 8개를 적는다.

튼튼한 육체	빼어난 실력	민주적 리더십
건강한 정신	최고의 관리사무소장 조 길 익	행복한 삶
훈훈한 인간미	복 짓는 운	달달한 연애

[행복남의 만다라트 ②]

그리고 실천 과제 8개에 대한 세부 실천 사항을 각각 8개씩 채워 넣으면 된다.

체중 몸매 관리	영양제 먹기	팔굽혀펴기 윗몸일으키기	소방안전 관리자급	위험물 안전관리자	운영위 챙기기	리더십 발휘하기	아랫사람 입장에서 생각하기	직원들과 저녁 먹기
술은 1회/주	튼튼한 육체	건물 계단 오르내리기	컴퓨터 활용 능력	빼어난 실력	소장들과 친교하기	직원 대소사 챙기기	민주적 리더십	부드러운 카리스마
건강식품 챙겨먹기	등산하기 걷기	꼬박꼬박 밥 먹기	발표력 키우기	법정검사 챙기기	원만한 민원 해결	많이 듣고 말은 적게	솔선수범	주인의식
뚜렷한 목표, 목적의식	일희일비 하지 않기	머리는 차갑게 가슴은 뜨겁게	튼튼한 육체	빼어난 실력	민주적 리더십	친구 만나기	여행하기	자존감 높이기
위기에 강하게	건강한 정신	분위기에 휩쓸리지 않기	건강한 정신	최고의 관리사무소장 조 길 익	행복한 삶	삼천사 즐겨 찾기	행복한 삶	적십자회비 내기
기복 만들지 않기	목표를 향한 집념	동료를 배려하는 마음	훈훈한 인간미	복 짓는 운	달달한 연애	공연 관람	하모니카 배우기	자녀들과 추억 만들기
감성 키우기	사랑받는 사람	나눔 실천	인사 잘하기	쓰레기 줍기	약속 잘 지키기	여행하기	선물하기	맛집 기행
배려하는 마음	훈훈한 인간미	감사한 마음	준비성	복 짓는 운	봉사활동	이벤트	달달한 연애	기념일 챙기기
깍듯한 예의	신뢰받는 사람	지속력	긍정적 사고	응원받는 사람이 되자	책 읽기	분위기 있게 한잔	맛있는 사랑	SNS 공감 소통

[행복남의 만다라트 ③]

만다라트 하나면 족한가?

부록

▪부동산 종합 서비스

자이S&D 주식회사/대표이사 엄관석

서울특별시 중구 퇴계로 173, 10층(충무로3가, 남산스퀘어) ☎ 02-6910-7100

▪빌딩 경영 관리

KFnS 주식회사/대표이사 오만수

경기도 과천시 새술막길 39 kt과천스마트타워 5층 ☎ 02-3278-1300

▪전기 공사 및 점검

주식회사 윤익계전/대표이사 안용준

서울특별시 영등포구 당산로10길 12 ☎ 02-2636-9230

▪소독 및 저수조 청소

태성/김윤근 실장

서울특별시 노원구 동일로173가길 115, 205-1호(공릉동, 서진프라자) ☎ 02-973-8858

▪정화조 관리

주식회사 태평하이진/대표이사 김재덕

경기도 고양시 덕양구 큰골길 121, 2층 ☎ 02-359-1715

▪세무·회계

영진세무회계사무소/대표 양해춘

서울특별시 강남구 도곡로 213 마고빌딩 401호 ☎ 02-567-5038

▪주차관제 시스템

주식회사 SMA/부사장 권인숙

경기도 부천시 경인로 163, 601호 ☎ 032-667-8244

▪CCTV 설치 및 유지·보수

의정부CCTV/대표 차하준

경기도 의정부시 동일로 446번길 3 서해상가 2층 ☎ 031-843-3211

■ **장기수선 계획 및 전자문서**

오픈매뉴얼 주식회사/대표이사 박준섭

서울특별시 종로구 인사동5길 42 종로빌딩 12층 ☎ 02-858-3009

■ **인터폰 및 공청 안테나**

주식회사 대륙정보시스템/이사 서레아

경기도 안산시 단원구 꽃우물1길 22-9(화정동) 2층 ☎ 031-482-6796

■ **보험 설계 및 가입**

주식회사 글로벌금융판매 광명지점/주대순 팀장

경기도 광명시 철산로 3-9(철산동) 성림빌딩 4층 ☎ 070-7875-4965

■ **소방 공사 및 점검**

주식회사 제일FNE/상무이사 오승아

서울특별시 강남구 논현로8길 12(개포동, 주원빌딩 402호) ☎ 02-3463-0119

■ **승강기 유지·보수**

주식회사 인정피에스/대표이사 이선국

서울특별시 광진구 아차산로 144 우영테크노센터 403호 ☎ 1644-0456

■ **아파트 인사·회계 실무(XpERP) 프로그램**

주식회사 이지웹인프라/대표이사 고재일

인천광역시 미추홀구 인주대로496번길 15(주안동) 3층 ☎ 032-526-1597

■ **온라인 커뮤니티**

주식회사 아파트너/대표이사 유광연

서울특별시 서초구 강남대로 311, 드림플러스 1004호 ☎ 1600-3123

■ **원격검침**

주식회사 태스콘/대표이사 강현익

경기도 성남시 분당구 판교로 700, D동 809호(야탑동, 분당테크노파크) ☎ 031-708-6700

2 감수

■소기재

법학박사/오류푸르지오 관리사무소장/에듀윌 주택관리사협의회 총동문회장/대한주택관리사협회 서울시회 구로지부장·법제위원장 역임/위풍당당 구산회 회장 역임.

■장광홍

화곡대림아파트 관리사무소장/대한주택관리사협회 서울시회 운영위원/AJ대원종합관리(주) 공채관리사무소장연합회 회장/한국집합건물진흥원 정책자문단 자문위원/전아모 수남모(수도권 남부지역 모임) 회장 역임.

3 출처 및 참고 문헌

■출처

경기도(www.gg.go.kr)
공동주택관리정보시스템(www.k-apt.go.kr)
광진소방서(https://fire.seoul.go.kr)
국가승강기정보센터(www.elevator.go.kr)
국토교통부(http://molit.go.kr)
네이버 T스토리(https://pioharu.tistory.com/101)
네이버 카페 '전국 아파트/주상복합 관리자 등의 모임'(https://cafe.naver.com/amoapt)
대한기계설비건설협회(www.kmcca.or.kr)
대한상공회의소 자격평가사업단(https://license.korcham.net)
대한주택관리사협회(www.khma.org)
법제처 국가법령정보센터(www.law.go.kr)
사단법인 한국집합건물관리사협회(www.kamma.or.kr)
서울도시가스(주)(www.seoulgas.co.kr)
서울시 공동주택 통합정보마당(https://openapt.seoul.go.kr)
서울에너지공사(www.i-se.co.kr)
서울특별시 상수도사업본부(https://arisu.seoul.go.kr)
서창전기통신(주)(www.scec.co.kr)
승강기교육센터(https://edu.koelsa.or.kr)
승강기민원24(https://minwon.koelsa.or.kr)

시설물통합정보관리시스템(www.fms.or.kr)

아리수 사이버고객센터(https://i121.seoul.go.kr)

아파트매뉴얼(https://aptmanual.com)

자이S&D(주)

주택관리사들의 사랑방(https://cafe.daum.net/khk5522)

케이피일렉트릭(주)(www.kpelec.com)

한국가스안전공사 가스안전교육원(www.kgs.or.kr)

한국산업인력공단 Q-Net(www.q-net.or.kr)

한국생산성본부(https://license.kpc.or.kr)

한국소방안전원(www.kfsi.or.kr)

한국승강기안전공단(www.koelsa.or.kr)

한국아파트신문(www.hapt.co.kr)

한국전기기술인협회(www.keea.or.kr)

한국전력공사 사이버지점(https://cyber.kepco.co.kr)

환경보전협회(www.epa.or.kr)

LH(한국토지주택공사)

《은평문예》

《한국아파트신문》

■ **참고 문헌**

기계공학대사전

다음백과

매경시사용어사전

위키백과

전기전자공학대사전

*본문에 출처를 따로 표시하지 않은 이미지(사진 등) 자료는 저자나 출판사에서 저작권을 가지고 있음.

찾아보기

| 감수자 약력 |

■ 소기재
- 법학박사
- 오류푸르지오 관리사무소장
- 에듀윌 주택관리사협의회 총동문회장
- 대한주택관리사협회 서울시회 구로지부장
  · 법제위원장 역임
- 위풍당당 구산회 회장 역임

■ 장광홍
- 화곡대림아파트 관리사무소장
- 대한주택관리사협회 서울시회 운영위원
- AJ대원종합관리(주) 공채관리사무소장연합회 회장
- 한국집합건물진흥원 정책자문단 자문위원
- 전아모 수남모(수도권 남부지역 모임) 회장 역임

행복남 과 함께하는

관리사무소 실무 완전정복

2022. 5. 17. 초 판 1쇄 인쇄
2022. 5. 26. 초 판 1쇄 발행

감수자 | 소기재 · 장광홍
지은이 | 조길익
펴낸이 | 이종춘
펴낸곳 | BM (주)도서출판 **성안당**

주소 | 04032 서울시 마포구 양화로 127 첨단빌딩 3층(출판기획 R&D 센터)
10881 경기도 파주시 문발로 112 파주 출판 문화도시(제작 및 물류)

전화 | 02) 3142-0036
031) 950-6300

팩스 | 031) 955-0510
등록 | 1973. 2. 1. 제406-2005-000046호
출판사 홈페이지 | **www.cyber.co.kr**
ISBN | 978-89-315-5876-0 (13590)
정가 | 42,000원

이 책을 만든 사람들
책임 | 최옥현
진행 · 편집 | 문인곤
본문 · 표지 디자인 | 메이크디자인
홍보 | 김계향, 이보람, 유미나, 서세원, 이준영
국제부 | 이선민, 조혜란, 권수경
마케팅 | 구본철, 차정욱, 오영일, 나진호, 강호묵
마케팅 지원 | 장상범, 박지연
제작 | 김유석

www.cyber.co.kr
성안당 Web 사이트

■ 도서 A/S 안내

성안당에서 발행하는 모든 도서는 저자와 출판사, 그리고 독자가 함께 만들어 나갑니다.
좋은 책을 펴내기 위해 많은 노력을 기울이고 있습니다. 혹시라도 내용상의 오류나 오탈자 등이 발견되면 "좋은 책은 나라의 보배"로서 우리 모두가 함께 만들어 간다는 마음으로 연락주시기 바랍니다. 수정 보완하여 더 나은 책이 되도록 최선을 다하겠습니다.
성안당은 늘 독자 여러분들의 소중한 의견을 기다리고 있습니다. 좋은 의견을 보내주시는 분께는 성안당 쇼핑몰의 포인트(3,000포인트)를 적립해 드립니다.

잘못 만들어진 책이나 부록 등이 파손된 경우에는 교환해 드립니다.